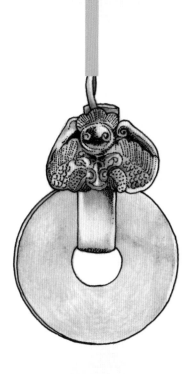

耳畔流光

中国历代耳饰

李芽 著

中国纺织出版社

内 容 提 要

耳饰是中国古代首饰中的一个门类，其主要包括：玦、耳珰、瑱（充耳）、耳环、耳坠、丁香、耳钳七大门类。耳饰作为首饰之一员，其位于人的头面两侧，这使得佩戴者会特别赋予耳饰设计以巧思和华贵的材质，使其极具审美价值，并直观地展示出佩戴者的身份和情趣。其体量小巧，但并不影响工匠们鬼斧神工之技艺的发挥。因此，耳饰的设计与制作，也代表了同时代最为精湛的金、玉、宝石加工及镶嵌工艺。同时，研究耳饰最迷人之处还在于探讨其与人之间，乃至和时代之间的关系。

本书便是通过实物考证、文献整理、美学赏析和文化阐释等方法，对中国自新石器时代到当代这段历史时期中耳饰的缘起、定名、门类、材料、款式、制作工艺、佩戴方式、装饰纹样，每一时代的流行风尚，及其承载的文化信息等各个方面进行一个全面地梳理，整理其脉络，阐释其意义，展示其芳华。

图书在版编目（CIP）数据

耳畔流光：中国历代耳饰 / 李芽著． —北京：中国纺织出版社，2015.1（2020.3重印）

ISBN 978-7-5180-0393-8

Ⅰ．①耳… Ⅱ．①李… Ⅲ．①首饰—介绍—中国 Ⅳ．① TS934.3

中国版本图书馆 CIP 数据核字（2014）第 252957 号

策划编辑：郭慧娟　　责任编辑：魏 萌　　责任校对：梁 颖
责任设计：何 建　　责任印制：储志伟

中国纺织出版社出版发行
地址：北京市朝阳区百子湾东里 A407 号楼　邮政编码：100124
销售电话：010 － 67004422　传真：010 － 87155801
http://www.c-textilep.com
E-mail:faxing@c-textilep.com
中国纺织出版社天猫旗舰店
官方微博 http://weibo.com/2119887771
北京华联印刷有限公司印刷　各地新华书店经销
2015 年 1 月第 1 版　2020 年 3 月第 3 次印刷
开本：787×1092　1/16　印张：15.5
字数：232 千字　定价：88.00 元

李芽，多才多艺，画得一手好画，曾经来我们北京大学美学与美育研究中心，随我做访问研究。她是一位文静的江南女子，极富艺术情怀。平时不大言语，听课时静静坐在后排，见人浅浅一笑，与我们中心的老师相处很好。记得那年中秋的晚上，我们中心老师与美学专业的同学40多人聚会，在燕南园56号中间庭院里，伴着月色，她为我们清唱一段江南小调，那清澈优美的声音，越出了帘幕，与溶溶的月色相汇，将我们带到梦幻般的境界中。很多年后，我们还时时谈起。她出生于浙江海宁，却在天津长大，她文静的性格中也兼有北方人的豪爽，拿得起，放得下，这样的习染真对她的研究产生影响。

她在天津美术学院主修服饰文化学，后来到上海戏剧学院舞台美术专业工作，开始重点研究中国古代妆饰，曾出版《中国历代妆饰》等著作，现在已是此领域中有影响的学者。来到北大之后，我对她的研究有了更多的了解。她在这里，除了听哲学、美学、艺术方面的课程之外，还旁听了历史、考古等专业的课程。我看到她的研究领域在向更宽阔的领域打开，不但重视名物本身的研究，更重视从综合性的文化因素中来考察问题。她在研究思路不断打开之后，却缩小了研究的对象。我记得她与我谈未来的研究思路时，想研究耳饰，一个微不足道的饰品，一个小小的研究对象，她说，她要通过这，打开一个世界。

今天，当我拿到这部将要出版的《耳畔流光：中国历代耳饰》时，真感到，她为我们打开了一个奇瑰的世界，通过这个耳畔的饰物，忽然间让我们发现了民族文化的胎记。

这部著作既从纵的方面，描述中国历代耳饰的发展脉络，又通过实物考证、文献整理、艺术分析和文化阐释等多种角度，对这个饰物做深入研究。读了这部著作，你真能感到，这一寻常之物，有不寻常的内涵。由于它是人面部的饰物，微小而又精致，制作有很高的要求，佩戴有特别的讲究，凝结着精湛的制作工艺，反映了中国人独特的艺术追求，也体现出中华民族深邃的精神内涵。耳饰有瑱、玦、珰、耳环、耳坠、丁香等形式，几乎是人身体必备之物，并不仅为女性专有，在中国漫长的历史发展中，有它不容忽视的角色。时代精神、民族特点、民俗习惯、身份地位、审美情趣、道德操守，甚至哲学观念、宗教观念，都有在其中投射。这部著作为我们饶有兴味地描述了不同的时代有不同的耳饰风格，不同的民族有不同的佩戴方式，不同的道德、哲学观念对其有不同的要求。如在《诗经》时代，"有匪君子，充耳琇莹"，就是君子如玉品质的重要体现，不仅关乎人的道德建构，也是人的身份、情趣等的体现。瑱这个耳边的宝贝，就与中国哲学中"淑慎其言"的思想有关。

这本书提供大量的实物，如此丰富而别异的耳畔装饰，使读者大开眼界。本书将中国历代繁杂的此类饰物汇集起来，进行分类，描绘其形制，分析其特点，追踪其内涵，赏评其工艺，环顾与人身体上其他饰物的关系，再说到饰者的身份、气质、气象等特点，并还原到具体的生活样态，小小的耳饰似乎活了，停滞的历史似乎也在她的笔下流动起来。作者是一位画家，很多实物和古代图画中的耳饰，由她亲自线描勾勒，既直观，又清晰。这真是不少以实物为研究对象的艺术史著作所缺少的。

在这部著作中，我看到了明显的学术推进。在沈从文研究的影响下，中国古代服饰研究国内外都有不少著作，研究成果多，也比较深入。相比而言，首饰研究却比较薄弱。考古学中大量接触此类实物，文学艺术研究中常常涉及首饰，博物馆中展出的古代首饰是一个大类，但对它的真正研究成果真非常之少，缺少系统性的著作。正是在此背景下，这部中国历代耳饰研究的著作非常难能可贵。虽然不能说它已经臻于完善，但却开启了一个重要领域。这个重要领域在中国古代就有大量研究，自汉代以来为了解经的需要（如"三礼"和《诗经》研究）就有很多论述言及，积累了丰富的知识。这方面的研究，在一定程度上，是在延续这一传统。从另外一方面看，当代中国艺术史研究越来越重视物的历史，耳饰却是中国古代精致而特别之物，利用现代艺术史研究中丰富的研究角度，如身体学、女性意识等，对它进行深入研究，真是大有可为。

李芽是上海戏剧学院这所名校非常受欢迎的老师，她在上海的公共讲座中，也有大量的听众。有的听者形容她的课，语言清丽，内容充实，没有一句多余的话，如清泉在流淌。她的著作读起来似乎也是如此，这部《耳畔流光：中国历代耳饰》也是清浅如许，有深蕴存焉。她在云淡风轻的描述中，传达出她对中国古代这一独特妆饰的解读，传达出她对中国人内在生活品质的体会，也传达出她对中国文化精神的独特理解。

朱良志

2014年9月1日于北京大学

目
录

目录

绪论

一、为什么要研究中国历代耳饰

在古代物质文化研究中，对服饰的研究与考证是很重要的一个分支。因为服饰是一定历史时期中物质文化和思想文化的综合反映，其演变同政治、经济、军事、意识形态、生活习俗、科技发展状况，各民族之间以及各国之间的文化交流等方面，都有密切的联系。虽然在服饰文化研究中，有关中国古代服装文化研究的专著和学术成果已经很多，研究团队也很庞大，但对中国古代首饰文化的研究始终是个比较薄弱的环节，出版的专题性著作也非常有限。其中原因并不复杂：例如考古发现报道简略，缺乏清晰的照片和准确的线图；文物出土比较分散；在历史人物画像中，对首饰的描绘不像服装那样清晰和直观；研究者少有机会目睹分散在各个博物馆的实物等。这些困难往往令研究者望而却步。近年来随着印刷出版业迅速发展，发表的高质量图片越来越多，无疑为新一代的研究者提供了重要的依据和线索。

首饰虽然没有大件，其门类却很繁杂，大致可分为头饰、面饰、耳饰、颈饰、臂饰、手饰、足饰、腰饰、佩饰等几大类，再加上种类繁多的随件，要理清头绪并不是一件容易的事，需要研究者分门别类地进行详细的考证、研究、总结和归纳。

千里之行，始于足下。面对这个庞大的研究课题，笔者计划从耳饰做起，先将这一门类的缘起、种类、材料、款式、制作工艺、装饰纹样，每一时代的流行风尚，及其承载的文化信息等逐一进行分析和考证，梳理脉络，文图相映，史论结合，从中体会和解读古人生活的质量、趣味，及其面对生活的态度。

耳饰作为首饰之一员，其位于人的头面两侧，是观者眼睛最方便观看的部位，自然使得佩戴者会特别赋予耳饰设计以巧思和华贵的材质，使其极具审美价值，并直观地展示出佩戴者的身份和情趣。其虽体量小巧，却并不影响工匠们鬼斧神工之技艺的发挥。因此，耳饰的设计与制作，也代表了同时代最为精湛的金、玉、宝石加工及镶嵌工艺。当然，研究耳饰，和研究所有其他首饰门类一样，最迷人之处还在于探讨其与人之间，乃至和时代之间的关系。

耳饰作为首饰的一个门类，其在历史上的兴衰起伏是所有首饰中最大的。新石器时代的中国就已兴起崇玉文化，玉玦也是迄今所知世界最早的耳饰，出土实物遍及中国南北。但历史步入先秦后，随着礼学的发展，需要穿耳佩戴的耳饰在汉族地区就变得极为罕见，因为中国古人注重保持身体的全形，"身体发肤，受之父母，不可毁伤"，耳饰的发展在汉族地区很快跌入谷底，这种状况从先秦一直延续至盛唐。在这期间，汉族人发明了一类特殊的耳饰，称为"瑱"。瑱不是佩戴在耳垂上的，而是系于簪首，悬挂于耳旁的一种礼仪用品，早年为男子冕冠上的佩戴之物，后也一度成为宫廷上层女性朝服的必配之物，流行于汉晋时期，称为"簪珥"，以提醒用此者谨慎自重，勿听妄言，成为一种极具华夏礼制特色的耳饰。

穿耳之饰在中国汉族中真正风行的时代始于宋，并进而很快和缠足一样，作为男女有别的重要标志，成为女性不得不为之事，这其中有着非常复杂的历史原因，与哲学、政治、经济等方面都有关系。最初主要流行各种款式的耳环，因其不若耳坠般随意晃动，显得端庄又不失华贵。明晚期随着心学的普及，反对宋儒的禁欲主义，再加上清朝贵族对繁缛装饰的喜好，耳坠才开始风行。穿耳在民国时期也有余续，但在接受西式教育的新女性中，已呈逐渐抽离之势，出现了很多夹钳的耳饰新品种。在当代，尽管是否穿耳已经完全成为了一种自主地选择，但耳饰和头饰、颈饰、臂饰、手饰这些门类比起来，实在还是最不普及的一类。由此可见，在看似小小的耳饰上，其宠辱兴衰折射出的却是中国人生命观念的演变。

由物看人，这不仅是耳饰的研究意义，也是所有首饰研究的意义所在。人类哲学归根结底是要解决三个问题，即：我从哪里来？我是谁？我将到哪儿去？前两个问题的答案，笔者认为只能从对传统文化的探究中来寻找。且不说耳饰本身兴衰跌宕的命运，单从款式上来讲，宋明流行端庄的耳环，为何独独皇后要戴长串的珠排环？明代耳环的环脚为何长得惊人？清代的满族为何钟情一耳三钳？看似普通的葫芦环为何受到元明清三代皇室的喜爱？这些现象都不是审美范畴可以解释的，而是与当时人们的思想观念和文化选择相关。再如从纹样上来讲，契丹族流行戴摩羯纹的耳饰，宋代流行蜂蝶花果及其组合纹样，元明清皇室流行各式葫芦环，而带有吉祥寓意的纹样，自宋代起就一直是女性首饰纹样中的首选。但宋元多以花果蜂蝶纹为主，明代又增加了吉祥文字，至清代则纹饰来源更加多元，动物中的"蝙蝠"、器具中的"如意"，佛家八宝中的"盘长结"等，都是在清代才在装饰纹样中广泛流行的。那么，每个时代、每个民族为什么会在纹样上有不同的选择和喜好呢？每一种纹样又代表了什么文化内涵？体现了怎样的文化交流背景？从耳饰纹样中我们还可以探析不同时代人的精神面貌和生活习俗。此外，通过耳饰的佩戴方式、选择款式的不同，我们也可以来探寻其中蕴含的文化信息。如前文所述，为什么耳饰的发展会有跌宕起伏的兴衰，这其中说明了什么问题？为什么不同时代选择的耳饰款式不同？原始社会为何流行戴玦，玦有什么象征意义？中国男人为什么要戴"瑱"？瑱到底是如何佩戴的，说明了什么问题？金代的耳饰为何非常简洁，其和清代的耳饰有什么渊源关系？满族人为什么喜欢"一耳三钳"？耳坠为何在明末开始流行？清代为何发展出环形耳钳？农耕民族和游牧民族为何会有一条"黄金与美玉的文化交界线"？中国人的宝石加工为何总是随形而做，不流行刻面型加工等等？笔者相信，这种差异绝不仅仅只是单纯的审美喜好的不同，其中必然蕴含着丰富的文化信息。

笔者对耳饰的研究，主要是起到一个抛砖引玉的作用，希望能进而带动对中国古代整体首饰门类的研究。首饰与人是零距离接触，我们研究一切物质，所发现的并不仅仅是物本身，而是人自己——这个创造了第二自然的人类自身。也许，这就是我们研究的终极意义。

二、中国历代耳饰门类综述

中国古代耳饰门类非常多样，既有装饰用品，也有礼仪用品，主要分为以下七类。

（一）玦

玦是迄今为止发现的中国最早的耳饰实物，绝大多数为形似环而有缺，以玉石质地为主。主要流行于中国的新石器时代，商周时期纹样装饰趋向华丽，到了汉代则主要见于西南边陲的少数民族地区，如云南滇族地区，汉族地区不再流行。从出土情况来看，佩戴玉玦既可以双耳佩戴，也可以单耳佩戴，而且没有性别和年龄的区别。

（二）瑱（充耳）

瑱是诞生于中国先秦时期的一种礼仪耳饰。其最初用于充塞耳孔，后来被悬挂于人的耳畔。其功用是提醒所戴之人以戒妄听，谨慎自重。男子使用时一般作为冕冠的附件，玉制的称为"瑱""珥"或"充耳"，绵制的称为"纩"或"充纩"，自先秦一直沿用至明代。女子使用时一般将之系于簪首，统称为"簪珥"，主要流行于汉晋时期。瑱的使用体现了中国古人尊礼、尚礼，将礼视为一切习俗之行为准则的文化特质。

（三）耳珰

耳珰，特指嵌入耳垂穿孔中的饰物，起源于新石器时代。步入阶级社会后，主要出土于汉魏时期，以玉石和琉璃质居多。汉代人认为其俗源自蛮夷，最初是对女性行为的一种约束和警戒。其造型分收腰圆筒型、钉头型和穿系珠珥型三类，也称耳珠、珰珥等。其佩戴方式最初多为穿耳式，后来随着中原礼文化的兴起，又出现了簪珥式和系于耳部两种方式。这三种方式在汉魏时期应该同时存在，但至少在汉族上流阶层的女性当中，应是以簪珥这种佩戴方式为主。

耳珰在明代也被作为耳坠的代称，明《客座赘语》载："耳饰……在女曰'坠'，古之所谓'耳珰'也"。

（四）耳环

耳环，又简称"环"。耳环的形制，最初是以金属为主体材料制成的环状耳饰，到了辽宋时代，则转化为饰物后戴有环脚的形式。环脚即用作簪戴的细弯钩，宋代略短，到了明代则在耳后伸出很长，有约束行为、使人端庄之意。这种耳饰出现在冶金技术产生之后。在此之前，人们的耳饰大多以玉石为之，如玉玦、珰等。

"耳环"之名在史籍中出现得较晚，可能和汉族人在宋以前不流行穿耳有关。在南北各少数民族中，金银制的耳环一度被称作"耳鑢"。《集韵·鱼藻》载："鑢，金银器名。"又"璩，环属，戎夷贯耳。通作鑢。"《山海经·中山经》："（青要之山）神武罗司之，其状人面而豹文，小腰而白齿，而穿耳以鑢。"郭璞注："金银器之名，未详也。"郝懿行笺疏："（《说文》）新附字引此经则作'璩'，云：'璩。环属也。'"均说明耳鑢即环状耳环。《后汉书·张奂传》："先零酋长又遗金鑢八枚，奂并受之。"《魏都赋》载："鑢耳之杰。"清李伯元《南亭笔记》卷五："幼时耳上有穿痕，至老犹存，宛施环鑢。"云南古滇国墓以至越南东山文化的遗物中，都曾发现戴这类环状耳饰的人像。❶

目前能见到的有关耳环的记载，以晋六朝为早，但其佩戴对象，主要是南北各地的少数民族，且不分男女，均可戴之。如《南史·夷貊上》："林邑国……男女皆以横幅古贝绕腰以下……穿耳贯小环。"六朝以后，少数民族穿耳戴环的习俗一直有所延续。如《峒溪纤志》："苗妇人耳环盈寸。"《瀛涯胜览》："阿丹国妇人耳戴金厢宝环。"《贵州通志》："土人女子耳戴大环垂玉肩。"《郡大记》："大邦妇人耳戴大金圈。"❷周去非《岭外代答·海外黎蛮》："其

---

❶ 冯汉骥. 云南晋宁石寨山出土铜器研究［J］. 考古，1961(9)；黎文兰，范文耽，阮灵. 越南青铜时代的第一批遗迹［J］. 河内，1963。

❷ 以上三条引述均摘自王初桐：《奁史·钗钏门二·耳环》，据清嘉庆二年伊江阿刻本影印。

妇人高髻绣面，耳带铜环。"❶等等，都说明长期以来，穿耳戴环一直是流行于少数民族地区的一种妆饰习俗。

汉族男子不尚穿耳，也不喜佩戴耳环。直到宋代，汉族女子才开始普遍佩戴耳环。

〔五〕耳坠

耳坠，又名"坠子"。耳环所缀饰物是不可摇晃的，耳坠则不然。耳坠是在耳环基础上演变出来的一种饰物，它的上半部分多为圆状耳环，环下再悬挂若干坠饰，人在行动之时坠饰可来回摇荡，颇显戴者婀娜摇曳之姿，故名耳坠。因耳坠相对于耳环更显活泼，不如耳环端庄，故没有耳环正式。宋元明之际，女子耳饰多以耳环为主。自明代晚期开始，耳坠才相对多见一些，但款式也大多比较简约、节制，并无过长、繁缛的流苏。耳坠在中国封建社会真正的大流行是在清代，这与明代中叶兴起的心学及心学异端思想对程朱理学思想的冲击有关。

从出土文物观察，中国先民佩戴耳坠的习俗，可一直上溯到新石器时代，但形制多比较简单，通常以玉石磨制成坠，上部各钻有小孔，可用绳带穿系佩戴。还有一类耳坠和耳珰组合佩戴，将下坠的珠玑穿系于耳珰的空心穿孔之中，垂于耳下，称之为"珥"。或许直接将丝线穿入耳洞有一定困难，也不甚美观，故此古人在金属工艺尚不完备之时发明了玉石制的空心耳珰用以穿挂坠饰，可谓独具巧思。

〔六〕丁香

丁香，又名"耳塞"，是一种小型金属耳钉，也可于钉头镶嵌珠玉装饰，流行于中国明清时期。丁香不似耳环、耳坠般可以随风晃动，而是固定于耳垂之上，故比较小巧轻便，适于家常佩戴。丁香的质地以金银居多，富贵者嵌有珠玉，贫贱者则以铜锡为之。

丁香这种耳饰其实是耳珰的变体，只不过前者以金属质地为主，后者以珠玉、琉璃质地为主。都是固定于耳垂之上的（不包括穿有坠饰的耳珰），只是耳珰需要的耳孔相对要大一些，这主要是玉石材料所局限的，故此不受汉族女性喜爱。《迦陵文集》载："江左呼妇人耳珰为丁香。"可见，这两者名称在一些地域也是可以通用的。

〔七〕耳钳

耳钳原是满族人对耳饰的代称，也称钳子。《辽海丛书》"冠婚丧祭之礼"载："初聘，曰插戴、曰下定，以如意庚帖等物纳之女家也，而奉省则有挂钩之说，其仪夫之父母姻族以耳钳、耳坠至女家，女子装饰拜于堂上……"这里的"耳钳"便指代耳环。清代的"一耳三钳"，就指的是一个耳朵上戴三件耳饰，可以是环，也可以是坠。

---

❶ 莫休符，周去非. 岭外代答（卷二）[M]. 上海：商务印书馆，1936：20。

晚清时，又特指一种夹钳的耳饰，因其无需穿耳孔，不会破坏身体的全形，故流行于20世纪30年代新女性崛起之时，也是当代女性在特殊场合需要盛装穿戴而不得不佩戴耳饰时的一种方便之选。耳钳一般配有金属制成的弓形轧头，轧头上制有螺纹，佩戴时只要将轧头松开，套入耳垂，然后将轧头旋紧即可（图11-1）。但这种耳饰佩戴时间长了，耳垂会因挤压而十分疼痛，故不宜长时间佩戴。

原始社会 耳饰

佩戴耳饰之俗在中国起源于何时，史籍中并没有明确的记载。但至少在新石器时代，先民们就已经知道以耳饰来美化自己了（或者说护佑自己），且不分男女。出土的耳部穿孔人俑是史前人佩戴耳饰的一个直接证据，如安徽含山凌家滩出土的一中年男性玉人，除了有层层的手镯之外，他的两耳都有穿孔（图1-1）。甘肃天水蔡家坪出土的一个陶塑女头像，蒙古人种的特征十分显著，似正在张口歌唱，她的双耳耳垂部位也有穿孔。据考古工作者研究，这是新石器时代仰韶文化时期的遗物，至今已有5000年的历史。同一时期的还有甘肃礼县高寺头村仰韶文化遗址出土的陶人头，甘肃秦安寺嘴村出土的人头造型器口陶瓶等，他们的耳垂上都穿有耳孔，这些耳上的小孔显然是穿挂耳饰用的，这样的例子在新石器时代的人物形象中并不少见。

中国原始社会的耳饰实物出土于新石器时代。❶由于新石器时代还没有成熟的冶金工艺，因此，此时出土的耳饰大多是玉石质，也有少量的陶、煤精、牙骨等质地。造型主要以玦为主，少量的耳珰和耳坠为辅。其佩戴方式主要有夹戴（如玦），直接塞入耳部穿孔（如玦、耳珰），或穿绳系挂于耳部（如玦、耳坠）等。耳环是冶金工艺诞生之后的产物，在甘肃广河县的齐家坪，即齐家文化的命名地，也就是中国社会步入金石并用时代之际，才出土了我国迄今为止所发现的最早的金耳环和铜耳环。

△ 图1-1　安徽含山凌家滩出土薛家岗文化玉人。高8.1厘米，厚0.5厘米，安徽省文物考古研究所藏

当然，以上所述只是针对迄今可见的出土文物而言，在整个原始社会，必然还有一种热衷于以植物花卉或者动物皮毛为妆饰的传统，这在当代原始部落中也是屡见不鲜的。在出土的玉玦中，就有一些是明显断裂后，又人为穿孔系连的，说明这些玉玦对原始人的珍贵程度，即使不小心损坏了，也不舍得丢弃，而是尽可能地加以修复。毕竟玉石比较珍贵，且较

❶ 邓聪. 东亚玦饰四题［J］. 文物，2000（2）。

难加工，在那样一个茹毛饮血的年代，不可能是人人都能享有的。而植物的花卉、种子、叶子和兽毛兽骨则相对容易得到，因此以它们为材质制作各种首饰，包括耳饰是一件顺理成章的事。但是，由于动植物材质的妆饰品非常容易损坏，不像玉石那样可以长久保存，在距今几千年的历史遗存中难觅踪迹，因此，不作为我们阐述的重点。可是，我们实在不应忘记人类生活中永久的对鲜活的动植物的依恋。

一、玦

在距今8000年左右的内蒙古自治区敖汉旗兴隆洼遗址，人们发现一些玉玦成对地出现在墓主人的耳部周围，很可能是人类历史上已知最古老的耳饰，因为世界旧石器时代考古学并未出现过耳饰。[1]整个新石器时代，中国除西藏、甘肃西部及新疆等西部地区外，在中国的其他地域，玉玦可谓层出不穷。目前，中国发现出土有玦饰的遗址至少有数以百计之多，且很多墓葬出土的玦饰数量惊人，如河南省三门峡市上村岭出土有290件，山西侯马上马墓地出土了700余件，我国台湾卑南遗址出土有1287件。而如此庞大数量的玦饰，肯定仍然只是冰山一角。从出土情况看，玦无疑是中国原始社会最为多见的一种耳饰。中国香港中文大学邓聪博士在《蒙古人种与玉器文化》一文中曾尝试指出："从史前至历史时期蒙古人种的玉器文化，玦饰是最广泛分布的一种装饰品，表现出蒙古人种对人体耳部特殊的癖好。"

在中国，整个新石器时代玉玦层出不穷，但主要集中在东部和东南沿海地区，内陆地区的新石器时代遗址则发现甚少。到了商周时代，玦在中原才大为流行。战国时候数量开始减少，秦汉时代数量更少，并且不再作为耳饰，只做佩饰。但在东亚岛屿国家，直至近代，在菲律宾及印度尼西亚诸岛屿仍见有土著穿戴玦饰的风俗（图1-2）。[1]

玦大多为玉制，《说文·玉部》："玦，玉佩也。从玉，夬声。"如今墓葬中出土的实物遗存也以玉制居多。同时，也有以象牙或兽骨制成的牙骨玦，以普通石材制作的石玦，和以玛瑙、水晶、蚌、陶等其他材质制成的玦。此外，还有少量以金属制成，称为金玦，其实物遗存在湖北巴东县银盘墓

▲ 图1-2 戴玦饰的菲律宾少数民族
（依高山纯摄，1983年）

❶ 邓聪. 东亚玦饰的起源与扩散 [M]. //山东大学东方考古研究中心. 东方考古（第1集）. 北京：科学出版社，2004。

群一明代墓葬中曾出土，据该墓的发掘报告中记载发现有铜玦两件，锈蚀严重，位于瓦片上，推测死者头枕瓦片，一件（M 207：4）完整，直径1.1厘米；另一件（M 207：5）断为两截。❶

1889年，清代吴大澂著《古玉图考》中将一种如环而有缺的玉器称为玦。❷吴氏对玉玦的意见，对玦的定名起到非常重要的作用。东汉《白虎通》载："玦，环之不周也。"《酉阳杂俎·忠志》载："玉玦，形如玉环，四分缺一。"《汉书·五行志第七》则载："公衣之偏衣，佩之金玦（师古曰：'……金玦，以金为玦也。半环曰玦。'）"从记载来看，玦的造型一般为形似环而有缺，只是所缺之大小不一，但玦的弧度基本不应小于半环，从实物遗存来看，绝大多数缺口小于四分之一。

作为耳饰的玦，从装饰角度看，大多为素面无纹，只有少量有刻纹。例如江西新干大洋洲商代大墓、宁乡黄材王家坟商代青铜提梁卣中出土的玉玦，数量均多达几十件，但都是素面无纹的。至春秋战国时代，各种装饰有蟠虺纹、云纹的玉玦和兽型玦逐渐多了起来，与同时代青铜器的装饰纹样非常接近，可能和此时玦的用途由早年的实用向象征与装饰方向转化有关。❸

玦的造型、用途及寓意在不同时代、不同区域有不同的面貌。其既可作为耳饰，也可作为配饰❹、臂饰❺、射箭时勾弦的器具❻和冥器❼等。但总体上，玦在新石器时代，大量是以耳

❶ 湖北省文物考古研究所，南京大学历史系考古专业. 湖北巴东县银盘墓群发掘报告［J］. 南方文物，2009（4）。

❷《古玉图考》（吴大澂，中华书局，1948年）：不少学者讨论玦字含义，有建议用珥或瑱取代玦字。本文从现今一般使用玦饰之意，以如环而缺为玦饰。

❸ 李芽. 玦考［J］. 史物论坛. 台北：中国台湾历史博物馆，2012（12），15。

❹《说文·玉部》中写："玦，玉佩也。"《白虎通》："君子能决断则佩玦。"均已表明了玦在有文字记载后的文明社会中其主要用途已由耳饰逐渐转化为一种佩饰。其实这种转化在新石器时代已经出现。在河姆渡遗址第4层和凌家滩87M8：16中，出现一些未完全切断的玦饰，这可能就是耳饰逐渐转化为坠饰的一种表现。另外，在战国初期的曾侯乙墓中出土过一对大小相当，直径5.2厘米，出土位置位于墓主大腿侧的玦，其应该是因作为佩饰佩于腰间故而悬垂于腿侧的。玦作为佩饰，既可单独佩戴，也可与璜、管、珠等一起组合佩挂。例如良渚文化出土的玦尽管数量不多，而且主要集中于早中期阶段。但除了少量作为耳饰外，其余所发现的玦多于缺口相对一边肉上钻有系孔，出土时或位于腕部作为腕饰，或位于胸腹部位作为串挂玉件。例如浙江余杭良渚文化墓地M 14出土过这种玉玦饰，报告称之为"玦式圆牌"。这件玦式圆牌便是与玉璜及玉管伴出，显然和它们一样作为佩挂饰物来用。

❺ 如属于马家浜文化的浙江省余杭市良渚镇梅园里遗址M 6出土两对玉玦，直径3.3～7.8厘米、孔径1.3～6厘米。小的两件位于死者头部两侧，应为耳饰，直径较大的两件位于死者两侧手腕部，发掘者指出这应是臂饰。浙江省文物考古研究所. 浙江考古精华［M］. 北京：文物出版社，1999：50。

❻《字汇·玉部》："玦，射者着于右手大指以钩弦者亦谓之玦。"《诗·卫风·芄兰》："童子佩韘（shè）"毛传："韘，玦也，能射御则佩韘。"《礼记·内则》："右佩玦"李调元补注："玦，即《诗》'童子佩韘'之韘。韘，玦，半环也，即今之扳指，成人所佩也。"这种玦的材质，《说文》中称："射决也，所以钩弦。以象骨、韦系着右巨指。"即多为象牙或骨制成，以皮绳系于右拇指上。学者常光明先生有一观点很有新意，他认为"玦"作为"勾弦射具"，与"韘"完全不同，实为射箭勾弦的"驱玦"，并不是套在手指上，而是握于掌心中。射箭时，左手持弓，右手握"玦"，将弓弦通过"缺缝"引入"玦"的中心圆孔，旋转"玦"的角度，使"缺缝"垂直于弓弦，以便勾住弓弦，然后拉满弓弦。放箭时，右手略旋转"玦"的角度，使弓弦由"缺缝"迅速滑出，这便是"开弦"放箭。远古渔猎时代，生产与生活主要靠射猎，作为射猎必需用具的"玉玦"，游牧先民均须随身携带，所以有的"玉玦"还钻有"穿孔"，以穿绳系于手腕，既方便使用又免于遗失。进入夏商以后，不再经常射猎的贵族官员，便会将"玉玦"系于腰间，此后就逐渐演变为装饰性的"如环佩玉"了。

❼ 2001年，中国社会科学院考古研究所刘国祥发掘内蒙古自治区赤峰市敖汉旗兴隆洼遗址时，发现了一具距今约8000年的兴隆洼文化的女孩尸骨，在其头骨的右眼眶内，发现嵌有一件玉玦，故提出"以玦示目"的说法。

百胜流光
中国历代耳饰

饰的形式存在的。本文也主要探讨其作为耳饰的功能。

　　玦作为耳饰，虽在史书中不见叙录，但从目前的考古资料来看，在新石器时代是最常见的一种用途，因为在新石器时代发现的玉玦大多见于人体的耳部。[1]考古工作者从中国最古老的玉器出土地距今约8000年的东北兴隆洼遗址中就发现了数量很多的玉玦，它们成对地出现在墓主人的耳部周围，应该是史前人生前佩戴的耳饰。[2]从它们的佩戴方式看，有成年的男性，成年的女性，也有儿童。当时佩戴玉玦讲究双耳佩戴，但是没有性别和年龄的差别。同时在嘉兴马家浜、湖北宜昌清水滩等地的新石器时代文化遗址中，也都发现这种饰物，其出土位置大都在墓主人的耳际。江苏常州圩墩村新石器时代的遗址中，共出土九枚玦形饰物，出土时皆在人骨耳边，且墓主人都是女性，一般一墓仅出一件，说明玦饰也可以是单耳佩戴的。四川巫山大溪文化遗址出土的耳饰甚为丰富，有时一人戴两种耳饰，质料和形状也各不相同，如128号墓中就能见到这种情况：墓主是一位妇女，年龄约50岁，在其墓中共出土随葬品四件，其中两件为耳饰，分别置于人骨耳部，左面为一枚玉玦，右面是一个石质的圆环。[3]

[1] 杨建芳. 耳饰玦的起源、演变与分布：文化传播及地区化的一个实例［C］. //中国古玉研究论文集. 台北：众志美术出版社，2001：139-167；邓聪. 环状玦研究举隅［M］. //东亚玉器（第一册）. 香港：香港中文大学中国考古艺术研究中心. 1998：86 101。

[2] 杨虎，刘国祥. 兴隆洼文化玉器初论［M］. //东亚玉器（第一册）. 香港：香港中文大学中国考古艺术研究中心，1998：128-139。

[3] 周汛，高春明. 中国历代妇女妆饰［M］. 香港：三联书店（香港）有限公司，上海：学林出版社，1997。

（一）玦的三种佩戴方式

玦作为耳饰是如何佩戴的呢？考古界一般认为有以下三种方式。

1. 将玦直接穿过耳孔佩戴[1]

尽管对于当代人来说打一个能穿过玦的耳洞似乎是太大了，要承受很大的痛苦。但从现存原始部落的资料来看，在耳垂上穿挂又大又重的耳饰，进而把耳洞拉伸得很大的实例是很常见的。因为穿挂饰物对于很多原始部落的居民来说，并不仅仅是为了美，而是一种成人的标志或者起到彰显财富的作用。在东南亚加里曼丹的Kelabit与Kayan-Kenyah族人，至今仍可见到垂挂与中国新石器时代相似的玦饰，甚至一个耳洞上可以垂挂2千克重量的玦（图1-3）。[2]从考古资料来看，在中国新石器时代遗址中，耳饰实物遗存除了玦外，还有耳珰。例如长江中下游出土玉耳珰的新石器时代遗址就有青浦崧泽[3]、含山凌家滩[4]、余杭反山[5]和无锡邱承墩[6]等。这些耳珰佩戴要直接嵌入耳垂，一些中空的耳珰中心孔径达到3厘米以上，没有很大的耳洞是无法佩戴

▲ 图1-3 加里曼丹Kayan-Kenyah族妇女穿戴金属玦饰（依Junaidi Paync ct.al.，1994年）

的。因此，将玦直接穿过耳孔佩戴，在技术和观念上都没有问题。商周时期，冶金工艺成熟后出现的金属耳钉，其直接穿过耳洞佩戴的方式其实就是玦的一种延续。

2. 将玦的缺口夹于耳部佩戴

有学者认为，从出土位置看，有的玦缺口朝上，故推断应是这种佩戴方式。例如在马家浜遗址中出土的作为耳饰的玉玦，相关报告中明确玦口均向上，因而其缺口很可能用于夹住耳垂或耳郭，但缺口一般宽约0.2～0.4厘米，有的仅0.1厘米左右，[7]这种缺口使用起来似乎

❶ 邓聪. 东亚玦饰四题 [J]. 文物，2000（2）。

❷ Junaidi Payne，Gerald S. Cubitt and Dennis Lau，THIS IS Borneo，New Holland（Publishers），1994；图片摘自李世源、邓聪. 珠海文物集萃 [M]. 香港：香港中文大学中国考古艺术研究中心，2000：196。

❸ 上海市文物保管委员会. 崧泽——新石器时代遗址发掘报告 [M]. 北京：文物出版社，1987；上海市文物管理委员会. 1994—1995年上海青浦崧泽遗址的发掘 [C]. //《上海博物馆集刊》编辑委员会. 上海博物馆集刊（第八期）. 上海：上海书画出版社，2000。

❹ 安徽省文物考古研究所. 凌家滩——田野考古发掘报告之一 [M]. 北京：文物出版社，2006。

❺ 浙江省文物考古研究所. 反山（上、下）[M]. 北京：文物出版社，2005。

❻ 南京博物院，江苏省考古研究所，无锡市锡山区文物管理委员会. 邱承墩：太湖西北部新石器时代遗址发掘报告 [M]. 北京：科学出版社，2010。

❼ 葛金根. 马家浜文化玉玦小考 [J]. 东方博物，2006（3）。

太窄了些。也有学者认为玦不是夹于耳垂，而是夹于耳郭的软骨部位。但不论哪种夹法，因玉石本身是有一定密度的，且无任何弹性，其夹在耳部作为陪葬的冥器佩戴是可以的，但对于日常生活中的人来说，这样佩戴恐怕是不牢靠的。

3．用绳带穿系于耳部佩戴

这种说法的依据是，有很多玦的边缘有钻孔，如在江西新干大洋洲商代大墓中出土的20件玦饰，玦口对应顶部都有小孔。笔者认为，玦作为佩饰可穿孔连缀其他玉饰，组成组玉佩，作为耳饰应该也是可以的。这个孔既可以理解为用来穿绳于耳洞或者穿绳悬挂于耳郭之用，也可以理解为用之连缀其他饰物，而依旧将玦直接穿过耳洞佩戴。毕竟，柔软的绳索要想穿过小小的耳洞是有些难度的（在新石器时代，冶金工艺还很不成熟，故此不大可能用金属作为联结配件），但如果耳洞大到很容易穿进绳索，那么何不直接穿玦更美观呢？毕竟玦不是环，作为耳饰不必必须用到绳索，笔者想这也许可以解释为什么玦是中国最早的耳饰的原因吧。

耳饰的使用，感觉上是一件很简单的事情，但其实需要具备观念和技术等很多层面的要求，例如耳部妆饰概念的形成，耳饰制作及管理的技术和耳饰佩戴的技术（即具备人体耳部穿孔及处理皮肤发炎的知识）。新石器时代玦饰的大量出现，说明这些技术已经比较成熟。笔者以为，其作为耳饰的功能在史书中之所以不见记载，是因为在逐渐步入文明社会的历程中，玦最初作为耳饰的功能渐渐发生了转化，因为耳饰是所有首饰中唯一需要破坏肉体完整的首饰（穿耳洞），而中国在先秦时期的《孝经·开宗明义篇》中便已提到："身体发肤，受之父母，不敢毁伤，孝之始也。"故此，耳饰（不仅仅是玦）在中国宋代以前的汉族人中是极不流行的。因此，其最初的功能也就因不被人所提及而渐渐遗忘了。

（二）玦的造型

依据考古发掘的实物遗存来看（此处不局限于原始社会），玦在造型上大致可分为扁体环型、凸纽型、圆管型、圆珠型、兽型、玦口联结型等，也有像我国台湾卑南遗址的人型玦和奇特罕见的异型玦，更有复杂成套的组玉玦。

1．扁体环型玦（表1–1）

扁体环型玦在扁环的一侧有切口，是玦饰中最为常见的一种。《白虎通》载："玦，环之不周也。"就指的是常见的环形玦。环形玦的出土量是比较大的，如1970年在宁乡黄材王家坟的小山丘上挖出一件商代青铜提梁卣，内贮320多件商代玉器，其中玦饰就有64件，均素面无纹，扁体玦口有直切和斜切两种，大的直径达10.4厘米、小的直径1.4厘米。**❶** 在江西新干大洋洲商代大墓中也出土玉器70余件，其中玦饰就有20件，分为扁薄和扁厚两种，全部为素面无纹，玦口对应顶部有小孔，基本成对出土，大小依次递减，玦按直径可分为6~7厘米、4~5厘米、2~3厘米三组，很可能是同一素材连续生产玦饰的结果**❷**。环形玦又可分为扁薄和扁厚两种，扁薄者居多，厚度一般小于0.5厘米，如新干玦饰扁薄者占18件，厚度集中在0.15~0.2厘米之间。扁厚者厚度一般大于0.5厘米，如新干玦饰扁厚者占2件，厚度为0.8厘米。

总体来看，环形玦大致可分为以下几种类型：

A型：方环形扁体玦。玦体近方形，也有梯形或三角形的，出土数量不多，比较别致。红山文化出土的方形玦也有学者称之为鸟形玦。

B型：圆环形扁体玦。此种类型是玦饰中出土数量最多、最常见的一种类型。根据细节的不同又可以分为以下几种样式：

BⅠ：圆环形扁体素面直切玦。

BⅡ：圆环形扁体素面斜切玦。

BⅢ：圆环形扁体素面有穿孔玦。

BⅣ：圆环形扁体素面联结式玦。

BⅤ：圆环形扁体有纹饰玦。

BⅥ：圆环形扁体组玉玦。

BⅦ：椭圆形扁体玦。

新石器时代出土的玦饰多为素面无孔无纹，以耳饰居多。玦的器壁部分称为"肉"，孔径部分称为"好"，由此又分为三种造型：肉好相等、肉大于好和肉小于好。还有一类玦玦面薄厚不一，有的是一面平，另一面有坡度，坡度有内厚外薄，也有外厚内薄的；还有一类两面都有坡度的，此类可称为坡形玦。进入商周以后，玦饰的用途发生改变，逐渐向佩饰或组玉玦转变，故有孔者渐多，也出现了少量有纹饰者。还有一些玦出土时由两段或三段相结合而成，估计是后来断裂了，将断口接补上，在联结处钻孔联结，称为联结式。这说明当时的人们即使是断裂的玉玦都不肯轻易抛弃，而是修复后再次使用。这一方面说明当时的玉器属珍贵稀罕之物；另一方面，或许玉玦具有某种神圣意义，需要最大限度地利用好、保存好。还有一类更为华丽的类型，如云南江川李家山出土的组玉玦：器身很薄，呈米黄色，整

❶ 喻燕姣. 略论湖南出土的商代玉器［J］. 中原文物，2002（5）。

❷ 邓聪. 从《新干古玉》谈商时期的玦饰［J］. 南方文物，2004（2）。

件饰物琢磨精致，通体呈扁圆形，上缘平直，下缘内凹，在上缘部分的中间开有一个缺口，缺口的两端各钻一个小孔，用以穿组。出土时多堆积在死者耳部，通常以成组形式出现，每组数片至十数片，大小不等，层层叠压。当时应该是先以细绳穿组，然后再悬挂在耳部。❶再如广东博罗横岭山先秦墓地出土玉器中有相当数量的玦饰在墓葬中由小到大成组出现在墓主头部两侧。墓葬M 225中就有两组玦饰由小到大叠置在墓主头骨两侧附近，两组玦饰各有8件，玉质都为白色的石英岩玉，但细腻程度各有不同（表1-1：17）。❷

表1-1　扁体环型玦

A型：方环形扁体玦		
1. 玉玦	2. 玉玦	3. 玉玦
贵州省赫章县可乐墓葬出土。左：长2.85厘米，宽2.4厘米，厚0.2厘米，右：长2.8厘米，宽2.8厘米，厚0.2厘米。现藏于贵州省博物馆	浙江省余杭市瑶山55号墓出土。高2厘米，宽1.2~1.7厘米，厚0.4厘米。透闪石玉，扁平体，外形略呈梯形。现藏于浙江省文物考古研究所	台湾台东县卑南遗址出土。暗绿色，有白色沁，皆出于头部，都是单件出现。现藏于中国台湾史前文化博物馆

B型：圆环形扁体玦		
BⅠ：圆环形扁体素面直切玦		

4. 玉玦（肉好相等）	5. 玉玦（肉大于好）	6. 玛瑙质玦一组（好大于肉）
河南省孟津县小潘沟出土，属龙山文化。直径1.2厘米，现藏于河南省洛阳博物馆	江西省新干商代大墓出土（XDM：684），成对出土，直径6厘米，孔外径1.9厘米，孔内径1厘米，中间厚0.8厘米。现藏于江西省博物馆	梅园里M 6：1-4，直径3.3～7.8厘米，孔径1.3～6厘米。浙江省余杭市良渚梅园里出土。出土时直径较小的位于死者头部两侧，应是耳饰，直径较大的位于手腕部，应是镯。将玦制成镯状为马家浜文化独有①

❶ 周汛，高春明. 中国历代妇女妆饰［M］. 香港：三联书店（香港）有限公司，上海：学林出版社，1997。
❷ 吴沫，丘志力. 广东博罗横岭山先秦墓地出土玉器探析［J］. 东南文化，2005（3）：20-27。

BⅡ:圆环形扁体素面斜切玦	

7. 玉玦 越南Mai Dong出土	8. 玉玦 湖南衡阳杏花村出土，玦口为斜切，直径10厘米，内径4厘米，厚度0.2厘米

BⅢ：圆环形扁体素面有穿孔玦	

9. 玉玦 浙江省余杭市瑶山遗址出土	10. 玉玦 河南省三门峡市上村岭虢国墓地1665号墓出土。外径3.2厘米，内径0.9厘米，厚0.2厘米。现藏于中国历史博物馆

BⅣ：圆环形扁体素面联结式玦	

11. 玉玦 安徽凌家滩遗址出土。外径7.3厘米，内径5.3厘米，厚0.5厘米，缺口0.4厘米。此玦有一断痕，两边各对钻圆孔，两孔之间有暗槽相连，补接断口。现藏于安徽省文物考古研究所	12. 玉玦 江苏省金坛县三星村遗址出土，M 718：9。此玦出土时位于手腕部

BⅤ:圆环形扁体有纹饰玦

13. 玉鸟纹玦（西周）

直径4厘米。正面以婉转流畅的线条琢蟠环的鸟纹，圆眼，尖长喙，身饰云纹，背面光素无纹。此件玉玦系玉璧改制而成。现藏于上海博物馆

14. 玉玦（春秋晚期）

河南省淅川县下寺1号墓出土。右：直径5.9厘米、孔径2.8厘米；左：直径5.85厘米、孔径2.8厘米，两面皆雕琢阴线蟠虺纹，两件尺寸相近，应是一对。现藏于河南省文物考古研究所[2]

BⅥ:圆环形扁体组玉玦

15. 组玉玦

广东博罗横岭山先秦墓地墓葬M 225出土。由小到大叠置在墓主头骨两侧附近，一组有8件，玉质为白色的石英岩玉。直径依次为5厘米，3.5厘米，2.8厘米，2.4厘米，1.9厘米，1.6厘米，1.5厘米。现藏于广东省文物考古研究所

16. 组玉玦

云南江川李家山21号墓出土。均厚约0.1厘米，最大件直径3.4厘米，孔径2.4厘米；最小件直径1.5厘米，孔径0.8厘米。青白玉，4对大小相依有序，玉环至缺口处变窄，均有两细圆穿孔。现藏于云南省博物馆

BⅦ:椭圆形扁体玦

17. 玉玦

安阳殷墟出土（采自梅原末治）

18. 玉玦

四川省凉山州盐源县双河乡毛家坝老龙头墓葬出土。年代为战国至秦汉时期。长2.5厘米，宽2厘米，厚0.25厘米，青玉质。现藏于四川凉山州博物馆

① 浙江省文物考古研究所. 浙江考古精华［M］. 北京：文物出版社，1999：198。

② 张剑，赵世刚. 河南省淅川县下寺春秋楚墓［J］. 文物，1980(10)。

2. 凸纽型玦（表1-2）

凸纽型玦是指考古发现的器身外缘带有凸纽装饰的玦，多为玉、石质或琉璃质地，广泛
分布于环南海地区，如越南、菲律宾、泰国等国。在我国则在两广、香港、台湾和闽浙等地
发现有这种凸纽玦。广东省曲江石峡遗址第四期墓葬出土了3件，年代相当于商代。[1]广西红
水河沿岸的武鸣等秧山[2]、平乐银山岭[3]、田东锅盖岭[4]等地战国墓群中发现了若干件凸纽玦。
我国台湾卑南遗址、香港南丫岛也有同类玦出土[5]。浙江省衢州西山西周早期土墩墓出土的四
件凸纽玦，[6]是凸纽玦分布的北限。根据北京大学考古文博学院干小莉先生的研究来看，这种
凸纽型玦大致可分为五种类型：[7]

A型：方形扁体凸纽玦。

B型：圆形扁体凸纽玦。

C型：圆形扁体C形纽玦。

D型：圆形扁体兽形纽玦。

E型：钩坠形凸纽玦。

表1-2　凸纽型玦

1. 玉玦

长7厘米，宽7厘米，孔径1.3厘米，厚0.2厘米。广东省广州市南越王墓出土，现藏于广
州西汉南越王博物馆

[1] 广东省博物馆，等. 广东曲江石峡墓葬发掘简报［J］. 文物，1978（7）。
[2] 广西壮族自治区文物工作队，等. 广西武鸣马头元龙坡墓葬发掘简报［J］. 文物，1988（12）。
[3] 广西壮族自治区文物工作队. 平乐银山岭汉墓［J］. 考古学报，1978（2）。
[4] 广西壮族自治区文物工作队. 广西田东县发现战国墓葬［J］. 考古，1979（6）。
[5] Finn, Daniel. Archaeological Finds on Lamma Island near Hong Kong, University of Hong Kong.
[6] 金华地区文管会. 浙江衢州西山西周土墩墓［J］. 考古，1984（7）。
[7] 干小莉. 从凸纽型玦看环南海区域土著文化的交流［J］. 南方文物，2008（2）。

B型：圆形扁体凸纽块	BI：圆（方）粒状凸纽形	

2. 玉玦

台湾台东县卑南遗址出土。现藏于中国台湾史前文化博物馆

| | BII：锯齿状凸纽形 |  |  |

3. 玉玦

贵州省赫章县可乐战国墓葬出土。直径5.6~5.8厘米，厚0.2厘米。现藏于贵州省文物考古研究所

4. 玉玦

江苏吴县严山吴国玉器窖藏出土。长径2.18厘米，短径1.8厘米，内径0.8~0.9厘米，厚0.2~0.3厘米。绿松石质，周围镂雕花棱。现藏于吴县市文物管理委员会

| C型：圆形扁体C形纽块 | CI：「C」形凸纽两端上翘明显，有的凸纽中部有凸起 |  |  |

5. 玉玦

广东省韶关市马坝石峡遗址出土。现藏于广东省博物馆

6. 玉玦

广东省韶关市马坝石峡遗址出土。直径6.2厘米，孔径3.2厘米。现藏于广东省博物馆

| | CII：「C」形凸纽弧度平缓，两端上翘不明显 |  | |

7. 玉玦

广西平乐银山岭战国墓。直径1.7~3.8厘米，厚0.1~0.5厘米。现藏广西壮族自治区博物馆

第一章 原始社会耳饰

19

D型：圆形扁体兽形纽玦		
	8. 玦 台湾富岗石棺遗址出土，蛇纹岩制造。外缘剩下4个完整的兽状突起及两个残断的突起。从整个标本看，原来可能有八个突起。环径4.9厘米，好径3厘米，肉宽0.9厘米，厚0.2厘米，缺口宽0.2厘米	9. 玦 台湾富岗石棺遗址出土，蛇纹岩制造。其外周缘原有8个兽状突起，有一个断掉，留下断痕。环径1厘米，好径2.9厘米，肉宽1~1.2厘米，厚0.2厘米，缺口宽0.2厘米
E型：钩坠形凸纽玦		
	10. 玦 菲律宾巴拉望岛**Tabon**诸洞穴，铁器时代早期	

3. 圆管型玦（表1-3）

圆管型玦的外形似圆管体，一侧有纵向切口。这类玦的出土数量比较少，但起源很早。在最早发现玉玦的兴隆洼遗址第180号房址内第118号墓中就出土两件圆管状玉玦。❶河姆渡遗址第一期文化层也出土过一件圆管状骨玦[标本T 243（4A）：225]，是截取较窄的一段肢骨经粗磨而成，形似椭圆形，一侧切割有缺口，直径1.6~2.1厘米，高1.4厘米（表1-3：4）。❷据马家浜遗址出土玉玦来看，圆管状玦要早于扁体环型玦。春秋早期河南省光山县宝相寺黄君孟夫妇墓（表1-3：5）和春秋晚期河南淅川县下寺3号墓（表1-3：6）中也均出土过这种刻有纹饰的圆管型玦。圆管型玦从造型来看大致可分为三种类型：

A型：棱纹圆管形玦。

B型：光滑圆管形玦。

C型：有纹饰圆管形玦。

❶ 郭大顺. 龙山辽河源［M］. 天津：百花文艺出版社，2001：36。

❷ 浙江省文物考古研究所. 河姆渡：新石器时代遗址考古发掘报告［M］. 北京：文物出版社，2003。

表1-3 圆管型块

A型：棱纹圆管形块	 **1．玉块** 陕西韩城春秋墓葬出土。出土于墓主人头部两侧。外径2.1厘米，内径1.5厘米，厚0.3厘米，缺口宽0.4厘米，高1.1厘米。器表琢磨三道凹槽，形成四道凸棱纹	 **2．玉块** 红山文化青白玉块。该块整体为磨制，块的一侧磨洼呈骨节形，造型较为奇特。外径2.5厘米，内径0.5厘米，高2.5厘米，现藏于辽宁朝阳德辅博物馆
B型：光滑圆管形块	 **3．玉块** 江苏江阴祁头山遗址出土，标本M 13：3，鸡骨白色，块口较长，块口内部及孔内打磨光滑。长1.9厘米，上径1.4厘米，下径1.3厘米	 **4．骨块** 河姆渡遗址第一期文化层出土骨块［标本T 243（4A）：225］。截取较窄的一段肢骨经粗磨而成，近似椭圆形。高1.4厘米，直径1.6～2.1厘米
C型：有纹饰圆管型块	 **5．玉块** 1983年河南省光山县宝相寺黄君孟夫妇墓出土，春秋早期。外径3.2厘米，高2.65厘米，通体饰阴雕双勾变形饕餮纹，现藏于河南省信阳地区文物管理委员会	 **6．玉块** 河南淅川县下寺3号墓出土，春秋晚期。高3厘米，外径2厘米，孔径0.9厘米，缺口宽0.32厘米。器表琢有变形蔓纹，顶端平面琢有双环纹。现藏于河南省文物考古研究所

4．圆珠型块（表1-4）

　　圆珠型块的外形像珠体，和圆管型相比腰部比两头膨胀，因此看起来比较浑圆，出土数量也比较稀少，在马家浜文化中出土过一些（表1-4：1、2）。

5. 兽型玦（表1-4）

兽型玦往往模仿团成圈的兽型，如龙形、鸟形等，属于玦中装饰比较精美的一类，可能大多作为礼器，或彰显墓主人的身份。在新石器时代时期，红山文化出土了大量制作异常精美的兽型玉（表1-4：4），因其造型皆似环而有缺（也有部分缺口处未完全切断，尚有联结），故笔者将之纳入兽型玦类型，此类玦可能大多是作为礼器的。在商代晚期的妇好墓中出土了九件兽型玦（以龙形为主），制作非常精美（表1-4：3），但这类玦在殷墟的其他墓中几乎未见。

6. 玦口联结型玦（表1-4）

此类玦的玦口未完全切断，尚有联结。例如河姆渡第四层出土的六件玦中就有两件玦口未完全切断（表1-4：5），凌家滩编号87 M 8：16的玦也是如此，❶很多兽型玦也是如此（表1-4：6）。这可能是一种特意的设计，标志着玦已由最初耳饰的功能发生转变。

7. 人型玦（表1-4）

人型玦主要出土于我国台湾台东县卑南遗址。例如卑南遗址B 2413号墓葬是一个曾经多次使用的复体葬石板棺，棺内出土了丰富而精美的陪葬品，不仅出土了双人形玉玦一件（表1-4：7），还出土了下文的多环兽型玉玦一件。卑南遗址B 2391号石板棺外还出土单人形玉玦一件（表1-4：8），可能是双人形玉玦的一种变形，至今尚未发现第二件标本。这一类玉玦造型独特，极为罕见，除了出土于卑南遗址外，还见于我国台湾北部圆山文化系统的芝山岩遗址。❷

8. 异型玦（表1-4）

还有一类玦的造型非常奇特，也非常少见，不属于以上任何一类，故统一将之归为异型玦。在我国台湾台东县卑南遗址，经由抢救发掘出的玉玦有1300多件。从其形制构造及墓葬中的陪葬部位判断，可以确定是耳饰无疑。其中有一些造型非常奇特罕见，如外形长方、下端向外展开的两翼形玦（表1-4：10）及B 2413号复体葬石板棺内出土多环兽型玉玦（表1-4：9）等。另台东绿岛油子湖遗址出土过挂钩形玦，台北圆山还出土过两件鱼尾形玦（表1-4：11），此类鱼尾形玦仅在我国台湾发现过两件，皆造型奇特而罕见。我国广东梅县还曾发现过一件三角形玦（表1-4：12）。

❶ 安徽省文物考古研究所. 凌家滩玉器［M］. 北京：文物出版社，2000：84。
❷ 杨伯达. 中国玉器全集（上）［M］. 石家庄：河北美术出版社，2005：122。

表1-4　玦的造型

圆珠型玦

1. 珠形玉玦

　　江苏省常州市圩墩出土马家浜文化玉玦。黄褐色，算珠状，取料硬度低，似为滑石。出土时置于头部两侧。直径2.1厘米，孔径0.6厘米，厚1.7厘米。现藏于南京博物院

2. 珠形玉玦

　　江苏省常州市圩墩出土T 7801—M41玦：白色，外径1～1.3厘米，孔径0.8厘米，厚1.3厘米，缺口宽约0.3厘米，横断面近长方形

兽型玦

3. 龙形玉玦

　　1976年妇好墓出土，商代晚期，直径5.5厘米，孔径1.2厘米，厚0.5厘米。此类玦在妇好墓共出土9件，而在殷墟的其他墓中几乎未见（有些可能已被盗）。现藏于中国社会科学院考古研究所

4. 兽形玉玦

　　红山文化。高4.2厘米，最宽3.4厘米，厚1.4厘米。现藏于辽宁省博物馆

玦口联结型

5. 石玦

　　河姆渡第一期文化遗址出土，标本T 234（4B）：301，玦口尚未最后分离。直径1.7厘米，厚0.7厘米

6. 虺形玉玦

　　1976年妇好墓出土，商代晚期，直径4.5厘米，孔径1厘米，厚1.5厘米。现藏于中国社会科学院考古研究所

人型玦	

7. 双人形玉玦 台湾台东县卑南遗址B 2413号复体葬石板棺内出土。长6.6厘米，宽3.9厘米，厚0.35厘米。造型独特，极为罕见。现藏于中国台湾史前文化博物馆	8. 单人形玉玦 台湾台东县卑南遗址B 2391号石板棺外出土。长5.7厘米，宽1.8厘米，厚0.25厘米。现藏于中国台湾史前文化博物馆

异型玦	

9. 多环兽形玉玦 台湾台东县卑南遗址B 2413号复体葬石板棺内出土。长6.8厘米，宽2.8厘米，厚0.3厘米。这一类型的玦仅此一件	10. 翼形玉玦 台湾台东县卑南遗址出土两翼形玉玦。现藏于中国台湾史前文化博物馆

11. 异形玉玦（残） 台北圆山贝冢出土。在器物的上方，好的左侧，两面各有一凹槽，推测可能是未完成的缺口，属于玦口联结型。纵长7.1厘米，厚0.25厘米，好径1.25厘米	12. 三角形玉玦 广东梅县出土

耳畔流光

中国历代耳饰

（三）玦的象征意义

古人为何要戴玦呢？我想除了崇玉文化和作为耳饰的装饰性之外，其深邃的象征意义也是我们应该关注的。

玦是中国古代人民最早制作的玉器之一，根据对原始文化的研究来分析，原始人类制作某种器具往往是具有一定用途的，或者是具体的实用用途，或者是与他们的生活息息相关的巫术用途。而巫术用途中尤以生殖崇拜比较常见。因为在生产力极其低下的社会形态下，唯有多生多育才能保证部族的兴旺。对此，学者周庆基有一观点可以参考："玦……以简单明确的形式表现出女性生殖器官，圆形是子宫，缺口是阴道，一目了然。随着长期的实践，人们也意识到男性在生殖中的作用，于是又制作了象征女性的璧与象征男性的且和琮。""红山文化的玉玦……多数为龙胎形。如果说以前的玦象征子宫与阴道，而红山文化的玦则是象征蜷伏在子宫内的小龙胎。……龙大概是部落或部落联盟的图腾，他们制作龙胎形玉玦，就是希望以母神的生殖力量，使他们的部落或部落联盟人口兴旺。"❶

步入文明社会之后，玦的象征意义变得日益重要。随着文字的逐渐成熟，古人根据同声相假的原则，用玦象征决断、裁决，视为拥有某种权利或能力的象征。《白虎通》载："君子能决断则佩玦"便是此意。此外，玦还象征与人断绝关系，有诀别之意。《广韵·屑韵》："玦，珮如环而有缺。逐臣赐玦，意取与之诀别也。"

二、耳珰

新石器时代的另一耳饰品种，一般称之为耳珰，特指嵌入耳垂穿孔中的饰物。也有的学者称之为耳栓、❷耳塞等。耳珰出现的年代比玦略晚，在距今7000年前的浙江余姚河姆渡遗址中出土有迄今发现的最早的陶质耳珰，❸原报告称之为纺轮，已有学者将之定名为耳栓。耳珰的材质有陶、煤精、骨、石、玉、水晶等，如辽宁省沈阳市新乐遗址下层文化出土有煤精质耳珰（表1–5：4）；北京平谷县上宅遗址出土有石质和陶质的耳珰，石质的均为黑色滑石制成；❹安徽省含山县凌家滩遗址出土1件水晶"菌形球"，报告认为"应为耳

❶ 周庆基. 说玦［J］. 河北大学学报（哲学社会科学版），2000（2）。

❷ 邓聪. 从河姆渡的陶制耳栓说起［J］. 杭州师范学院学报，2000（3）。

❸ 浙江省文物考古研究所. 河姆渡：新石器时代遗址考古发掘报告［M］. 北京：文物出版社，2003。

❹ 赵福生. 平谷县上宅新石器时代遗址［M］. //中国考古学年鉴1987. 北京：文物出版社，1988；北京市文物研究所，北京市平谷县文物管理所上宅考古队. 北京平谷上宅新石器时代遗址发掘简报［J］. 文物，1989（8）。

珰"（表1–5：3）；[1]玉质耳珰在新石器时代则多出土于长江下游的大型墓葬中。[2]但总体来说，耳珰的出土数量比较有限，远不及耳玦的普及。

（一）耳珰的造型

1. 蘑菇型耳珰（表1–5）

蘑菇型耳珰，耳珰上部呈半球状，球下有细圆柄，底为扁平圆形。分为实心和中部半空两种。实心的如崧泽M 127：3，玉色黄绿，顶面圆弧，底面平，束腰，顶径2厘米，底径1.5厘米，高1厘米，类似的还有两件；[3]凌家滩M 15：103—1和M 15：104，位于墓主头部，原报告称之为"玉饰"，均为透闪石，白灰色，上部呈半圆弧状，中间呈细圆柱，柱下呈平圆形底，前者顶径1.2厘米、底径1厘米、高0.8厘米；后者顶径1.5厘米、底径1.3厘米、高1.1厘米。凌家滩M 16：5和M 16：34则摆放于墓葬的南部，应位于墓主人头的两侧，质地、颜色、器形、大小均相似，应为一对（表1–5：2）。在凌家滩，也出土了一些半中空的蘑菇形状耳珰，如M 4：127（表1–5：1）和M 9：64，均出土于墓主头部周围。[4]

2. 收腰圆筒型耳珰（表1–5）

此类耳珰横剖面为圆形，纵剖面为工字形，中部收腰，两端呈喇叭状奢口，通常一端较另一端奢口略大，也分为实心和中空两种，以中空者多见。此类耳珰佩戴时是插戴于耳垂上的耳孔中，较宽一侧向前方，耳孔的直径以小于耳珰腰部直径为适合，耳孔过大则耳珰容易脱落。凌家滩M 14：12、M 14：13，属于此种类型；无锡邱承墩M 5：22和M 5：23出土于墓主耳部，为一对玉耳珰；余杭反山M 21：8，原报告称"玉喇叭形端饰"，但由于其质地、器形、大小与邱承墩出土的玉耳珰极为相似，故确认其应为"玉耳珰"；[5]广东省珠海宝镜湾遗址（表1–5：6）、[6]广东省珠海南扪遗址等都出土有此类耳珰（表1–5：5）。[7]

（二）耳珰佩戴者

《说文·玉部》曰："珰，华饰也。"说明耳珰是一种比较华贵的饰物，并非日常所佩。

❶ 安徽省文物考古研究所. 安徽含山凌家滩新石器时代墓地发掘简报［J］. 文物，1989（4）；安徽省文物考古研究所. 安徽含山县凌家滩遗址第三次发掘简报［J］. 考古，1999（11）。

❷ 费玲伢. 长江下游新石器时代玉耳珰初探［J］. 东南文化，2010（2）。

❸ 上海市文物保管委员会. 崧泽［M］. 北京：文物出版社，1987；上海市文物管理委员会. 1994—1995年上海青浦崧泽遗址的发掘［C］.// 上海博物馆集刊（第八期）. 上海：上海书画出版社，2000。

❹ 安徽省文物考古研究所. 安徽含山凌家滩新石器时代墓地发掘简报［J］. 文物，1989（4）；安徽省文物考古研究所. 凌家滩［M］. 北京：文物出版社，2006。

❺ 浙江省文物考古研究所. 反山：良渚遗址群考古报告之二［M］. 北京：文物出版社，2005。

❻ 李世源、邓聪. 珠海文物集萃［J］. 香港：香港中文大学中国考古艺术研究中心，2000：196。

❼ 费玲伢. 长江下游新石器时代玉耳珰初探［J］. 东南文化，2010（2）：197。

从长江下游墓葬出土耳珰情况来看，据南京博物院费玲伢先生研究认为：崧泽文化晚期至良渚文化早期随葬玉耳珰的墓葬在墓地中为等级较高的墓葬，但地位并不十分显赫；良渚文化中、晚期随葬玉耳珰的墓葬皆为墓地中地位显赫的贵族墓葬。说明玉耳珰在当时的这些区域中，不仅仅是作为装饰品，也是身份、地位和等级的象征。[1]这一点在新石器时代和商周时期出土的一系列佩戴耳珰的玉人像中也可以得到证实。湖北天门肖家屋脊遗址出土过石家河文化晚期的七件戴大耳珰的神人玉面像；[2]江西新干商代大墓出土的戴有大耳珰的羽冠神人（图1-4）；[3]陕西岐山凤雏村甲组西周宗庙基址和陕西长安张家坡M 17出土的西周时期的神人玉面像，[4]其耳部均戴大耳珰；山西曲沃羊舌西周晚期到春秋时期的晋侯墓地M 1亦出土一件戴中穿圆孔大耳珰神人玉面像。[5]这些佩戴耳珰的人物形象均面相威严狞厉，有的头戴高冠，有的头上有角，非同常人，因此考古工作者均将之定名为神人。这也说明，佩戴耳珰的人物在当时的社会是具有较高身份或者特殊身份的人群。

▲ 图1-4　江西新干商代大墓出土的戴有圆筒形耳珰的羽冠神人

表1-5　新石器时代出土耳珰

蘑菇型耳珰	

1. 玉耳珰	2. 玉耳珰
M 4：127。高1.7厘米，球径2.3厘米，底径1.9厘米，孔径0.5厘米，孔高0.9厘米。距今5500年左右，出土于安徽凌家滩遗址。[1]牙黄色。上半部呈半空心蘑菇状，下有细圆柄，底扁平圆形，中心钻一圆孔	M 16：34。高1.2厘米，球径1.3厘米，底径1厘米，厚0.1厘米，柱径0.6厘米。距今5500年左右，出土于安徽凌家滩遗址。玉灰白泛绿斑纹，上半部近圆球形，球下细圆柄和扁平圆底，实心[2]

❶ 费玲伢. 长江下游新石器时代玉耳珰初探［J］. 东南文化，2010（2）。

❷ 湖北省荆州博物馆、湖北省文物考古研究所、北京大学考古系石家河考古队. 肖家屋脊［M］. 北京：文物出版社，1999。

❸ 江西省文物考古研究所，江西省博物馆，新干博物馆. 新干商代大墓［M］. 北京：文物出版社，1997。

❹ 刘云辉. 中国出土玉器全集·陕西卷［M］. 北京：科学出版社，2005。

❺ 吉琨璋. 山西曲沃羊舌发掘的又一处晋侯墓地［M］. // 2006中国重要考古发现. 北京：文物出版社，2006。

收腰圆筒型耳珰

3. 水晶耳珰

M 15：34。距今5500年左右，出土于安徽凌家滩遗址，现藏于安徽省文物考古研究所。器扁圆球形，表面琢磨光亮。球中间琢磨凹槽。槽上为大半圆球体，槽下为小半圆弧底。上球径1.5厘米，凹槽宽0.3厘米，深0.2厘米，下球径1.3厘米，通高1.2厘米[3]

4. 煤精制耳珰

辽宁省沈阳市新乐遗址下层文化出土，其形状似跳棋棋子。现藏于辽宁省博物馆[4]

5. 耳珰

广东省珠海南扣遗址出土[5]

6. 耳珰

广东省珠海宝镜湾遗址出土[2]

① 安徽省文物考古研究所. 凌家滩玉器［M］. 北京：文物出版社，2000。

② 甘肃省博物馆文物工作队. 广河地巴坪 "半山类型" 墓地［J］. 考古学报，1978（2）；高春明. 中国服饰名物考［M］. 上海：上海文化出版社，2001：124。

③ 徐红霞. 玉器文明. 凌家滩遗址出土玉器赏析［J］. 收藏家，2008（10）。

④ 李艳红. 中国史前装饰品的造型和分区分期研究［D］. 苏州大学博士论文，2008：98。

⑤ 李世源，邓聪. 珠海文物集萃［M］. 香港：香港中文大学中国考古艺术研究中心，2000：196。

三、耳坠

　　耳坠（表1-6），在原始社会冶金工艺尚未成熟之际，应是以绳带穿系于耳洞，垂挂于耳垂之下的一种饰物。当然，有些玉玦也有穿孔可悬挂坠饰，有些空心的耳珰也可穿系坠饰，它们都会放在各自的章节中专门讨论，不纳入耳坠的范畴。

　　在新石器时代出土的人物形象中，见不到耳部穿有坠饰的明确形象，但耳部有穿孔的人物形象是很多的，耳坠实物也有不少发现。新石器时代耳坠的形制多比较简单，通常以玉石磨制成简单的几何形状，以素面无纹者居多，上部钻有小孔，以便用绳带穿系佩戴。甘肃广河地巴坪新石器时代半山文化遗址中，即出土有这类饰物。其以绿松石制成，被加工磨制成薄片状，正面精致平滑，反面则比较粗糙，出土时共见两件，形状不一，一件呈长方形，另一件略作三角形，顶端均钻有圆孔，出土时位于人骨耳部，故可明确其用途（表1-6：1）。❶与此类似的耳坠实物，还见于四川巫山大溪新石器时代遗址，也用绿松石制造，器形略呈圆形，出土位置也在人骨耳部附近（表1-6：4）。❷大汶口文化遗址出土头面装饰极为丰富，且较成系统，其中玉耳坠出土很多，如花厅遗址便出土有梯形耳坠六件、梨形耳坠一件❸、绿松石耳坠两件、绿松石小耳坠一件❹。山东大汶口文化遗址47号墓人骨耳部均有璧形石环一组，应该是耳坠的悬饰（表1-6：3）。❺在新石器时代晚期的牛河梁红山文化遗址辽宁省阜新县胡头沟墓地3号墓中还曾出土有一对绿松石鱼形耳坠，坠饰呈片状，头部各钻一圆孔，既为鱼目，也为坠孔，设计精巧别致，做工精湛，当为新石器时代耳坠的精品之作（表1-6：2）。❻

表1-6　新石器时代出土耳坠

1. 绿松石耳坠	2. 绿松石鱼形耳坠
甘肃广河地巴坪"半山类型"墓地出土。呈片状，一端有孔。一面精制平滑，一面不磨。一件长3.7厘米，宽1~2.7厘米；另一件长4.5厘米，宽1.6厘米	左长2.7厘米，右长2.5厘米。辽宁省阜新县胡头沟墓地3号墓出土。两件为一对，片状，头部钻单孔为目，也为坠孔

❶ 甘肃省博物馆文物工作队. 广河地巴坪"半山类型"墓地［J］. 考古学报，1978（2）；高春明. 中国服饰名物考［M］. 上海：上海文化出版社，2001：124。

❷ 四川长江流域文物保护委员会文物考古队. 四川巫山大溪新石器时代遗址发掘计略［J］. 文物，1961（11）。

❸ 南京博物馆. 1987年江苏新沂花厅遗址的发掘［J］. 文物，1990（2）。

❹ 南京博物馆. 1989年江苏新沂花厅遗址的发掘［J］. 东方文明之光—良渚文化发现60周年纪念文集. 海南国际新闻出版中心，1996。

❺ 山东省文物管理处，济南市博物馆. 大汶口：新石器时代墓葬发掘报告［M］. 北京：文物出版社，1974：96。

❻ 郭大顺，方殿春，朱达，辽宁省文物考古研究所. 牛河梁红山文化遗址与玉器精粹［M］. 北京：文物出版社，1997。

3. 象牙耳坠	4. 绿松石耳坠
山东大汶口文化遗址出土。扁薄，大理岩制成，出土于人头骨耳部，应是耳坠的悬饰	四川巫山大溪新石器时代遗址 M 9 墓葬出土

四、结论

综上所述，抛开早已不见踪迹的植物类材质耳饰不论，中国原始社会耳饰的实物遗存主要出土于新石器时代之后，由于新石器时代还没有成熟的冶金工艺，因此，此时出土的耳饰大多是以玉石材质为主，也有少量的陶、煤精、牙骨等质地。此时期的耳饰形制主要以玦为主，出土量比较庞大，造型也丰富多样，应是原始社会主要的耳饰形制。耳珰和耳坠也有出土，但数量远不及玦，其中出土耳珰的墓葬相对等级比较高，从新石器时代及先秦出土的一系列佩戴耳珰的玉人像来看，佩戴耳珰的人物在当时的社会是具有较高身份或者特殊身份的人群。

耳畔流光
中国历代耳饰

第二章

先秦时期 耳饰

一、先秦至五代汉族耳饰之没落

进入夏商以来，穿耳这种古老的妆饰习俗还有所延续，但综观此时出土的穿耳人物形象，主要是以神人及奴隶形象为主。如河南安阳小屯商代遗址出土的陶塑，作奴隶形象，不分男女，每个人的耳部，均穿有小孔，有的耳部还穿有两个小孔，一上一下，上部为耳孔，下部则应为悬挂饰物而留；商末周初的四川广汉三星堆遗址出土的青铜头像，共出土有数十具与真人头等大的青铜头像，有的戴冠，有的戴帽，但耳垂下部穿孔，却是共同的特征❶；再如江西新干商代大墓出土的兽面神人玉饰（图1-4）❷、陕西西周墓发现之兽面神人玉饰❸、陕西春秋早期黄君孟夫妇墓出土之玉雕人头❹、战国早期曾侯乙墓编钟钟虡（jù）铜人（图2-1）❺等，皆是此类

▲ 图2-1　战国早期曾侯乙墓编钟钟虡铜人，湖北省博物馆藏

身份。鬼神巫师所着首饰是带有一定的图腾或复杂的巫术象征意义的，而奴隶穿耳则在我国带有明显的惩罚或卑贱的身份标志意味。在先秦时期，贯耳是肉刑的一种，即对违反军法者

---

❶ 四川省文化厅文化处，四川省文物考古研究所. 三星堆祭祀坑出土文物选［M］. 成都：巴蜀书社，1992（图版八～十四）。

❷ 江西省文物考古研究所，江西省博物馆，新干县博物馆. 新干商代大墓［M］. 北京：文物出版社，1997：157，图七九。

❸ 张长寿. 记沣西新发现的兽面玉饰［J］. 考古，1987，（5）：470，图一。

❹ 河南信阳地区文管会，等. 春秋早期黄君孟夫妇墓发掘报告［J］. 考古，1984，（4）：326，图二七。此玉雕人头出土时位于墓主人腰部，据香港科技大学林继来先生在《论春秋黄君孟夫妇墓出土玉器》（《考古与文物》2001年06期第71页）一文中分析，根据其戴耳环等造型特征分析，应属新石器时代龙山石家河文化时期遗物，而非春秋时期遗物。

❺ 湖北省博物馆. 随县曾侯乙墓［M］. 北京：文物出版社，1980（图十一），其身份应该是奴隶。

图2-2　"贯耳"刑罚，英国威廉·亚历山大著《1793：英国使团画家笔下的乾隆盛世》书中所绘

施之以箭镞穿耳的处罚。战国时改称为"射"。《左传·僖公二十七年》中便载：楚"子玉复治兵于蒍，终日而毕，鞭七人，贯三人耳。""贯耳"字本作"聝"。《说文》载："聝，军法。以矢贯耳也。从耳矢。"《司马法》："小罪聝，中罪刖，大罪剀。"这种对男子贯耳的刑罚，一直到晚清时期还很常见（图2-2）❶。由此可见，穿耳自商周开始，在中原汉族中便不再流行，在普通男性人群中，则更为不耻。

　　尤其是在周朝，随着各种学术思想的涌现，对穿耳之俗则从理论上进行了明确的抵制。周朝是我国礼制思想确立的时代，周文化是一种尊礼文化，长时期积累起繁复的礼制，而人物的衣冠服制则是承载礼制的一个非常重要的方面。此时兴起的诸子百家在对人物修饰方面纷纷提出各自的观点。例如以孔孟为代表的儒家，把女性的内在美，即女性的才能、智慧、精神以及符合礼仪规范、道德规范的修养和美德，称为德；把女性的外在美、形体美、容貌美称为"色"。儒家虽然强调德与色的统一，但当德与色冲突时，则强调重德轻色，提倡"以礼制欲"。此时的法家也不注重修饰，他们从功利出发，认为过分修饰，反而达不到目的。韩非主张功利第一，文饰第二，不"以文害用"，对于耳饰（填除外）这种以破损肉体为代价的修饰就更是不齿了。以老庄为代表的道家的观点最有代表性，其以自然无为为本，"法天贵真"，推崇天然美，赞赏"大巧若拙""大朴不

❶ 英国威廉·亚历山大所著《1793：英国使团画家笔下的乾隆盛世》第97页中便有这样的记述，并配有其亲眼所见之插图："中国的刑罚中有用各种锐器来刺穿犯人的耳朵的。有一个人因对马嘎尔尼勋爵使团中的一位随员傲慢无礼，而被判挨50下鞭挞或竹板，此外还要用一根铁丝把他的手跟耳朵穿在一起。"

雕"，以个体人格和生命的自由为最高的美，提倡"全德全形"为女性美的最高境界。其中"全形"便是指在形体上保持完整，反对雕饰。《庄子·德充符篇》曰："天子之诸御，不爪翦，不穿耳"。成玄英疏："夫帝王宫闱，拣择御女，穿耳翦爪，恐伤其形。"郭庆藩集释："家世父曰：不爪翦，不穿耳，谓不加饰而后本质见。"认为穿耳是会破坏身体的"全形"，从而失去了天然美。郭沫若著《金文丛考》据此认为："爪翦穿耳者不得御于天子，乃以为非礼。天子者宗周盛时之王，此尤足证女子穿耳之习必在周室衰微以后见重于世。"他的意思是说，穿耳之俗在史前是十分普遍的，周时，随着礼教制度的加强，中原人开始鄙视这种风俗，并且形成根深蒂固的观念。"礼崩乐坏"的春秋战国之后，此俗才又略有抬头，但穿耳带环依然被认为"乃贱者之事"[1]，是"蛮夷所为"[2]，在中原上层社会中并不流行。《孝经·开宗明义章第一》中便写道："身体发肤，受之父母，不敢毁伤，孝之始也。"穿耳是不孝的表现。虽然孔夫子也讲："君子不可以不学，见人不可以不饰。不饰无貌，无貌不敬，不敬无礼，无礼不立。"[3]但这种饰只限于"加饰"戴物，是不可以伤害身体为代价的。

女性在周至唐这一历史阶段，对自己的肉身还是有自主权的。在宋以前，礼法对女子的束缚相对来说是比较薄弱的。北齐颜之推所著的《颜氏家训·治家篇》中就曾经说："邺下（今河南安阳北）风俗，专由妇人主持门户，诉讼争曲直，请托公逢迎，坐着车子满街走，带着礼物送官府，代儿子求官，替丈夫叫屈。"武则天就是从这种风气里产生出来的杰出人物。不仅如此，宋以前女子改嫁、私奔的事例也有很多。因此，自周朝开始，历经汉唐盛世，直至五代，耳饰在汉族人的生活中是极其没落的。从出土的这一时期汉族人物形象资料中来看，佩戴耳饰的人物形象是非常罕见的，即使有，也多为下层奴仆或少数民族。

当然，对于穿耳的态度，也有持不同观点的。三国时代，诸葛恪便认为："母之于女，恩爱至矣；穿耳附珠，何伤于仁？"[4]母亲对于女儿的疼爱是人所共知的，为女儿戴一个耳饰，并不影响这份疼爱。但这明显不构成主流。中国传统文化是一个礼制至上的文化，人的一切行为规范都要发乎情，而止乎礼义。穿耳并不合乎中国的礼制，故此，人们便想出了一种变通的方法：即男戴充耳，女戴簪珥。将珠饰以丝线系于簪首，垂于耳畔，让其时刻敲打

---

❶（清）徐珂《清稗类钞》："女子穿耳，带以珠环，自古有之，乃贱者之事。"

❷（汉）刘熙．释名·释首饰 [M]．上海：商务印书馆，1939。

❸ 孔子，《大戴礼记·劝学》。

❹《三国志·吴志·卷十九·诸葛滕二孙濮阳传》。

耳朵，以戒妄听。这在先秦至汉魏这一历史时期上层社会的男女中，已成为一种制度规定了下来。而冕冠中充耳这个附件直到明朝还一直沿用，到了清朝政权时，由于废除了冕冠，充耳才退出历史舞台。

耳饰虽然在五代之前的汉族中并不流行，但在中国广大的少数民族地区，却一直广受欢迎，这在正史中多有记载。例如《南史·夷貊上》："穿耳贯小环……自林邑，扶南诸国皆然也。"《后汉书·东夷》："会稽海外有东鳀人，人皆髡发穿耳，女人不穿耳。"《新唐书·西域》："中天竺……男子穿耳垂珰，或悬金，耳缓者为上类。"《旧唐书·西南蛮·婆利》："婆利国，在林邑东南海中洲上……其人皆黑色，穿耳附珰。"《北史·列传第八十三》："赤土国，扶南之别种……其俗，皆穿耳剪发，无跪拜之礼，以香油涂身。"《旧唐书·泥婆罗》："泥婆罗国，在吐蕃西。其俗剪发与眉齐，穿耳，揎以竹筩牛角，缀至肩者以为姣丽。"《卫藏图识》："西藏妇女耳带金银镶绿松石坠，下连珍珠珊瑚串，长六七寸，垂两肩。……巴塘番妇，耳贯哪吒大圈聚红珠于下，复以线缚于耳。"《广西通志》："蛮女耳带大环，环下间垂小珥。"《溪蛮丛笑》："犵狫妻女，以竹围五寸，长三寸裹镯，穿之两耳，名筒环。"《宋史》："南平獠妇人，美发髻垂于后，竹筒三寸斜穿其耳，贵者饰以珠珰。"❶等等。可见佩戴耳饰之俗，在中国东南西北四地的少数民族中皆有流行，且不分男女，皆可戴之。汉代刘熙《释名·释首饰》曰："穿耳施珠曰珰。此本出于蛮夷所为也。蛮夷妇女轻淫好走，故以此（琅）珰锤之也。今中国人效之耳。"学者刘熙认为汉族女性穿耳之俗习自蛮夷，一方面说明此俗在蛮夷之盛行，另一方面也从侧面说明了在汉朝以前的很长一段时间，中原女子并没有穿耳的习俗。

正因如此，先秦时期中原地区的出土文物中耳饰的数量就大大减少了。先秦有耳饰出土的墓葬主要集中在北方和西北民族，如匈奴文化地区（以耳坠为主）、山陕地区（以蟠蛇形耳饰为主），分布在燕山南北和西辽河流域的中国北方地区早期青铜文化的代表夏家店文化（以耳环为主），以及青海、新疆、甘肃等地。从材质来看，随着金属加工业的发展，原始社会以玉石为主的耳饰，逐渐被金属耳饰所取代。因此，玉玦的数量减少，金铜耳饰的数量显著增多。

在中原汉族地区，尽管不流行穿耳戴饰，但随着礼文化的兴起，却诞生了一种特殊的礼仪耳饰——瑱。瑱作为一种耳饰，玉制的又名"珥""充耳"；绵制的称为"纩"或"充纩"。其起源的时间要大大晚于玦、珰、耳坠等其他耳饰，应在先秦礼制逐渐完备之时。因为它主

---

❶ 以上四条引述均摘自《夜使·钗钏门·耳环》。

要是一种礼仪用品，而并不是单纯的装饰品。其最初用于充塞耳孔，后来被悬挂于人的耳畔，用以提醒所戴之人以戒妄听，谨慎自重。

二、耳环

在夏家店下层文化遗址中，出土有大量的铜耳环和少量的金耳环。例如，河北易县下岳各庄遗址第一期遗存出土铜耳环一件[1]；河北昌平雪山遗址出土一对金耳环[2]；北京房山琉璃河夏家店下层文化墓葬出土青铜耳环一件[3]；天津蓟县围坊遗址出土铜耳环一件[4]。天津蓟县张家园遗址出土铜耳环两件，金耳环三对[5]；河北唐山小官庄石棺墓出土铜耳环一件[6]；赤峰市敖汉旗大甸子墓葬出土铜耳环有26件之多，还有金耳环一件[7]；辽宁兴城县仙灵寺遗址也出土有铜耳环[8]；辽宁阜新平顶山夏家店下层文化石城址出土铜耳环一件[9]等。夏家店遗址出土的耳环依据形制分为以下三种类型（表2-1）。

A型为圆环形，表面经过锉磨十分平整，两端砸扁，用以钳夹或穿过耳轮，如大甸子墓地出土有14件之多，大者直径4厘米，小者直径3厘米左右，环横截面略呈圆形，直径都在1.5～2毫米之间。在天津蓟县张家园遗址第三次发掘中，发现有四座墓葬，其中在三座墓葬中，各发现此类金耳饰一对。[10]其中一号墓主为男性，30～40岁，随葬金耳饰1对（87 M 1：1），出土时置于两耳边，用直径1.5毫米分别长23厘米和21厘米的金丝，弯曲成椭圆形的环状，两端砸扁搭茬，环直径分别为5.5厘米和5.3厘米，另在右侧下颌骨处放置绿松石两颗；二号墓主为女性，30～40岁，没有出土耳饰，只在下颌骨下放置绿松石两颗；三号墓主为女性，30～40岁，棺内人骨双耳两侧出土金耳环一对（87 M 3：3），另有绿松石11颗，用直径2毫米，分别长19.2厘米和20厘米的金丝，弯曲而成，环内直径分别为4.7厘米和5.2厘米；四号墓棺和骨架已被扰乱，出土金耳环一对（87 M 4：3），绿松石三

[1] 拒马河考古队. 河北易县涞水古遗址试掘报告［J］. 考古学报，1988（4）。
[2] 北京大学历史系考古教研室商周组. 商周考古［M］. 北京：文物出版社，1979。
[3] 北京市文物管理处. 北京琉璃河西部下层文化墓葬［J］. 考古，1976（1）。
[4] 天津市文物管理处考古队. 天津蓟县围坊遗址发掘报告［J］. 考古，1983（10）。
[5] 天津市文物管理处. 天津蓟县张家园遗址试掘报告［J］. 文物资料丛刊（1）. 文物出版社，1977；天津市历史博物馆考古部. 天津蓟县张家园遗址第三次发掘［J］. 考古，1993（4）。
[6] 安志敏. 唐山石棺墓及其相关的遗物［J］. 考古学报：第七册，1954。
[7] 中国社会科学院考古研究所. 大甸子——夏家店下层文化遗址与墓地发掘报告［M］. 北京：科学出版社，1996。
[8] 辽宁省文物考古研究所. 辽宁近十年来文物考古新发现，文物考古工作十年（1979—1989）［M］. 北京：文物出版社，1991。
[9] 辽宁省文物考古研究所，吉林大学考古学系. 辽宁阜新平顶山石城址发掘报告［J］. 考古，1992（5）。
[10] 天津市历史博物馆考古部. 天津蓟县张家园遗址第三次发掘［J］. 考古，1993（4）：311-323。

颗。此墓葬中出土的黄金耳环，皆出于头骨两侧，当为生前实用品（表2-1：1）。这种形式的饰物，中原地区尚未有发现，目前所见的几处，都在燕山南北（辽宁、河北两省为主）的墓葬中，年代跨商周两代，属燕山地区土著遗存。中国香港承训堂藏有一件此种类型金耳饰。

B型为椭圆形，唯一端扁平，一端呈圆钝的尖。有的为圆环形耳环折断后的改制环，如大甸子墓葬出土有12件此类改制环，皆为原铸形的一半，只保留铸就宽扁的一端，另一端尚有未修治平整的断茬，只将两端围合相接。有的就是直接铸造成椭圆形的，如该墓出土的唯一一件金耳环，系用金丝围成椭圆形环，缀于成年男性左耳（表2-1：2）。另外，朱开沟文化和甘肃省玉门火烧沟四坝文化墓地出土的金耳环（表2-1：3）也属此种类型。

C型为扁喇叭形耳环，一端呈扁喇叭形，一端为弯成环形的钩状。北京平谷县刘家河商墓出土一件❶（表2-1：4）；辽宁阜新平顶山夏家店下层文化石城址出土一件，长8.5厘米；天津蓟县张家园遗址第四层出土两件，完整者一件；河北唐山小官庄石棺墓出土一件，通长1.9厘米、底端宽1.2厘米，厚0.8厘米，径0.2厘米；天津蓟县围坊二期商墓遗址出土一件❷；蔚县境内的遗址中也有出土。此类耳饰在四坝文化、朱开沟文化及高台山文化遗址中也都有发现，可能受到来自亚欧大陆草原地带文化影响。❸

在夏家店文化遗址发现的耳饰中，男女都有佩戴。例如大甸子随葬耳环的墓葬中确认为男性和女性各占一半，年龄最小的6~7岁，据出土位置来看佩戴耳环的形式并不一致，有两耳各一环和各两环的，也有单耳一环或双环的。其中墓M 453中每耳各两环并还缀有松石珠串。❹

表2-1　先秦时期夏家店遗址出土的耳环

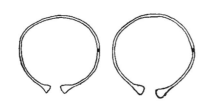

夏家店文化A型耳环

1. 金耳环（商晚期至西周早期）

天津蓟县张家园遗址4号墓出土。一对，用直径2毫米的金丝弯曲成，一根长19.2厘米，一根长20厘米①

---

❶ 王然. 中国文物大典 [M]. 北京: 中国大百科全书出版社, 2009: 249。
❷ 天津市文物管理处考古队. 天津蓟县围坊遗址发掘报告 [J]. 考古, 1983（10）。
❸ 崔岩勤. 夏家店下层文化青铜器简析 [J]. 赤峰学院学报（汉文哲学社会科学版）, 2010（5）。
❹ 中国社会科学院考古研究所. 大甸子——夏家店下层文化遗址与墓地发掘报告 [M]. 北京: 科学出版社, 1996: 190。

夏家店文化B型耳环		**2. 金耳环（夏末商初）** 赤峰市敖汉旗大甸子墓葬出土。一件，重1.8449克。为金丝围成椭圆形环，一端扁平，一端呈圆钝的尖，缀于成年男性左耳②
		**3. 金耳环（夏末商初）** 分别重3.8克、3.9克、5克，甘肃省玉门火烧沟四坝文化墓地出土，甘肃省文物考古研究所藏。圆形，一端渐细，截面呈圆形，另一端扁平③
夏家店文化C型耳环		**4. 金耳环（商）** 北京平谷县刘家河商墓出土。现藏于首都博物馆。一件，高3.4厘米，坠部直径2.2厘米，重6.8克。下部为扁喇叭形坠饰，喇叭形底部有一沟槽，似原有镶嵌物。上部以金丝弯曲成直径1.5厘米的环形钩状，末梢尖细以便于穿戴。其器形较大，制作技术比较简单，经测试含金量为85%，并含有较多量的银及微量的铜，反映出当时金器的原料特征④

① 天津市历史博物馆考古部. 天津蓟县张家园遗址第三次发掘［J］. 考古，1993（4）：311-323，此线图摘自第321页。
② 中国社会科学院考古研究所. 大甸子——夏家店下层文化遗址与墓地发掘报告［M］. 北京：科学出版社，1996：190。
③《中国金银玻璃珐琅器全集》编辑委员会. 中国金银玻璃珐琅器全集1：金银器（一）［M］. 石家庄：河北美术出版社，2004。
④ 王然. 中国文物大典［M］. 北京：中国大百科全书出版社，2009：249。

在山西西部和陕西北部的商代、西周墓中，自20世纪50年代末以来，陆续出土了一种穿有绿松石，形状卷曲如云、蟠绕似蛇的黄金片饰，金碧辉映，视觉上颇为华丽。其多呈扁平状，弯曲，由两块较薄的纯金片打制而成。一端向内呈螺旋状弯曲，另一端收窄呈圆金丝（表2-2：1、2）。其制作当先以锤揲法打制成薄金片，后剪裁成型。锤揲法是人类最早使用的黄金加工工艺，可分徒手捶打及模具捶打两种，❶此类饰物应属于前者。此类饰物出土时多置于墓主头骨两侧，一般成对出现，因此多被认定为耳饰。❷郭政凯先生曾对此类耳饰做过专门研究。其认为山陕一带出土的这类金耳坠，尾部卷曲蟠绕，其形颇似蟠蛇，与《山海经》中描述的"珥黄蛇"的形象似乎有关，并推断这种蟠蛇形金耳饰是鬼方人（鬼方是商周时居

❶ 关善明，孙机. 中国古代金饰［M］. 香港：沐文堂美术出版有限公司，2003。
❷ 但也因在一具头骨旁出土此类饰物的数量有的可达三件、四件、六件或八件之多，固有学者认为也不排除用作冠帽周围装饰的可能。

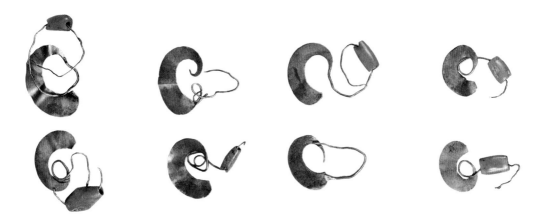

⚘ 图2-3　金穿绿松石耳饰（商）宽2.7~3.9厘米，山西省石楼县桃花庄出土，共八件。山西省博物馆藏。似蟠蛇形，尾端作细丝状，细丝处穿有长形绿松石

于我国西北方的少数民族）的典型装饰品。❶《大荒北经》载："大荒之中，有山名曰成都载天。有人珥两黄蛇，把两黄蛇，名曰夸父。"《大荒东经》载："东海之渚中，有神。人面鸟身，珥两黄蛇，践两黄蛇，名曰禺虢。"所谓"珥黄蛇"，郭璞注："以蛇贯耳"。细审山陕一带出土的金耳坠，尾部卷曲蟠绕，其形颇似蟠蛇，再联系到这一区域出土的商代青铜器中大量存在蛇纹与蛇形器物，可见这一文化圈对蛇有特殊兴趣，那么制作蛇形的耳饰也就是顺理成章的了。从墓葬中出土的这类金耳饰的数量来看，每个墓葬主人拥有的金耳饰数目不一。有一墓出一件的（如黑豆嘴M 1、M 2❷），也有一墓出两件的（如永和下辛角❸），还有一墓出三件的（如后兰家沟❹）、四件的（如黑豆嘴M 3）、八件的（桃花庄❺）（图2-3）。其中耳饰出土多的墓，铜礼器就比较多，但在拥有相同数目金耳坠的墓葬中，随葬器物多寡也不同，可能说明金耳饰既可根据私人财富的多寡也可根据社会地位的高低来进行随葬。且根据每座墓葬都有兵器出土的情况，可知此类金耳饰应该是男性的饰物。

　　与陕北邻近的内蒙古伊克昭盟（现更名为鄂尔多斯市）杭锦旗桃红巴拉匈奴墓出土过一对"弹簧式"金耳环，一只绕三圈，另一只绕五圈，似乎还有蟠蛇遗迹（表2-2：4）。类似的耳环青海省大通县卡约文化遗址中也有出土（表2-2：3）。在新疆地区也出土过一些金耳

❶ 郭政凯. 山陕出土的商代金耳坠及其相关问题［J］. 文博，1988（6）。
❷ 姚生民. 陕西淳化县出土的商周青铜器［J］. 考古与文物，1986（5）。
❸ 杨绍舜. 山西永和发现殷代铜器［J］. 考古，1977（5）：355-356。
❹ 郭勇. 石楼后兰家沟发现商代青铜器简报［J］. 文物，1962（4）、（5）。
❺ 谢青山，杨绍舜. 山西吕梁县石楼镇又发现铜器［J］. 文物，1960（7）。

环，如新疆维吾尔自治区哈密天北路古墓地325号墓出土有圆环形金耳环（表2-2：5）；新疆乌市乌拉泊水库战国墓葬还出土有饰有锥体小坠的金耳环，造型颇为少见（表2-2：6）。

表2-2　先秦时期其他地区出土的耳环

 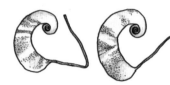

1. 金穿绿松石耳饰（西周早期） 高8.1厘米，14.8厘米，重5.2克、9.9克。金丝锤揲而成，上半部为金丝，下半部为卷曲状金薄片；金丝上穿有管状绿松石作为装饰。陕西省咸阳市淳化县夕阳乡出土，现藏于陕西省淳化县博物馆[①]	**2. 金耳饰（西周）** 其一残长7.2厘米，其二长7.4厘米，共重17克。锤揲制作，下端延展成卷曲形薄片，表面光滑，厚度均匀。上端为曲折的长柄。此种类型的金耳饰在山西、陕西北部周以前的墓葬中多有发现。[①]陕西省咸阳市淳化县西周墓出土，现藏于陕西历史博物馆[①]

3. 金耳环（西周时期） 直径2.2厘米，重约5克，属于古代羌族的文化遗存、青铜时代卡约文化装饰品。青海省大通县上孙家寨卡约文化455号墓出土，现藏于青海省考古研究所	**4. 金耳环（战国）** 桃红巴拉的匈奴墓出土。一对，弹簧式，出土于墓中35岁左右男性的头骨两侧。一只绕三圈，另一只绕五圈。两头细尖。与此类似的金丝环，在宁城南山根[②]、怀来北辛堡墓[③]中也有发现[④]

5. 金耳环 直径2.5厘米，为圆柱形金条弯曲成环状。新疆维吾尔自治区哈密天北路古墓地325号墓出土，现藏于新疆文物考古研究所[①]	**6. 金耳环（战国—汉）** 长2.5厘米，环径1.5厘米。上端为一圆环，圆环下饰塔锥体小坠，坠上端饰鱼子，下端透孔。新疆乌市乌拉泊水库古墓葬出土，现藏于新疆文物考古研究所[⑤]

① 《中国金银玻璃珐琅器全集》编辑委员会. 中国金银玻璃珐琅器全集1：金银器（一）[M]. 石家庄：河北美术出版社，2004。

② 中国科学院考古研究所内蒙古工作队. 宁城南山根遗址发掘报告[J]. 考古学报，1975（01）。

③ 河北省文化局文物工作队. 河北怀来北辛堡战国墓[J]. 考古，1966（05）。

④ 田广金. 桃红巴拉的匈奴墓[J]. 考古学报，1976（1）。

⑤ 新疆维吾尔自治区社会科学院考古研究所. 新疆古代民族文物[M]. 北京：文物出版社，1985。

　　先秦时期的耳坠大多出土于北方匈奴地区与西北新疆一带的墓葬（表2-3）。此时耳坠的制作已经比较精良，大多为金质，以镶嵌绿松石为多，金碧辉映，华丽异常（表2-3）。例如内蒙古鄂尔多斯市杭锦旗阿鲁柴登出土的一对金镶松石耳坠（表2-3：1）；内蒙古准格尔旗西沟畔战国时期2号匈奴墓出土了两件金耳坠，其中一件串有一块绿松石，金耳坠出于墓中男性头骨两侧（表2-3：3）；内蒙古东胜市塔拉壕乡碾房渠窖藏也出土有两件镶宝石耳坠，其中一件镶有绿松石，为匈奴遗物（表2-3：4）。新疆伊犁特克斯一牧场古墓地还出土有葡萄形金耳坠（表2-3：2）。这一时期的耳坠除了普遍镶嵌有绿松石外，还喜爱下坠摇叶叶片，类似汉魏时期缀于步摇与步摇冠上的摇叶，而摇叶曾是西北大月氏等西亚地区饰物的特色❶。再加上绿松石是原产于波斯的一种矿石，因此，匈奴地区金耳饰的款式很可能受到中西亚地区民族的影响。出土金耳坠的墓葬年代基本都为战国时期，说明匈奴在战国时期势力逐渐强盛，金银铸造工艺开始走向成熟，匈奴贵族开始以华丽的金银饰品来彰显其地位与财富。

　　先秦时期汉族地区出土的耳坠不多，也没有戴耳坠的传统，但在先秦齐国故地，1992年末至1993年初，山东淄博市博物馆在临淄区商王村西侧发掘了两座战国晚期墓，其中一座墓墓主为女性，在其椁室漆盒中出土了一对金嵌宝耳坠。其制作之精、造型之美、创意之妙，不仅在齐墓发掘史上为首次出土，亦为国内先秦墓中所罕见。❷两件金耳坠形制大小及制造工艺均同，为女性墓主人生前所佩戴的首饰，出土时置于漆盒之中，耳坠由金丝、金叶、金珠、绿松石坠、珍珠和骨串饰等饰物组成。从这副金耳坠的形制上来看，其镶嵌绿松石和缀有三角形摇叶饰片的形式和上述匈奴地区的金耳坠颇有相似之处，但其形制纤细精巧，又与匈奴的粗犷之气有别，且有珍珠镶嵌，珍珠为沿海地区所产，匈奴地处北部草原，先秦时期饰物中嵌珍珠者并不多见。可见，此副耳坠受到北方文化一定影响，但又注入了汉族特有的审美观念，是先秦耳饰中的一例奇葩，还有待进一步研究其缘起（表2-3：5）。

---

❶ 孙机. 步摇·步摇冠·摇叶饰片［J］. 文物，1991（11）。
❷ 王滨. 略谈临淄商王村战国墓出土的金耳坠［J］. 管子学刊，1998（3）。

表2-3　先秦耳坠

1. 金镶松石耳坠（战国）

　　全长8.2厘米，耳环直径1.9厘米。耳环为圆形，下连缀饰。耳坠上部由两头包金的绿松石构成，包金上饰焊金珠纹，下连三个尖叶状摇叶饰。内蒙古鄂尔多斯市杭锦旗阿鲁柴登出土，现藏于内蒙古鄂尔多斯博物馆[①]

2. 金葡萄形耳坠（战国—汉）

　　耳环上端为一不闭合的圆环，环径1.3厘米。环下以两个小钩相连一坠，坠由八个空心小圆金泡组成，焊接一体，形似葡萄。通体金色纯正，造型小巧，工艺水平较高。新疆伊犁特克斯县一牧场古墓地出土，现藏于新疆文物考古研究所[②]

3. 金穿绿松石耳坠（战国晚期）

　　共两件，长5厘米，总重17.3克。耳环的环部用金丝绕成，下端有钮以悬挂坠饰。坠饰由细金丝盘绕尖帽状加以连缀后组成，其中一件在两个金坠间串有一块绿松石。金耳坠出于墓中男性头骨两侧，同出的还有金项圈、圆形鹿纹金饰片、长方形金饰牌、金指套等。考古发现耳环类的金首饰是春秋战国时期北方地区金器中最常见的器物。内蒙古准格尔旗西沟畔战国时期2号匈奴墓出土，现藏于鄂尔多斯博物馆[③]

4. 金穿宝石耳坠（战国晚期）

　　两件。共重16.1克。内蒙古东胜市碾房渠窖藏出土匈奴遗物

　　左：上有耳钩，已残。下有长形绿松石，串以梯形和圆花瓣形红玛瑙饰。在绿松石与玛瑙石之间均夹有大小不等的齿形金片。中间为一金环，其上下各有一用金片锤揲成的圆形饰，内有十字或圆孔装饰。下端连接三个柳叶形叶片。长9.6厘米

　　右：耳钩已残。上有圆形、扁圆形绿松石及半圆形红玛瑙石相串，在绿松石与玛瑙石之间夹有齿形金片。下部为四个大小不等的金环，其中最上部的金环用薄片锤揲而成，表面饰花点纹。最下部的金环上连接一锥状物。残长9.6厘米[④]

5. 金嵌宝耳坠（战国晚期）

山东淄博临淄区商王村战国晚期墓出土。通长约7.3厘米。该副金耳坠由金丝、金片、绿松石坠、珍珠和牙骨之类的串饰等组成。上部是由八条金丝编织成的网状锥形体，锥体上端有横穿可以佩戴，四周镶嵌四颗圆形绿松石片。锥体下悬挂一金环，金环之下为一颗较大的三瓣金叶，三者以金线相连，金线中穿珍珠两颗，现已破碎脱离金线。金叶之中包一颗较大的绿松石坠，每瓣金叶又各嵌一绿松石片。在锥体周围和金环两侧，都以金线和骨环组成的串饰，串饰下端也有较小的三瓣金叶，金叶之中各包一颗绿松石坠。在锥体、金叶和金环上都饰以金珠纹。此线图为复原图⑤

① 《中国金银玻璃珐琅器全集》编辑委员会. 中国金银玻璃珐琅器全集1：金银器（一）[M]. 石家庄：河北美术出版社，2004。
② 新疆维吾尔自治区社会科学院考古研究所. 新疆古代民族文物 [M]. 北京：文物出版社，1985。
③ 王然. 中国文物大典 [M]. 北京：中国大百科全书出版社，2009 (1)：252。
④ 伊克昭盟文物工作站. 内蒙古东胜市碾房渠发现金银器窖藏 [J]. 考古，1991 (5)。
⑤ 此线图摘录于：齐东方. 唐代金银器研究 [M]. 北京：中国社会科学出版社，1999。

四、玦

新石器时代出土的玦饰以耳饰居多，进入商周以后，玦的用途发生改变，除了少量依旧作为耳饰外，绝大多数向佩饰及具有象征意义的财富及礼器转变，故有孔者渐多（参见表1-1：9、10），也出现了有纹饰者（参见表1-1：13、14）。

广东博罗横岭山先秦墓地M 225中就有两组玦饰由小到大叠置在墓主头骨两侧附近，两组玦饰各有八件，玉质都为白色的石英岩玉，但细腻程度各有不同（参见表1-1：15），从出土位置看，应为成组的耳饰。但商晚期的妇好墓中出土了九件兽形玦（以龙形为主），制作非常精美（参见表1-4：3、6），杨美莉先生认为玦上有穿孔，应是作为佩饰，系于身上，以求避邪、祓禳。❶再如江西新干大洋洲商代大墓出土玦饰20件（参见表1-1：5）、湖南宁乡黄材山王家坟一青铜卣内出土了64件青玉玦，宁乡县另一遗址黄材公社三亩地出土的一件云纹大铙旁边有10件鸡骨白玉玦，❷这些玉玦虽然尺寸大小不一，但形制统一、排列有序，且做工精细，玉质上乘，仅仅作为装饰品的话似乎数量太多了些，因此杨美莉先生认为类似这些

❶ 杨美莉. 中国古代玦的演变与发展 [J]. 故宫学术季刊，1993，11 (1)。
❷ 高至喜. 湖南宁乡黄材发现商代铜器和遗址 [J]. 文物，1963 (12)；湖南省博物馆. 湖南省工农兵群众热爱祖国文化遗产 [J]. 文物，1972 (1)。

批量成组出土的玉玦是被视为珠玉珍贵之物，具有财富之意。[1]而喻燕姣在考察了湖南宁乡出土的玉玦后认为，该地的商代玉玦除了用作祭品外，主要是用作货币，符合古代"珠玉为上币"之说。[2]因此，玦作为耳饰，在先秦汉族地区实际已经退出历史舞台，故此时的史籍中并不见玦作为耳饰的记载。只是在南部及西南边陲少数民族地区尚有余绪，尤其是在云南滇国地区和南越故地广州，一直延续到汉代。

五、瑱（充耳）

瑱作为一种耳饰，玉制的又名"珥""充耳"；绵制的称为"纩"或"充纩"。有关瑱的文字记载要早于其他的耳饰，在先秦的典籍中就已有不少提及，其名称最早见于《诗经》。《周礼·弁师》中描述帝王冕冠时也提到了瑱："弁师掌王之五冕，缫斿皆就，玉瑱，玉笄。"其后常见于汉魏时期的史籍，并陆续沿用到明代的服饰典章制度中。而其他耳饰品种大都起源于史前时代，但相关的文字记载大多始于汉代，这应该说是我国耳饰发展史上，礼仪第一、修饰第二的一种反映。

（一）瑱的用途

许慎《说文·玉部》载："珥，瑱也。……瑱，以玉充耳也。"《史记·李斯传》："傅玑之珥。索隐：珥者，瑱也。"说明"瑱"又名"珥"，两者为同物；都是王字旁，说明大多为玉制，其功能是"充耳"，即充塞耳孔。这功能今天看起来似乎有些匪夷所思。[3]但我们研究古代的物质和文化，必须要站在古人的角度上看问题，融汇历史情境，以贴近当时真实生活的体验去穿透。中国从先秦时期开始，就是一个非常注重礼制的国家，制定了非常繁复的礼仪制度。著名历史学家钱穆先生在接见美国学者邓尔麟时说："中国文化的特质是'礼'，西方语言中没有'礼'的同义词；它是整个中国人世界里一切习俗行为的准则，标志着中国的特殊性"。[4]事实上，从古代中国的家庭、家族到国家，都是按照"礼"的原则建立起来的。从国家典制到人们的衣食住行各个方面，无不贯穿着礼的精神。因此，中国古代的很多服饰设计，都是出于礼制的需要而设计的，而并非出于实用的考虑。比如先秦时期的组玉佩，并不仅仅是出于装饰和彰显身份的目的，还伴有禁步的作用。身份越高，组玉佩就越复杂越

---

❶ 杨美莉. 中国古代玦的演变与发展［J］. 故宫学术季刊，1993，11（1）。

❷ 喻燕姣. 湖南宁乡出土商代玉器用途试析［M］. 长沙：湖南省博物馆岳麓书社，2006：157-165。

❸ 有一些学者认为，以物塞耳，是不合情理之事，故不应如此解读。如扬之水《诗经名物考证》一书第347页认为："（充耳）若作为礼服之一，则庙堂之上，塞耳无闻，更大悖于情理。"

❹ 邓尔麟. 钱穆与七房桥世界［M］. 北京：社会科学文献出版社，1995：8。

长，而为了使所佩之玉发出的声音铿锵有致，●就必须步子小，走得慢，方能显得气派出众，风度俨然。《礼记·玉藻》载："君与尸行接武，大夫继武，士中武。"孔颖达疏："武，迹也。接武者，二足相蹑，每蹈于半，半得各自成迹。继武者，谓两足迹相接继也。中，犹间也。每徙，足间容一足之地，乃蹑之也。"这段话的意思是说，天子、诸侯和代祖先受祭的尸体行走时，天子迈出的脚应踏在另一只脚所留足印的一半之处，大夫的足印则一个挨着前一个，士行走时步子间可以留下一个足印的距离，可见行动之缓慢。虽然这么慢的步态仅限于庙中，但对于今天生活在这个以速度至上的社会中的我们来说，依旧会觉得难以想象，这体现了中国古人一种典型的礼仪至上、实用居次的思想。瑱的使用也同样是出于这样的考虑。《汉书·东方朔传》云："水至清则无鱼，人至察则无徒。冕而前旒，所以蔽明；黈纩充耳，所以塞聪。明有所不见，聪有所不闻，举大德，赦小过，无求备于一人之义也。"这句话的意思是：水过清了鱼难以存在，人太清高就不会有人附从，所以君主的冠冕前面有旒饰，可以遮挡一些明亮，耳边有饰物，用以遮蔽一些声音。通过这些有限的遮蔽，不求全责备，允许人们犯一些小错。太过明亮，太过清晰，太绝对了，反而不利于国家的治理，体现出中国古人一种推崇仁政德政的思想。《礼纬》中载："旒垂目，纩塞耳，王者示不听谗，不视非也。"也是这个意思。以瑱塞耳毕竟只能是一种有限的遮蔽，声音还是可以听到的，且从典籍记载来看，瑱只用于冕冠之上，也就是说只有帝王、皇子、亲王等极高贵的上层统治者在出席极隆重的礼仪场合时才有资格佩戴瑱❷，并非日常处理公务和居家生活时所戴。同时，笔者以为统治者充耳也会在一定程度上要求在这种场合中的进言者必须要声音洪亮，字正腔圆，心无杂质。而进谗言者往往很难做到这点。所以，古人的某些今天看来难以理解的服饰习俗，我们必须放在当时特定的历史情境中来理解。

上文《汉书》中提到了"黈纩"一词。"黈纩"是什么？唐颜师古注："黈，黄色也。纩，绵也。以黄绵为丸，用组悬之于冕，垂两耳旁，示不外听。"可见，黈纩是以黄色丝绵做成的一种绵球，其功用和瑱一样，都是用来充耳的。汉蔡邕《独断》卷下载："天子冕前后垂延珠绿藻，十有二旒……旁垂黈纩当耳。"这里并未提到瑱，只提到黈纩，说明黈纩是可以单独使用的。从实际的感受上来看，绵质的耳塞也要比玉制的更舒适一些。

---

❶《礼记·玉藻》载："古之君子必佩玉，右征、角，左宫、羽，趋以《采齐》，行以《肆夏》，周还中规。折还中矩，进则揖之，退则扬之，然后玉锵鸣也。故君子在车则闻鸾和之声，行则鸣佩玉，是以非辟之心，无自入也。"这段话的意思是说君子身上佩戴的玉相互撞击，应该发出合乎音律的声音。

❷ 据《大明会典》载：冕服是皇帝在祭祀天地、宗庙以及正旦、冬至、圣节时所穿，祭社稷、先农和举行册拜时也穿冕服。可见冕冠主要是在一些重要礼仪场合佩戴。

不过，用东西把耳朵塞上，固然可以戒妄听，但这样做未免过犹不及，不仅人体不适，连该听的也不易听到了。于是，或许在春秋战国礼崩乐坏之时，人们发展出了一个更适宜的方式，即将塞耳的瑱悬挂于耳旁，人在行动时，瑱会摆动撞击两侧的耳朵或面颊，也同样可以提醒人们不要妄听，既保留了瑱的本意，又免除了"塞耳"的弊病。正如汉代刘熙著《释名·释首饰》中所写："瑱，镇也，悬当耳傍，不欲使人妄听，自镇重也。"便是这个意思。《仪礼·既夕礼》载："瑱用白纩"；又曰："瑱塞耳"。贾公彦疏："释曰：经直云'瑱用白纩，用掩之'，不云'塞耳'，恐同生人悬于耳旁，故记人言之也"。这段话所写的是先秦时期的葬礼中所用的葬具中也有"瑱"，是用白纩做成以掩耳洞，之所以用"掩"不用"塞"，是为了和活人所悬之瑱有所区分，以免混淆。也间接地说明瑱在活人用时的确是悬于耳旁的。在明代的冠服制度中，黈纩往往和玉瑱同时并悬于冕冠两侧，且都为玉制的圆珠，只是颜色有所不同。❶笔者以为，原本绵质的黈纩，因质地比较轻柔，在不必真的充塞耳孔之后，单独悬于冕冠两侧易随风飘动，故而不甚庄重。且质地比较轻柔的话，也起不到撞击耳侧，以戒妄听的感官感受，因此，辅以或代以玉制的瑱，❷便可克服以上的缺陷，既实用，也美观，同时也有以玉比德的象征意义。

中国古人注重全德全形，《孝经·开宗明义篇》中便载："身体发肤，受之父母，不可毁伤。"宋以前，汉族男女都不流行穿耳孔❸，瑱就是在这种情况下出现的一种具有华夏特色的礼仪耳饰。

瑱作为一种礼仪用品，除了可戒妄听，也是别等级的一种标志。瑱在使用时，一般要在冕冠顶部系一丝带，即"纮"，以彩丝织成，左右各一，天子诸侯用五色，人臣则用三色。使用时上系于冠，下垂至耳，末端各系一瑱。《左传·桓公二年》："衡、纮、紞、綖，昭其度也。"唐孔颖达疏："紞者，县（悬）瑱之绳，垂于冠之两旁。……织线为之，若今之绦绳。"瑱的质地也根据身份的不同而不同。在明代，天子冕冠用黄玉做黈纩，其他人则用青玉。❹清代焦廷琥《冕服考》卷一："天子诸侯纮用五色，卿大夫三色；天子诸侯瑱用玉，卿大夫用石。"

---

❶ 详见后文"瑱的造型"一节内容。

❷《左传·昭公二十六年》载："夏，齐侯将纳公，命无受鲁货，申丰从女贾，以币锦二两，缚一如瑱，适齐师。"杜预注："瑱，充耳"。孔颖达疏："礼以一绦五采横冕上，两头下垂，系黄纩，绵纩又悬玉为瑱以塞耳。"这里孔颖达疏中所录文字可以说是以玉瑱辅以黈纩的文献证明。

❸ 从流传下来的大量宋以前的文物和绘画资料来看，的确是如此，汉族女性戴耳饰的图像极其罕见。宋朝开始，随着理学的兴起，女性地位一落千丈，在妆饰上伤害女性身体的种种行为才开始流行，最为典型的就是穿耳和缠足。

❹《大明会典·冠服》。

（二）《诗经》中所写瑱之含义辨析

文前提到，史籍中瑱的记载最早见于《诗经》：

《诗·鄘风·君子偕老》："鬒发如云，不屑髢也。玉之瑱也，象之揥也，扬且之晳也。"

《诗·卫风·淇奥》："有匪君子，充耳琇莹。"

《诗·齐风·著》："俟我于著乎而，充耳以素乎而，尚之以琼华乎而。俟我于庭乎而，充耳以青乎而，尚之以琼莹乎而。俟我于堂乎而，充耳以黄乎而，尚之以琼英乎而。"

《诗·邶风·旄丘》："叔兮伯兮，褎（yòu）如充耳。"

《诗·小雅·都人士》："彼都人士，充耳琇实。"

但《诗经》中所提到的"瑱"或者"充耳"的解释，一直以来是有争论的。有一些学者认为，诗经中所写之"瑱"，是指的一种穿耳之饰（而非礼仪用品），与汉代典籍中所写之"瑱"并不是一个意思。❶其主要依据有二。一是源于文献，《文选·东京赋》薛综注："黈纩言以黄绵大如丸，悬冠两边，当耳。"清代孙诒让在《周礼正义》卷十六引此，下云："《续汉书·舆服志》注引《字林》《论语》皇疏，《左传》孔疏，《汉书·东方朔传》颜注，并用其义，而求之《诗》《礼》，绝无验证。"认为把瑱作为塞耳之礼仪用品的记载均为汉代人所书，先秦文献中并无此种解释。二是由于新石器时代、商周时期出土了一些穿耳的人物形象，所以认为，当时的汉族男女是有穿耳的习俗的。笔者认为以上推论值得商榷。

首先，先秦文献中未注明那时的"瑱"到底是什么形制。但成书于先秦时代的《周礼·弁师》中就记载有："弁师掌王之五冕，……缫斿皆就，玉瑱，玉笄。"《大明集礼·乘舆冠服》中也载："黄帝始作冕，垂旒充纩。"说明帝王冕冠之玉瑱自古有之，并非汉代始见。其形制也应当有所传承。

其次，从《诗经》所述来看，其中提到的对"充耳"之美的描述，如"琇莹""琇实""琼华"等，都是对美玉质地的一种形容，且明确提到了"玉之瑱也"。说明此类耳饰皆为玉制。而从考古资料来看，汉以前出土的玉石质耳饰遗物主要以玉玦为主（其他形式的耳饰数量极少），数量可谓庞大，但主要集中在新石器时代。到了商周时期，在中原地区，玉玦已经由耳饰转化为佩饰，玉玦作为耳饰甚至在史籍中都不见记载，可见当时中原人对耳饰的漠视。而一种以玉制和琉璃质为主的腰鼓形耳饰，考古资料中多称之为"珰"，也有称为"瑱"的，则多出土于汉墓。

---

❶ 如扬之水先生《诗经名物新证》第344~347页对"充耳琇实"之解释。

第三，《诗经》所录诗歌主要是西周初年至春秋中叶五百多年间的作品，而新石器时代和商代出土的着耳饰人物形象不应作为佐证。《诗经》时代礼文化早已兴起，西周时期是我国礼乐文化的成形期。礼文化不仅是当时社会的行为准则，也客观地创造了一个历史的文化高峰期。孔子所说的"周监于二代，郁郁乎文哉，吾从周"❶便是对周代的最好的评价。在礼文化的影响下，史前时代原始稚拙的图腾文化和商代带有浓厚宗教性质的巫使文化逐渐被周人所扬弃，成熟的伦理生活准则，成为他们巩固统治基础、稳定社会秩序的一种选择。内容丰富、体制完备的礼制文化出现在周代不是偶然的，它的出现表明周人的社会正摆脱狂乱迷惘的原始文化，逐渐地孕育着一种雍容温雅的文化形式。在周代繁复的礼仪制度中以及历代的舆服志中，服饰礼仪占有了一个非常重要的篇章。因此，"瑱"作为一种礼仪用品出现在此时便是一件顺理成章的事情。正如前文所述，商周时期的着耳饰人物形象主要是以神人及奴隶形象为主，鬼神巫师所着首饰是带有一定的图腾或复杂的巫术象征意义的，而奴隶穿耳则在我国带有明显的惩罚或卑贱的身份标志意味。发端于先秦时期的《孝经·开宗明义篇》中就写道："身体发肤，受之父母，不敢毁伤，孝之始也。"可见，在中国礼文化确立的先秦时期，对于身体全形的呵护，对于服饰礼仪的注重，都不大可能允许那些"有匪君子"们穿耳带饰的。因此，笔者认为《诗经》中所提到的"充耳"之意应该与汉朝人所注的"瑱"之意是一样的。即是一种礼仪用品，而非穿耳之饰。

（三）瑱作为葬玉的使用

瑱在先秦至汉魏时期除了是活着的人使用的一种垂于耳边的礼仪用品之外，也是死者用的一种葬玉。中国的古人在丧葬仪式中会使用大量的玉器放在死者的身上或棺椁之中，称为葬玉。其中的原因之一是因为古人相信在死者的身上和棺内放置玉器以后，能使尸体不腐。西晋葛洪在《抱朴子》中说："金玉在九窍，则死人为不朽。"这同玉衣能使尸体不朽的说法是一致的。故在葬具中便诞生了塞住人九窍的"九窍塞"，即：眼盖、耳塞、鼻塞、肛塞、阴塞、口琀蝉，多为玉制。其中的耳塞亦称为瑱。

根据史书记载，死者所用之瑱与生者有所不同。《仪礼·士丧礼》："瑱用白纩"。郑玄注："瑱，充耳。纩，新绵"。《仪礼·既夕礼》："瑱用白纩"；又曰："瑱塞耳"。郑玄注："塞充窒"。这表明在先秦时期死者用的耳塞是用白色的新绵所制。这种用绵塞耳的现象，由于死者肌体腐烂，已难以见到，但随着考古发掘的进展，在汉墓中常常发现有玉制的耳塞，

---

❶《论语·八佾》。

以及成套的九窍塞。玉耳塞一般为圆柱体和八角柱体，两头略有大小之分。因玉塞除了起到寒尸的作用，还有古人期待防止体内腐水外流的作用，故玉塞一般都是实心的。如安徽省天长市三角圩汉墓群出土的西汉七窍玉中，就有玉耳塞一对，为底大上小的柱状体，遍体抛光，长2.1厘米，上径0.4厘米，底径0.7厘米。[1]在江苏省扬州市邗江西湖花园新莽墓出土有一对耳塞，长1.7厘米，宽0.8厘米，玉制温润，有光泽，为扁八角形，表面琢磨精细，做工规整。[1]死者用的耳塞除了玉制的，还有琉璃质、骨质的。如江苏省扬州市邗江西湖胡杨22号汉墓便出土有一套六件玻璃质九窍塞，其中有耳塞一对，长2.2厘米。[1]吉林榆树老河森汉墓出土的瑱则为钉头形，其中17座墓葬中共出土23件瑱，大部分完整，出土时均位于死者耳心内，并发现许多瑱上挂有耳饰。一座墓中出土多为两件。质料有骨和琉璃两种，以骨质为多。[2]

（四）瑱的造型（表2-4）

正如前文所述，男性冕冠用瑱的材质有两种：一种为黄色丝绵所制，称为"黈纩"。《后汉书·舆服志》："冕冠……旁垂黈纩。"吕忱注曰："黈，黄色也。黄绵为之。"《汉书·东方朔传》云："黈纩塞耳，所以蔽听。"唐颜师古注："黈，黄色也。纩，绵也。以黄绵为丸，用组悬之于冕，垂两耳旁，示不外听。"这里提到的"丸"，应该是球体。还有一种如前文所述，是用玉或石制成的。在唐代阎立本的《历代帝王图》中，我们能明确地看到垂于帝王冕冠耳畔的瑱是球形的，数量多为一颗[3]，虽然我们无从判断是玉质还是丝绵质，但球形的造型是基本可以确定的。

明代出土有比较完整的冕冠，为我们考察瑱的造型提供了比较明确的资料。明代冕服始定于洪武元年，洪武十六年和洪武二十六年又两次更定。《大明会典·皇帝冕服》载："洪武十六年定。冕，前圆后方，玄表纁里。前后十二旒……红丝组为缨，黈纩充耳，玉簪导。"此时只提到"黈纩"，并未提到"瑱"。可能此时冕冠每只耳畔只有一颗玉珠。在《大明集礼》冠服图中的冕也为一颗圆珠。[4]至永乐三年，对冕服进行了修订，并沿用至嘉靖初年："永乐三年定，冕冠……以玉衡维冠，玉簪贯纽，纽与冠武，并系缨处，皆饰以金。纽以左右垂黈纩充耳（用黄玉），系以玄纨，承以白玉瑱，朱纮。"此时增加了"瑱"，

[1] 扬州博物馆，天长市博物馆. 汉广陵国玉器 [M]. 北京：文物出版社，2003。
[2] 吉林省文物考古研究所. 榆树老河深 [M]. 北京：文物出版社，1987：60。
[3] 其中吴主孙权冕冠没有耳瑱。
[4] 明代鲁荒王为明太祖第十子，洪武三年生，生两月而封，十八年就藩兖州。其墓葬是洪武年间亲王陵寝修筑时间最早的，为典型的明初墓葬。墓中出土冕冠只有一青玉珠（黈纩），虽不是帝王冕冠，但可以旁证明初冕冠耳瑱使用的习俗。

变为两颗圆珠。至嘉靖八年，明世宗对冕服制度做了较大的修改，形成了明代冕服的最终款式，一直延续到明末，其中有关瑱的记载为："冠制以圆匡乌纱冒之，……玉珩玉簪导，朱缨，青纩充耳，缀以玉珠二。"从文献记载来看，明代帝王的瑱，最初只用黈纩（黄色，质地不明）；永乐三年改为黄玉珠在上，白玉珠在下；嘉靖八年确定为"青纩充耳，缀以玉珠二"，将黄玉珠改为青玉珠。定陵出土有明万历帝冕冠两顶。一项保存稍好，尚可复原，两耳部各系两玉瑱，一白一绿，白玉瑱径1.1厘米，碧玉瑱径1.3厘米，和典籍基本吻合。另一顶冕冠残件中有玉耳瑱四颗，二白二黑，白玉瑱径1.3厘米，黑玉瑱径1.5厘米，稍有不同。❶

《大明会典·皇太子冠服》："洪武二十六年定。冕，九旒，旒九玉，金簪导，红组缨，两玉瑱。"至永乐三年，改为："冕冠……玉衡，金簪，玄紞，垂青纩充耳，（用青玉），承以白玉瑱，朱紘缨。"

《大明会典·亲王冠服》："洪武二十六年定。冕，五采玉珠九旒，红组缨，青纩充耳，金簪导。""永乐三年定。冕冠……玉衡，金簪，玄紞，垂青纩充耳，（用青玉），承以白玉瑱，朱紘缨。"

《大明会典·世子冠服》："洪武二十六年定。冕，三采玉珠七旒，红组缨，青纩充耳，金簪导。""永乐三年定。冕冠……玉衡，金簪，玄紞，垂青纩充耳，（用青玉），朱紘缨，承以白玉瑱。"

《大明会典·郡王冠服》："永乐三年定。冕冠……玉衡，金簪，玄紞，垂青纩充耳，（用青玉），朱紘缨，承以白玉瑱。"

从文献上来看，明代皇太子、亲王、世子、郡王的冕冠用瑱一律为青玉珠在上，白玉珠在下。这在出土文物中已经得到证实，且从实物中看，青玉珠要略大于白玉珠。如出土于湖北的明梁庄王墓中的冕冠附件，冕綖（冠顶板）和冠卷（冠周沿）已腐朽，只保存其金玉附件共计140件，其中便有碧玉瑱两件、白玉瑱两件。皆为球形。其中碧玉瑱较大，各有一个竖穿孔，抛光亮洁，素面，直径1.7厘米，孔径0.3厘米，两件共重15克。白玉瑱较小，各有一个V形联孔，素面，直径1.2厘米，孔径0.3厘米，两件共重5.3克。❷

另外，在山西芮城永乐宫壁画❸、山西稷山青龙寺壁画❸中绘有大量的诸神仙与天帝的形

---

❶ 中国社会科学院考古研究所. 定陵［M］. 北京：文物出版社，1990：203。

❷ 湖北省文物考古研究所，钟祥市博物馆. 梁庄王墓［M］. 北京：文物出版社，2007：139-142。梁庄王为明仁宗第九子，永乐二十二年册封为梁王。

❸ 金维诺. 山西芮城永乐宫壁画［M］. 石家庄：河北美术出版社，2001。

象，其冕冠与梁冠上均垂有以椭圆形大珠和上下各一小珠穿成的饰物（有的上下无小珠），坠于耳后，且连有一环形白色丝带，上绕于冠笄之上，下搭于双臂并垂于大腿部位。似也是瑱的一种形式，但已有画工演绎的成分，与文献记载相距甚远。

表2-4　男性冕冠用瑱

 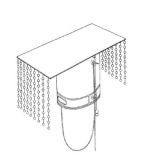 

| 1. 唐代阎立本《历代帝王图》中着冕冠的光武帝刘秀，其耳畔垂瑱为一颗圆珠 | 2. 明代梁庄王冕冠复原示意图[①]，其耳畔垂瑱为一颗碧玉瑱和一颗白玉瑱，其中碧玉瑱略大 | 3. 永乐宫壁画之南极长生大帝，其冕冠垂瑱为一椭圆形大珠和上下各一小珠及花饰贯穿而成 |

① 湖北省文物考古研究所，钟祥市博物馆. 梁庄王墓［M］. 北京：文物出版社，2007：139。

六、结论

总之，先秦时期，中原地区随着礼教的兴起，注重身体的全德全形，穿耳戴饰并不流行，故此耳饰出土量很少。此一时期出土的耳饰主要集中在周边的非汉族地区，尤以北方及西北地区居多，且男女皆可佩戴，甚至尤以男性居多。从材质来看，随着金属加工业的发展，原始社会以玉石为主的耳饰，逐渐被金属耳饰所取代，金铜耳饰的数量显著增多，匈奴地区尤喜以绿松石穿饰金耳坠，金碧辉映，尤为耀眼。

另外，瑱作为一种特殊的耳饰，是诞生于先秦时期的一种礼仪用品，其悬挂于冕冠两侧，用以提醒所戴之人以戒妄听，谨慎自重，体现了中国古人尊礼、尚礼，将礼视为一切习俗行为准则的文化特质。

汉魏时期 耳饰

耳畔流光 中国历代耳饰

汉魏时期的汉族女性，注重身体的全德全形，依旧不流行穿耳。故此，在中原地区出土耳饰极少，只有耳珰比较常见。但在上流阶层的汉族女性当中，耳珰并不是穿耳佩戴的，而应是作为簪珥的附件，悬挂于簪首，垂于耳畔的一种礼仪用品，与瑱同样都是用以提醒用此者谨慎自重，勿听妄言。耳珰的质地除少量陶、煤精等外，通常以玉、玛瑙、琉璃（图3-1）等比较莹润的材料制成，金属耳珰并不多见。汉魏时期出土的需要穿耳佩戴的耳饰主要集中在少数民族地区，且

图3-1　琉璃耳珰（六朝）
高2.3厘米，径1.2～1.6厘米。一件，半透明，器作圆柱状，上小下大，束腰，中有穿孔，可用以悬挂。宝成铁路南段出土，现藏于重庆市博物馆

男女皆可佩戴。如西南边陲少数民族地区，除了穿耳着珰外，还佩戴玦饰，尤其是以云南滇族地区出土的组玉玦最有特色；西北和北方的少数民族，如鲜卑、匈奴则延续先秦时期的传统，以佩戴各式黄金耳饰和黄金嵌宝耳饰为多。

一、耳珰

耳珰，原始社会便已有之，当时多为玉石、陶、煤精等制品。先秦时期，随着琉璃制作工艺的出现，战国时期的墓葬中已出现琉璃耳珰的随葬品。进入汉代，将如珠似玉的琉璃用作装饰品比较流行，琉璃耳珰逐渐增多，迄今在陕西、河南、湖南、甘肃、宁夏、云南、湖北、广东、广西、贵州等地墓葬中已发现琉璃耳珰200多件[1]。有关其文字记载也广泛见于汉魏的史籍。尽管如此，耳珰却并不是此时汉族女子普遍佩戴的耳饰，因为从此时出土的人物形象来看，不论是绘画还是俑人，佩戴耳饰的都十分罕见。中原女子受身体全形观的影响，并不流行穿耳。故此，佩戴耳珰并不是源自中原的习俗，而是从少数民族引入的。汉代刘熙《释名·释首饰》曰："穿耳施珠曰珰。此本出于蛮夷所为也。蛮夷妇女轻淫好走，故以此（琅）珰锤之也。今中国人效之。"[2]从这段话中可以看出，少数民族女子缺少礼教的束缚，

---

❶ 王然. 中国文物大典［M］. 北京：中国大百科全书出版社，2009。

❷（汉）刘熙. 释名·释首饰［M］. 上海：商务印书馆，1939。

故行为少有约束，家人才让其穿耳垂珰，以示警戒。其作用应与中原女子头上插的"簪珥"、男子冠上佩戴的"瑱"有异曲同工之妙。

（一）耳珰的造型

从文献记载来看，汉《释名》曰："穿耳施珠曰珰"；汉《风俗通》也载："耳珠曰珰"；《广韵》曰："珰，耳珠。"似乎可以推断出，耳珰应该是一种珠形。而且，从此时描绘女子着耳饰的很多诗词中，也多次提到了珠形的耳饰，如辛延年《羽林郎》诗："头上蓝田玉，耳后大秦珠"[1]；杜笃《京师上己篇》"窈窕淑女美胜艳，妃戴翡翠珥明珠"[2]；无名氏《陌上桑》："头上倭堕髻，耳中明月珠"[3]；三国魏繁钦《定情诗》："何以致区区，耳中双明珠"[4]等。但从出土文物来看，汉墓当中出土的位于耳旁的饰物似乎又与传统的圆珠形有出入。其造型主要分两种类型：最常见的一种呈收腰圆筒形，横剖面为圆形，中部收腰，两端呈喇叭状奢口，通常一端较另一端奢口略大，分平头和圆头两种（表3-1）；另一类则呈钉头形，即只有一头奢口，佩戴时直接将小头穿入耳洞，是原始社会蘑菇形耳珰的拉长版（表3-2）。这两类耳饰体积一般不大，长度在2～3厘米左右，小端直径一般不超过1厘米，有中空和实心两种，以中空居多。这就很奇怪了，出土的耳饰明明不是珠形，为何要称耳珠呢？

表3-1　收腰圆筒型耳珰

空心平头形	

1. 玛瑙耳珰（西汉）	2. 玉耳珰
长2厘米，直径0.75～0.9厘米，内芯有穿孔。江苏省扬州市邗江西湖胡杨20号汉墓出土。现藏于扬州博物馆[①]	长3.4厘米，小端直径0.7厘米，大端直径0.9厘米。西安北郊西汉中期陈清士墓M 170出土。青玉，圆柱形，细腰，两端大小不一，中部有穿孔。现藏于西安市文物保护考古所[②]

❶ 先秦汉魏晋南北朝诗（汉诗卷七）[M]．北京：中华书局，1983：198。
❷ 先秦汉魏晋南北朝诗（汉诗卷五）[M]．北京：中华书局，1983：165。
❸ 乐府诗选[M]．北京：人民文学出版社，1953：13。
❹ 先秦汉魏晋南北朝诗（汉诗卷五）[M]．北京：中华书局，1983：387。

空心平头型

3. 琉璃耳珰（3件）

通长1.5厘米，大端直径1.1厘米，小端直径0.85厘米。两件为青绿色，一件为深蓝色。两端中部均凹下，中心有透孔。这些耳珰的发现，说明该墓很可能属于夫妇合葬墓。长安韦曲宣帝杜陵陪葬墓出土，现藏于长安博物馆[2]

实心圆头型

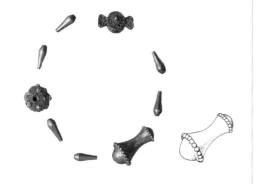

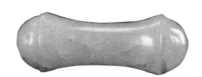

4. 珠（东汉）

原书中称其为金饰件。系铸造而成，一套共九件，其中右下角的一件呈收腰珰形：长2.5厘米，大径1.3厘米，小径0.8厘米，一头大，一头小，两端呈喇叭状，中部束腰，小头平底，大头的顶部呈球状外敞，两头边沿均饰19枚连珠，造型颇似耳珰。这类实心珰珠，即使没有穿孔，也可以将丝线束于腰部进行悬挂。湖南省常德市南坪乡出土，现藏于常德市博物馆[3]

5. 玉耳珰

通长2.2厘米。白玉。玉色纯净，两端呈大小不同半圆形，中部束腰，无穿孔。西安市北郊范南村西北医疗设备厂工地西汉墓M 13出土，现藏于西安市文物保护考古所[2]

① 扬州博物馆，天长市博物馆. 汉广陵国玉器［M］. 北京：文物出版社，2003。

② 刘云辉. 陕西出土汉代玉器［M］. 北京：文物出版社，众志美术出版社，2009。

③《中国金银玻璃珐琅器全集》编辑委员会. 中国金银玻璃珐琅器全集1：金银器（一）［M］. 石家庄：河北美术出版社，2004。

表3-2　汉魏钉头形耳珰及葬玉用瑱

钉头形耳珰		

1. 琉璃耳珰（西汉） 现藏于加拿大安大略皇家博物馆[1]	2. 琉璃耳珰 辽宁本溪桓仁望江楼墓地出土[1]	3. 玛瑙珰M 69：85（西汉） 江川李家山墓出土。原书中称其为瑱，其功能有待进一步研究。该墓中出土了三种类型的瑱，均为钉头形，一类无穿孔，另两类均有穿孔。此种款式墓中出土了342件，正面中部突起呈圆管状，中央钻穿孔。图为标本M 69：85，17件，径1.1~1.8厘米，高1.1~1.3厘米[2]

葬玉用瑱	
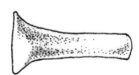 	
4. 骨瑱 吉林榆树大坡老河深汉墓出土。共出土23件，出于17座墓中，出土时均位于死者耳心内。并发现许多瑱上挂有耳饰。一座墓中出土多为两件，质料有骨和琉璃两种，以骨质为多。其中一件骨瑱标本长2.9厘米，内端径0.5厘米，外端径1.2厘米[3]	5. 七窍玉塞（西汉） 安徽省天长市三角圩汉墓群出土。其中玉耳塞一对，为底大上小的柱状体，遍体抛光，长2.1厘米，上径0.4厘米，底径0.7厘米[4]

① 高春明. 中国历代服饰艺术［M］. 北京：中国青年出版社，2009。

② 云南省文物考古研究所，玉溪市文物管理所，江川县文化局. 江川李家山：第二次发掘报告［M］. 北京：文物出版社，2007。

③ 吉林省文物考古研究所. 榆树老河深［M］. 北京：文物出版社，1987。

④ 扬州博物馆，天长市博物馆. 汉广陵国玉器［M］. 北京：文物出版社，2003。

由于绝大多数的出土耳饰以空心为主，之所以设计成空心，是为了可以穿系坠饰，故此耳珰经常与珠玉、宝石同时出土。也有将坠饰横系于珰腰之中的。系有坠饰的耳饰实物，在朝鲜古乐浪汉墓（表3-3：1、2）及湖南常德南坪汉墓都有出土。从出土实物来看，耳珰下的坠饰，以珠玉宝石制成的珠玑为主。收腰圆筒形部分插入耳垂，下垂的珠玑便成了最明显的视觉元素，将之称为耳珠便是很自然的事了。由此看来，汉魏史籍中提到的珰（耳珠）既可以单指出土的收腰圆筒形和钉头形耳饰，也可以指穿有珠玑坠饰的耳饰，类似后世的耳坠（表3-3）。

表3-3　穿有珠玑坠饰的耳珰

1.　缀有小铃的耳珰	2.　系有珠玑坠饰的耳珰
朝鲜乐浪汉墓之王盱墓出土（石岩里M 205）①	朝鲜乐浪汉墓出土②

① 原田淑人. 汉六朝の服饰［M］. 东洋文库刊行，1937（昭和12年12月25日发行）。
② 高春明. 中国服饰名物考［M］. 上海：上海文化出版社，2001。

穿入耳珰的珠玑坠饰，史籍中通常称为"珥"。《仓颉篇》曰："耳珰垂珠者曰珥。"❶《后汉书·舆服志》也称："珥，耳珰垂珠也。"❷上文所提到的皇帝冕冠上悬当耳傍，以戒妄听的"填"，便是一种垂珠，也称为"珥"，如《说文·玉部》："珥，填也。"汉魏时后妃头上插戴的簪珥，也是发簪加坠饰的一种首饰。可见，将垂珠称为"珥"在汉代是很普遍的事。中山大学的唐际齐先生通过研究甲骨文中的"ᠻ"字，认为"ᠻ"通"缉"，"缉"是"珥"的古字："在卜辞中，缉字旁的'糸'形有的是小圆形，有的是菱形，有的是一个小圆形，有的是两个，因此将'糸'形解释为垂珠形，比解释为丝线之形（即以线系耳之意）更可信。也就是说珥形的耳饰，可以只有一个垂珠，也可能有两个或两个以上的垂珠；垂珠的形状可以是

❶《玄应音义》卷八，清乾隆年间武进庄忻刊行本。
❷《后汉书》（卷九十）［M］. 北京：中华书局，1965：3676。

圆形，也可以是菱形。"❶这种解释和朝鲜乐浪汉墓出土的缀有珠玑的耳珰形制恰好是吻合的。或许直接将丝线穿入耳洞有一定困难，也不甚美观，故此古人在金属工艺尚不完备之时发明出了玉石制的空心耳珰用以穿挂坠饰，可谓独具巧思。

"珥"有时也和"珰"同义，并没有严格的区分。带有坠饰的耳珰亦可称之为"珰珥"。如《吴录》载："袁博女于坏墙中得珰珥百枚。"❷

出土的耳珰除少量金质、陶、煤精的外，通常以玉、玛瑙、琉璃等比较莹润的材料制成，故也称"明珰""明月珰""明珠""明月珠"等。东汉时期的琉璃耳珰以蓝色居多。《古诗为焦宗卿妻作》："腰若流纨素，耳着明月珰"❸；《洛神赋》："献江南之明珰"❷；晋傅玄《有女篇·艳歌行》："头安金步摇，耳系明月珰"❹；晋傅玄《镜赋》："珥明珰之迢迢"❺；无名氏《孟珠》诗："龙头衔九花，玉钗明月珰"❻；三国魏繁钦《定情诗》曰："何以致区区，耳中双明珠"❼；北魏高允《罗敷行》："脚着花文履，耳穿明月珠"❽等，都是对这种饰物的形容。其中珥的质地以珍珠最为名贵，《晋令》曰："百工之妻不得服真珠珰珥。"❺说明，珍珠珰珥应是上层贵妇的专属。傅玄《七谋》曰："佩昆山之美玉，珥南海之明珰"❾，昆仑出美玉，南海出珍珠，故南海之明珰应是以珍珠做成的名贵耳珰。《西京杂记》载："赵飞燕为皇后，其女弟上遗合浦圆珠珥。"❷合浦盛产珍珠中的极品——南珠，故此合浦圆珠也是指的珍珠。除了各种玉石和珍珠，在部分耳珰附近，有时还发现一些小铃，出土时多成对出现，可能也是耳珰之下的坠饰。如贵州黔西东汉墓出土的一对，以银片制成球体，球面上刻有同心圆纹，下端开口，铃背上焊有圆环，直径为1.2厘米，通长2厘米。日本学者原田淑人所编《汉六朝服饰》中收录一帧耳珰照片，注明为"王盱墓出土"，王盱墓是朝鲜乐浪汉墓之一（石岩里M205）❿，在这对耳珰的下部，即各垂一个小铃。上文所引《释名》云：以此琅珰锤之，以警戒轻淫之女子。其中"琅珰"，便有铃铎之意。如杜甫《大云寺赞公房四首》诗云："夜深殿突兀。风动金琅珰"；而且，"珰"本身也可做象声词使用。以铃铎垂于耳，以叮当之音起到

❶ 唐际齐. 释甲骨文"甲骨文"[J]. 中山大学研究生学刊（社会科学版），2008（2）。

❷ （清）王初桐. 奁史[M]. 据清嘉庆二年伊江阿刻本影印：215。

❸ 先秦汉魏晋南北朝诗（汉诗卷十）[M]. 北京：中华书局，1983：283。

❹ （南朝）徐陵. 玉台新咏（影印本）[M]. 成都：成都古籍书店，1986：188。

❺ 《北堂书钞》卷一百三十五·仪饰部六·珰五十六，文渊阁四库本。

❻ 先秦汉魏晋南北朝诗（晋诗卷十九）[M]. 北京：中华书局，1983：1065。

❼ 先秦汉魏晋南北朝诗（魏诗卷三）[M]. 北京：中华书局，1983：387。

❽ 先秦汉魏晋南北朝诗（北魏诗卷一）[M]. 北京：中华书局，1983：2201。

❾ 《太平御览》卷第七百一十八·服用部二十·珰珥。

❿ 郑君雷，赵永军. 从汉墓材料透视汉代乐浪郡的居民构成[J]. 北方文物，2005（2）。

警示女子的作用，也是合情理的。贵州黔西为西南边陲，朝鲜乐浪郡居民主要由战国汉初东夷后裔、战国燕民后裔、东北地区汉民和东南沿海汉民组成的复合体，故此推断，耳珰下垂铃铎应该主要属于西南或东北边陲居民的妆饰习俗。

（二）耳珰的佩戴方式

耳珰是如何佩戴的呢？笔者认为有几种可能性。

1. 直接穿入耳垂上的耳洞进行佩戴（表3-4：1）

表3-4　佩戴耳珰的四种方式

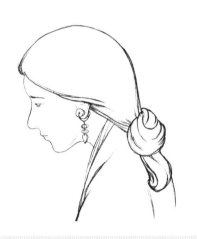

1. 直接穿入耳垂上的耳洞进行佩戴

2. 系于簪首，为簪珥的垂饰

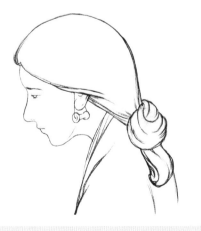

3. 以丝线系挂于耳郭之上

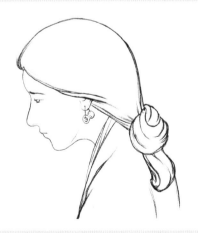

4. 以丝线系挂于耳垂所穿之穿孔中

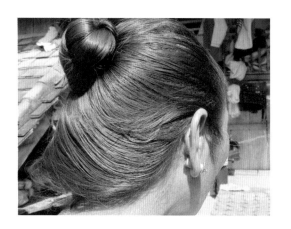

△ 图3-2 戴金耳珰的傣族老妇人，李芽摄于2011年西双版纳橄榄坝

△ 图3-3 摘去耳珰的傣族老妇人，李芽摄于2011年西双版纳橄榄坝

　　绝大多数的书籍里提到耳珰都认为它的佩戴方法是必须先在耳垂上穿洞，并且将耳洞撑大，然后将收腰圆筒形珰横贯于耳洞中，因两端粗于中央，故戴上以后不易滑落。也有的书中称这类耳饰为耳栓[1]或耳塞。下坠的珥的部分是以丝线穿入珰来进行悬挂的。[2]其依据主要来自以下几方面的原因：

　　首先，从史籍记载来看，《释名》曰："穿耳施珠曰珰。"似乎就说明了着珰是要穿耳的。其次，从出土文物来看，因为有一些珰是实心的，旁边又没有其他金属附件，不是直接穿入耳洞的话，似乎很难有其他的方法进行佩戴。另外，在一些出土人物形象中，如斯德哥尔摩远东古物馆所藏战国铜人[3]，耳垂上边各贯了一支小"棒"，和耳珰很像。应该说，这种佩戴方法在先秦以前应该是比较主流的，但在先秦至汉魏时期的中原地区却并不多见。《释名》也说明：穿耳着珰乃蛮夷所为，即其是边远地区少数民族流行的风俗。至今在云南的一些地方，如西双版纳的傣族自治区，笔者亲见很多傣族的老年妇女还保持着穿戴耳珰的习俗，只是其耳珰多为金银类的贵金属制品，且多为实心（图3-2、图3-3）。佩戴这种耳珰是需要很大的耳洞的，这实在很难被古时注重身体全形的汉族人所接受。即使在今天，傣族的年青一代女性也已很少有戴此类耳珰者，她们更愿意选择佩戴所需耳洞相对较小的耳坠和耳环。

---

❶ 邓聪. 从河姆渡的陶制耳栓说起［J］. 杭州师范学院学报，2000（2）。

❷ 如高春明《中国服饰名物考》、孙机《汉代物质文化资料图说（增订本）》等。

❸ 林巳奈夫. 春秋战国时代の金人と玉人，第100、101页。

2. 系于簪首，为簪珥的垂饰（表3-4：2）

中国自先秦时代就提倡"身体发肤，受之父母，不敢毁伤"的观念，提倡全德全形，并不流行穿耳。马王堆一号汉墓出土的保存完好的女尸——轪侯夫人辛追，就没有耳孔。而且，据《释名》所释：穿耳施珠是蛮夷地区为了惩罚轻淫好走的女子所设计的一种约束，或者说惩罚，是对女性的一种束缚和歧视。而在汉代，妇女守贞的环境是比较宽松的，离婚和再嫁在各个阶层中都是很普遍的事情，贞洁对于她们来说完全是一种自觉自愿的行为。[1]因此，这样带有明显歧视意味的妆饰习俗是不大可能在中原地区广泛流行的。

而且，汉魏时期出土的耳珰数量也并不算少，但明确可以看出佩戴耳珰的人物绘画形象和俑人形象却极其罕见。因此，这就形成了一种令人疑惑的矛盾，如果耳珰真的是穿耳佩戴的饰物，为什么在文物中却不加以表现呢？汉代的壁画尽管比较放达写意，不太注重细节，但俑人出土的数量是巨大的，而且很多做工都很精致，准确表达耳饰应该是很容易的。出现这种情况唯一合理的解释就是耳珰并不是佩戴于耳垂之上，而是系于簪首，垂于耳畔，为簪珥的垂饰，是一种礼仪用品，与先秦时男子佩戴的瑱有异曲同工之妙。

簪珥（亦称"笄珥"）是汉晋时期宫廷上层女性朝服的必配之物。在《后汉书·舆服志》和《晋书·舆服志》中有很详细的记载。汉晋之后其俗逐渐衰微。珥（即坠饰，也可称珰珥或珰）在女性使用时将之系缚于发簪之首，将发簪插入双鬓，珥则下垂于耳际，称为簪珥。以提醒用此者谨慎自重，勿听妄言，并以摘（簪股）的质料区别等级。先秦时期的典籍《列子·周穆王篇》中便已提到："简郑、卫之处子娥媌靡曼者，施芳泽，正蛾眉，设笄珥，衣阿锡，曳齐纨，粉白黛黑，佩玉环，杂芷若，以满之。"这里的美女除了身上所配的玉环和香草（芷若）之外，可以说头上戴的唯一首饰就是"笄珥"，即簪珥。《后汉书·和熹邓皇后纪》："每有宴会，诸姬贵人竞自修整，簪珥光采，袿裳鲜明。《说文》曰：簪，笄也。珥，瑱也，以玉充耳。"

《后汉书·舆服志》载：

太皇太后、皇太后入庙服，绀上皂下，蚕，青上缥下，皆深衣制，隐领袖缘以绦。翦氂蔮，簪珥。珥，耳珰垂珠也。[2]簪以瑇瑁为摘，长一尺，端为华胜，上为凤皇爵，以翡翠为毛羽，下有白珠，垂黄金镊。左右一横簪之，以安蔮结。诸簪珥皆同制，其摘有等

<hr>

[1] 刘伟杰. 由汉代妇女离异与再婚的状况看汉代人的贞节观 [J]. 民俗研究，2007（1）。

[2] 耳珰也是一种耳饰，多为腰鼓形，一端较粗，戴的时候以细端塞入耳轮中的耳孔中，即《释名·释首饰》所谓："穿耳施珠曰珰。"但汉代的耳珰多为空心筒状，其中心可穿线系以坠饰，也有将坠饰横系在珰腰之中的。耳珰所垂坠饰便称为"珥"。《仓颉篇》亦载："耳珰垂珠者曰珥。"故此，可知"珥"和"瑱"在造型上一样，都是一种垂珠。

级焉。

皇后谒庙服，绀上皂下，蚕，青上缥下，皆深衣制，隐领袖缘以绦。假结，步摇，簪珥。

贵人助蚕服，纯缥上下，深衣制。大手结，墨瑇瑁，又加簪珥。长公主见会衣服，加步摇，公主大手结，皆有簪珥，衣服同制。

公、卿、列侯、中二千石、二千石夫人，绀缯菡，黄金龙首衔白珠，鱼须摘，长一尺，为簪珥。

《晋书·舆服志》载：

皇后谒庙，其服皂上皂下，亲蚕则青上缥下，皆深衣制，隐领袖缘以绦。首饰则假髻，步摇，俗谓之珠松是也，簪珥。

淑妃、淑媛、淑仪、修华、修容、修仪、婕妤、容华、充华，是为九嫔，银印青绶，佩采琼玉。贵人、贵嫔、夫人助蚕，服纯缥为上与下，皆深衣制。太平髻，七钿蔽髻，黑玳瑁，又加簪珥。

长公主、公主见会，太平髻，七镶蔽髻。其长公主得有步摇，皆有簪珥，衣服同制。

公特进侯卿校世妇、中二千石、二千石夫人，绀缯帼，黄金龙首衔白珠，鱼须摘，长一尺，为簪珥。

从以上的文献记载来看，汉晋时代女子的首饰是很有限的，除了充发的假髻（菡）外，簪珥可以说是这一时代上层女性最重要的首饰（其次为步摇）（表3–5）。从考古遗存上来看也是如此。例如马王堆一号汉墓出土的轪侯夫人辛追的两个妆奁里，称得上首饰的只有一项假发，其余的就只有插于女尸头部的三只发簪和所接的一副假发。[1] 满城汉墓二号墓中山靖王刘胜妻窦绾的墓中只出土了一些玉佩、玉环、玉石珠和带钩，并未见其他金银首饰。[2] 总体上看，汉墓中出土的发簪非常稀少，因为汉代女性流行垂髻，发簪并不是必须，高髻主要在宫廷礼仪装束中才出现，而像玳瑁、鱼须这类材质又比较容易腐朽。但汉墓中出土的各种玉石质地的珠类数量是比较多的，且比较普遍，其中或许有珥存在的可能，只是丝线已腐朽，大多已无从考证。

❶ 湖南省博物馆，中国科学院考古研究所. 长沙马王堆一号汉墓（上／下）[M]. 北京：文物出版社，1973。
❷ 中国社会科学院考古研究所，河北省文物管理处. 满城汉墓发掘报告[M]. 北京：文物出版社，1980。

表3-5 汉代着簪珥及步摇的女性形象

汉代着簪珥女性形象	汉代着步摇女性形象

1. 辽阳三道壕古墓壁画中两着簪珥贵族家属形象①	2. 马王堆一号汉墓帛画中部墓主人及其侍女像
虽无法判断所悬之珥究竟为何物，但与所载簪珥的基本形制是吻合的	她们的头部所戴饰物是汉晋时期典型的步摇形象②，与唐以后的步摇簪、步摇钗差别较大③

① 沈从文. 中国古代服饰研究［M］. 上海：上海书店出版社，1997：143. 书中原注为"两着步摇家属"，笔者分析应为"着簪珥贵族家属"更为准确。

② 孙机. 步摇、步摇冠与摇叶饰片［J］. 文物，1991(11)。

③ 汉晋以后的其他朝代，《舆服志》中簪珥遂不见记载，但各种形式的步摇簪、步摇钗出土却很多，到晚清依然有余续。笔者认为，各种形式的步摇，其也以珠玉做成各种造型悬垂于耳畔，应该不仅仅是出于审美的需要，而是簪珥的另一种演变形式。

　　汉晋之后，簪珥之俗逐渐衰微，耳珰这种造型的饰物在汉晋以后的墓葬中便不多见，这和簪珥在《舆服志》中仅见于汉晋也恰好吻合。虽在其他史料中簪珥这个名词也屡有提及，但其意思已由特定的某种礼仪首饰转而成为妇女首饰的一种合称。❶

　　这里的"珥"和上文所介绍的帝王冕冠两侧所附之"瑱"有相似的功能，按当时礼俗，凡在侍奉君王长辈或接受尊长教诲斥时，必须事先取下簪珥，以示洗耳恭听，否则会被视为失敬。其次，女子退去簪珥，也有表示谢罪之意。后来亦省作"脱簪"。因此，佩戴簪珥必须要梳高髻、戴假发或巾帼，是一种在比较隆重的正式场合或礼仪场合采用的礼仪用品。而汉墓中出土的女俑大多是陪葬俑，身份比较低下，多梳汉代日常生活中最流行的垂髻，簪珥自然是无从佩戴，而且簪珥这类垂挂的首饰也不太适合以雕塑的形式来进行表现。但在汉魏时期的壁画中，还是可以见到戴簪珥的贵族形象的（表3-5：1），但由于汉魏壁画风格比较放达，因此珥的细节很难考证。"珥"亦称"瑱""充耳"，有时也和"珰"混用。《尔雅翼》卷二一曰："珰，音当，充耳珠也。"《集韵·卷三》："珰，充耳也。"都把"珰"解释为用作充耳的耳珠。东汉刘桢《鲁都赋》曰："插曜日之笄，珥明月之珰。"这里的"珥"是动词，而"珰"则应是笄

❶ 如《北史·魏神元皇后窦氏列传》："又采汉、晋旧仪，置六尚、六司、六典，递相统摄，以掌宫掖之政。……三曰尚服，掌服章宝藏。管：司饰三人，掌簪珥花严；典栉三人，掌巾栉膏沐。"这里的"簪珥花严"应该是首饰的总称。再如《宋史·列传第二百一十九》："朱氏，开封民妇也。家贫，卖巾屦簪珥以给其夫。"《明史·列传第一百八十五·孝义二》："寡妇尽脱簪珥，得白金十二两，畀寄。"

（即簪）上所系之垂饰。东汉辛延年《羽林郎》诗："头上蓝田玉，耳后大秦珠"，为何在耳后呢？恐怕也是因为系于簪首，悬于耳畔之故。而且，墓葬中出土的收腰形耳珰大多不是成对出土的，而耳饰是必须成双的，从这点来看也似乎是更适合于用作簪珥。

3. 系于耳部

西晋傅玄《有女篇·艳歌行》曰："头安金步摇，耳系明月珰"。系于耳上分为两种，一种是以丝线系挂于耳郭之上，珰珠下垂于耳垂之下（表3-4：3）；另一种是以丝线系挂于耳垂所穿之穿孔中，珰珠下垂于耳垂之下（表3-4：4）。前者解决了身体全形之要求，避免了穿耳的痛苦，比较符合汉魏之人的身体观念；后者则可以和"穿耳施珠曰珰"之类的史籍相呼应，但又不必要求比较大的耳孔来塞入整个收腰圆筒形耳珰。同时，着珰之俗源自蛮夷之时的确是穿耳佩戴的，这在云南滇国的大量出土文物和现今的傣族妇女中依旧可以得到印证，但少数民族的妆饰手法被汉族人转借过来后很有可能会发生一些适应性的变异，这也是我们不应该忽视的问题。

当然，笔者认为，以上各种耳珰的佩戴方式，在汉魏时期应是同时存在的，每个人根据个人的身份、籍贯、审美喜好、贞洁观等的不同可以选择不同的佩戴方法。例如在上流阶层的汉族女性当中，应是以簪珥这种佩戴方式为主；在西南边陲少数民族地区则以穿耳佩戴为主；东北和西南边陲的居民还有耳珰下系挂铃铎的习俗。

二、耳环和耳坠

（一）环形耳环（耳镊）（表3-6）

"耳环"之名在史籍中出现得较晚，可能与汉族人在宋以前不流行穿耳有关。在南北各地少数民族中，金银制的耳环一度称作"耳镊"。《集韵·鱼藻》载："镊，金银器名。"又"璩，环属，戎夷贯耳。通作镊。"如《后汉书·杜笃传》："若夫文身鼻饮缓耳之主，椎结左衽镊锡之君。"李贤注引"《山海经》曰：'神武罗穿耳以镊'。郭璞注云：'金银器之名，未详形制。……案今夷狄好穿耳以垂金宝等，此并谓夷狄之君长也。'"

而目前能见到的有关"耳环"的记载，以晋六朝为早，其佩戴对象也主要是南北各地的少数民族，且不分男女，均可戴之。如《南史·夷貊（上）》："林邑国……男女皆以横幅古贝绕腰以下……穿耳贯小环。"《南史·夷貊（上）》："狼牙脩国……其王及贵臣乃加云霞布覆胛，以金绳为络带，金环贯耳"等。在云南古滇国墓以至越南东山文化的遗物中，都曾发现戴环状耳饰的人像。❶

---

❶ 冯汉骥. 云南晋宁石寨山出土铜器研究［J］. 考古, 1961（9）；黎文兰, 范文耿, 阮灵. 越南青铜时代的第一批遗迹［M］. 梁志明, 译. 中国古代铜鼓研究会, 1982。

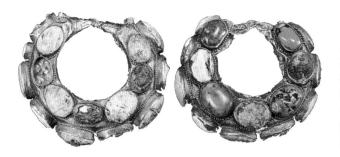

图3-4 金嵌松石耳环（北魏）
直径4.8厘米，重量分别为14.5克、16.2克。宁夏固原原州区三营镇化平村北魏墓出土，固原博物馆藏。两耳环均呈环形，环外三侧镶嵌椭圆形绿松石。两侧各镶7颗，外侧镶9颗，错位排列。两环接近耳部处细圆。制作方法采用金叶锤揲，经多次焊接而成

汉魏时期的耳环，最简单的一种形制就是光素的圆环或椭圆环形，此类是出土最多的。宁夏固原北魏漆棺画墓出土金耳环两枚，椭圆环状，最大径1.8厘米，单件重7克。❶辽宁朝阳王子坟山发掘的两晋墓葬是鲜卑族文化遗存，出土金耳环四件，环形，截面呈菱形，直径2.4厘米；银耳环三件，形制和金耳环同，均出于男性墓内。另外还有铜耳环两件，为管状环形，对接，下端有乳突，直径2.5厘米。❷两晋时期的辽宁朝阳北票喇嘛洞墓地出土铜包金耳环两件，铜芯，外包金皮，再弯成环，有合缝。直径2.9厘米，截面径0.5厘米。❸河北定县北魏石函出土耳环两件，由中部粗、两端尖的银丝圈成，但两件不是一对。其中一件较粗，直径1.4厘米，重1.95克；另一件直径1.2厘米，重1.15克。❹内蒙古察右中旗七郎山北朝时期鲜卑ZQM 14墓中所葬为一年龄约40～45岁的男性，其枕骨东南侧出土有一圆环状铜耳环，直径1.7厘米，截面径0.2厘米（表3-6：1）。❺内蒙古察右后旗三道湾东汉晚期鲜卑墓地出土有两件圆环形耳环，环径3.3厘米，截面径0.25厘米。❻在吉林榆树大坡老河深汉墓中，共出土11件用较厚的金片弯成的金耳环，男女均有佩戴（表3-6：2）。新疆营盘古墓M 8墓中所葬女性右耳上戴一只银耳环，右手指戴一枚戒指。❼

除了素面金属耳环，汉魏时期还出土有少量的环状花饰嵌宝耳环。如湖南省博物馆藏有六朝葵花纹金耳环一对：通长6.1厘米，坠头宽0.4厘米，重7.2克，长沙杨家山M1号墓出土。❽宁夏固原三营和寨科北魏墓出土有两对嵌绿松石金耳环，具有鲜明的北方游牧民族器物的风格（图3-4，表3-6：3），因为自先秦时期，北方匈奴地区就喜爱绿松石耳饰，追求

❶ 固原县文物工作站. 宁夏固原北魏墓清理简报［J］. 文物，1984（6）：48。
❷ 辽宁省文物考古研究所，等. 朝阳王子坟山墓群1987、1990年度考古发掘的主要收获［J］. 文物，1997（11）。
❸ 辽宁省文物考古研究所，朝阳市博物馆，北票市文物管理站. 辽宁北票喇嘛洞墓地1998年发掘报告［J］. 考古学报，2004（2）。
❹ 河北省文化局文物工作队. 河北定县出土北魏石函［J］. 考古，1966（5）。
❺ 内蒙古自治区文物考古研究所. 内蒙古地区鲜卑墓葬的发现与研究［M］. 北京：科学出版社，2004：151。
❻ 内蒙古自治区文物考古研究所. 内蒙古地区鲜卑墓葬的发现与研究［M］. 北京：科学出版社，2004：28-29。
❼ 新疆文物考古研究所. 新疆尉犁县营盘墓地1999年发掘简报［J］. 考古，2002（6）。
❽ 喻燕姣. 湖南出土金银器［M］. 长沙：湖南美术出版社，2009：23。

金碧辉映的效果，依据该墓出土墓志，北魏兖、岐、泾三州刺史员标，北周权臣、柱国大将军、原州刺史李贤，也可能是鲜卑人。❶因此，其装饰风格，或许也受到鲜卑文化的影响。

表3-6　汉魏环形耳环（耳镮）

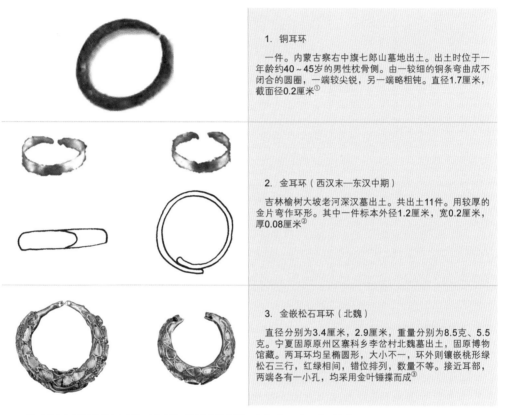

1. 铜耳环

一件。内蒙古察右中旗七郎山墓地出土。出土时位于一年龄约40～45岁的男性枕骨侧。由一较细的铜条弯曲成不闭合的圆圈，一端较尖锐，另一端略粗钝。直径1.7厘米，截面径0.2厘米①

2. 金耳环（西汉末—东汉中期）

吉林榆树大坡老河深汉墓出土。共出土11件。用较厚的金片弯作环形。其中一件标本外径1.2厘米，宽0.2厘米，厚0.08厘米②

3. 金嵌松石耳环（北魏）

直径分别为3.4厘米，2.9厘米，重量分别为8.5克、5.5克。宁夏固原原州区寨科乡李岔村北魏墓出土，固原博物馆藏。两耳环均呈椭圆形，大小不一，环外则镶嵌桃形绿松石三行，红绿相间，错位排列，数量不等。接近耳部，两端各有一小孔，均采用金叶锤揲而成③

① 内蒙古自治区文物考古研究所. 内蒙古地区鲜卑墓葬的发现与研究［M］. 北京: 科学出版社，2004: 151。
② 吉林省文物考古研究所. 榆树老河深［M］. 北京: 文物出版社，1987: 60。
③《中国金银玻璃珐琅器全集》编辑委员会. 中国金银玻璃珐琅器全集1: 金银器(一)［M］. 石家庄: 河北美术出版社，2004。

（二）金属拧丝耳饰（表3-7）

除了环状耳饰外，北方游牧民族地区出土量最多的金属耳饰便属一种以金属丝拧制而成的拧丝耳饰，非常有特色，而且以男性佩戴为多。拧丝耳饰根据其拧制形式和装饰的繁复程度分为以下三种类型。

---

❶ 马莉. 宁夏固原北朝丝路遗存显现的外来文化因素［J］. 丝绸之路，2010（6）。

1. 拧丝坠圆环形耳饰

此类耳饰一般用两端尖细、中间略粗的金属丝拧绕而成，下部为一大圆环，华丽者环内还有盘旋状花饰。上部为一股金属丝弯成的有直立颈部的圆形弯钩，环的接口处和颈上部有些用金丝或铜丝缠绕，至中部相交汇，相交处作一到两个小圆环。有鎏金、包金、铜质几种材质。此类耳饰最早在东汉前期左右的内蒙古地区东部呼伦贝尔盟一带出现，此后，到东汉晚期集中出现在内蒙古乌兰察布盟和晋北地区。出土此类耳饰的墓葬都带有非常明确的鲜卑文化因素。在内蒙古察右后旗三道湾鲜卑墓地出土有多件（表3-7：1、2）[1]；额尔古纳旗拉布达林墓地出土两件[2]，M 24出土一件[2]；海拉尔市孟根楚鲁M 1出土两件；满洲里市扎赉诺尔墓地M 3002出土两件[2]；朔县东官井村M 1出土一件[3]。

2. 拧丝扭环穿珠耳饰

此类耳饰为用一根金属丝对折拧绕而成，分为金、银、铜质三种，可能和佩戴者身份的高低有直接的关系。金属丝下部对折处呈封闭的圆环形，金属丝的一端变尖并在上部弯成弧形或钩状；另一端多压扁呈叶形，也有拧绕在另一端的下部不显露出来的，或者保持原状与另一端重叠形成一个圆环。华贵者会在金属环内穿珠装饰。

此类耳饰最早在西汉前期左右出现于西安客省庄M 140，该墓为进入关中地区的匈奴人墓葬[4]，拧制方式非常简单，耳饰整体为环形，仅在底部拧出一个小的圆环。类似耳饰在西汉中晚期的宁夏倒墩子匈奴墓地，内蒙古东部的含有匈奴文化因素的完工墓地[5]，平洋砖厂M 107和通榆兴隆山墓葬为松嫩平原汉书二期文化或以汉书二期文化为主的墓中也有出土；在桓仁望江楼西汉高句丽人的遗址中也发现有此类耳饰[6]。另外，在辽宁省西丰县西岔沟西汉墓地中出土有此类穿有珠饰的耳饰，拧丝扭环的方式基本相同，只是所串珠饰品种较多，既有红色玛瑙珠，也有穿白石、绿松石和玉石管珠等（表3-7：3），据考古发现，这种金耳饰在该墓中主要是男性佩戴，且多为单个佩戴。[7]西岔沟墓地的族属问题，有的学者认为属于匈

❶ 乌兰察布博物馆. 察右后旗三道湾墓地［M］. //李逸友，魏坚. 内蒙古文物考古文集（第一辑）. 北京：中国大百科全书出版社，1994。

❷ 内蒙古文物考古研究所. 额尔古纳右旗拉布达林鲜卑墓群发掘简报［C］. //李逸友，魏坚. 内蒙古文物考古文集（第一辑）. 北京：中国大百科全书出版社，1994。

❸ 雷云贵，高士英. 朔县发现的匈奴鲜卑遗物［C］. //陕西省考古学会论文集. 西安：陕西人民出版社，1992。

❹ 潘玲. 伊沃尔加城址和墓地及相关匈奴考古问题研究［M］. 北京：科学出版社，2007。

❺ 潘玲. 完工墓地的年代和文化性质［J］. 考古，2007（9）。

❻ 梁志龙，王俊辉. 辽宁桓仁出土青铜遗物墓葬及相关问题［J］. 博物馆研究，1994（2）。

❼《中国金银玻璃珐琅器全集》编辑委员会. 中国金银玻璃珐琅器全集1：金银器（一）［M］. 石家庄：河北美术出版社，2004。

奴文化，有的学者认为属于乌桓文化，也有的学者认为属于夫余文化遗存，没有定论。[1]此类拧丝耳饰出土量最多的在吉林老河深汉墓，出土时均在墓主耳部，男女都有，无性别差异，其中金丝扭环耳饰有24件，上端有一圆形叶片（其中有部分不见叶片）和一环形弯钩，下两丝缠扭后，向两侧绕数量不等的小环，其中八环有六件（表3-7：4），六环两件（表3-7：5），四环六件（表3-7：6），二环十件（表3-7：7），之后再往下绕一大环或小环，有些在下部大环上穿有红色玛瑙珠。类似的扭环耳饰，该墓中还出土了13件银质的，也有四环、三环、二环之分，形制与金丝扭环耳饰相同；三件铜质的，但腐锈严重，已残损不全。老河深汉墓中层墓葬是夫余人的遗存，同时受到一定的北方草原文化影响，年代范围大致在西汉末至东汉中期[2]。

3. 拧丝扭环穿珠缀叶耳饰

此类缀叶耳饰，在金属拧丝扭环穿珠的基础之上还缀有圭形摇叶，是此类拧丝耳饰中最为华贵的一种，与汉魏女性的头饰金步摇有异曲同工之妙。其中老河深汉墓共出土三件，形体大致相同，上端均有一桃形金叶与弯形挂钩，拧丝扭环的方式略有不同，均缀有圭形叶片，下部大环内还穿一红色玛瑙珠（表3-7：8、9）。辽宁朝阳北票喇嘛洞墓地属于前燕时期被慕容鲜卑迁到辽西的夫余人留下的墓葬群[3]，出土耳坠13件，其中金、银质九件，铜质四件，均为拧丝缀叶式，无扭环，与老河森略有不同，但部分下部也穿有红色玛瑙珠，此类耳坠在该墓中均为男性佩戴，且多为单个佩戴，也有成对佩戴的。金红交映，摇叶闪烁，华贵异常，当是当地男性贵族的饰品（表3-7：10、11）。

拧丝耳饰汉晋之后不再见到。由此推断，此类耳饰最早在西汉时期随着匈奴文化因素进入中国的西北和东北地区，在东北地区被夫余、高句丽、鲜卑等土著民族所接受，并且发展出多种新的形式，一直存续至两晋时期。

❶ 田耘. 西岔沟古墓群族属问题浅析 [J]. 北方文物，1984（1）。

❷ 关于老河深汉墓的族属问题，《榆树老河深》一书中认为其中层遗存属东汉初期的鲜卑族墓葬，但林沄先生在《西岔沟型铜柄铁剑与老河深、彩岚墓地的族属》（林沄学术文集 [M]. 北京：中国大百科全书出版社，1988）一文中对此观点进行了批判性的分析，认为老河深汉墓应是夫余文化遗存，故在此选用后者的族属结论。

❸ 田立坤. 关于北票喇嘛洞三燕文化墓地的几个问题 [C]. //辽宁考古文集. 沈阳：辽宁民族出版社，2003。

表3-7 汉魏金属拧丝耳饰

拧丝坠圆环形耳饰

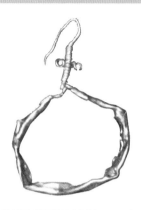

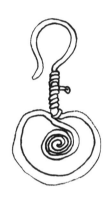

1. 铜包金耳饰（东汉晚期鲜卑墓葬）

四件，内蒙古察右后旗三道湾鲜卑墓地出土。用两端尖细、中间略粗的铜丝弯成，下部为一大圆环，上部为圆形钩，环的接口处和颈上部用0.1厘米的金丝缠绕，相交处作两个小圆环。有鎏金、包金两种。其中一件长6.2厘米，环径3.3厘米[1]

2. 铜耳饰（东汉晚期鲜卑墓葬）

两件，长5.4厘米，环径2.9厘米×2.6厘米。内蒙古察右后旗三道湾鲜卑墓地出土。用两端尖细、中间略粗的铜丝弯成，下部为圆环，环内有一盘旋状花饰，由环向上1.5厘米弯成圆形钩，环的接口处和颈部用0.1厘米的铜丝缠绕，至中部相交汇，并在一侧作一不规则的小圆圈[2]

拧丝扭环穿珠耳饰

3. 金丝穿珠扭环耳饰（西汉）

长6.8～8厘米。辽宁省西丰县西岔沟墓地出土。以两股金丝穿配若干粒红色玛瑙珠和白石、绿松石和玉石管珠，拧扭成两股绳状。顶端一鼓形红玛瑙珠，中部为珠或管珠，末端一股金丝锤揲成叶状，另一股弯曲成钩，用于钩耳眼。同墓中还出土有类似的银丝扭环耳饰。现藏于辽宁省博物馆[3]

4. 金丝扭八环耳饰（西汉末—东汉中期）

吉林榆树大坡老河深汉墓出土。共出土六件。每墓两件，耳饰的上端有叶片，下端为小环。其中一件标本通长4.9厘米，宽1.5厘米。现藏于吉林省榆树县博物馆[4]

拧丝扭环穿珠耳饰		

5. 金丝扭六环耳饰（西汉末—东汉中期）	6. 金丝扭四环金耳饰（西汉末—东汉中期）	7. 金丝扭二环耳饰（西汉末—东汉中期）
吉林榆树大坡老河深汉墓出土。共出土两件。耳饰上端有叶片，下端为大环穿有红色玛瑙珠。其中一件标本通长5厘米	吉林榆树大坡老河深汉墓出土。共出土六件。其中三件的上端有叶片，下端皆为大环。四件环内穿有六棱红色玛瑙珠。其中一件标本通长5.9厘米。现藏于吉林省博物馆	吉林榆树大坡老河深汉墓出土。共出土十件。耳饰上端三件有叶片，下端为大环，有八件环内穿有红色玛瑙珠。其中一件标本通长4.6厘米。现藏于吉林省博物馆

拧丝扭环穿珠缀叶耳饰	

8. 拧丝扭环缀叶穿珠式金耳坠（西汉末—东汉中期）	9. 拧丝扭环缀叶穿珠式金耳坠（西汉末—东汉中期）
吉林榆树大坡老河深汉墓出土。此种类型共出土三件，形体大致相同。上端有一桃形金叶与弯形挂钩，下为两丝拧后向两侧分支为第一层，第二层两侧各缀极薄的四个叶片，叶片呈圭形。中间缀有一叶片；再往下至第二层，又缀有九个叶片；后成单线缠一大环，中间再缠有两小环；大环下部穿一红色玛瑙珠。其中一件全长6.2厘米，最宽处2.8厘米，叶片长1.35厘米，宽0.6厘米，厚0.02厘米。现藏于吉林省榆树县博物馆[④]	吉林榆树大坡老河深汉墓出土。上端有一圆形金叶与弯勾，由两股丝编扭后，向两侧绕环，环中各一叶片；之后又同缠绕两环，各带一叶片，往下再绕大环，内又缠小环，每小环各缀缀一叶片；大环下端应穿玛瑙珠，但已缺（征集）。全长6.1厘米，最宽处2.3厘米，叶片长1.3厘米，宽0.7厘米，厚0.02厘米。现藏于吉林省榆树县博物馆

耳畔流光
中国历代耳饰

拧丝扭环穿珠缀叶耳饰

10. 拧丝缀叶穿珠式金耳坠（两晋时期）	11. 拧丝缀叶穿珠式金耳坠（两晋时期）
辽宁朝阳北票喇嘛洞墓地出土。属于前燕时期被慕容鲜卑迁到辽西的夫余人留下的墓葬群	辽宁朝阳北票喇嘛洞墓地出土。以金丝拧成上下连为一体的两层"坠架"，上层出四权，每权末端环内各衔一圭形金叶；下层出五权，缀五叶。再自5权中间下延一枝，上串玛瑙珠1颗。高9.4厘米、宽2.5～3.2厘米、叶长2.8～3厘米、宽0.7～1.6厘米，属此墓所见耳坠中最大者。墓中出土耳坠分为金、银、铜质，均为拧丝缀叶式。此类耳坠，该墓中均为男性佩戴，多为单件佩戴，也有成对佩戴的[5]

① 内蒙古自治区文物考古研究所. 内蒙古地区鲜卑墓葬的发现与研究［M］. 北京：科学出版社，2004：33。
② 内蒙古自治区文物考古研究所. 内蒙古地区鲜卑墓葬的发现与研究［M］. 北京：科学出版社，2004：28-29。
③ 孙守道. "匈奴西岔沟文化"古墓群的发现［J］. 文物，1960（8-9合刊）。
④ 吉林省文物考古研究所. 榆树老河深［M］. 北京：文物出版社，1987：57-58。
⑤ 辽宁省文物考古研究所，朝阳市博物馆，北票市文物管理所. 辽宁北票喇嘛洞墓地1998年发掘报告［J］. 考古学报，2004（2）。

（三）螺旋纹片状耳饰（表3-8）

此类耳饰通常与拧丝坠圆环形耳饰同出于一个墓地或一个墓葬，其中年代明确的墓葬都属于东汉晚期的鲜卑文化墓葬。出土耳饰一般用0.1厘米厚的铜片裁制而成，柄部做圆形弯钩，用在金属片上剪出的细丝卷成左右对称的两组到三组螺旋纹花饰。少数为铜铸，也有铜包金、纯金或骨质的。如内蒙古商都县东大井鲜卑墓地（表3-8：1），内蒙古察右后旗三道湾鲜卑墓地（表3-8：2）[1]，大安县后宝石墓地[2]、朔县东官井村M 1号墓[3]、卓资县石家沟墓地[4]等均有出土。在此类墓葬群中，还出土有此种造型的金质花饰。

❶ 内蒙古自治区文物考古研究所. 内蒙古地区鲜卑墓葬的发现与研究［M］. 北京：科学出版社，2004。
❷ 郭珉. 吉林大安后宝石墓地调查［J］. 考古，1997（2）。
❸ 雷云贵，高士英. 朔县发现的匈奴鲜卑遗物［C］. //陕西省考古学会论文集. 西安：陕西人民出版社，1992。
❹ 内蒙古博物馆. 卓资县石家沟墓群出土资料［J］. 内蒙古文物考古，1998（2）。

表3-8　汉魏螺旋纹片状耳饰

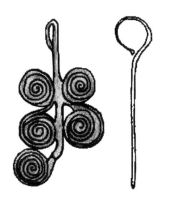 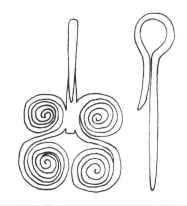

1.　螺旋纹片状耳饰（东汉晚期鲜卑墓葬）	2.　螺旋纹片状耳饰（东汉晚期鲜卑墓葬）
一件，长4.9厘米，宽2.6厘米。内蒙古商都县东大井鲜卑墓地出土。略残，用0.1厘米厚的铜片剪成，柄部做圆形弯钩，其下为左右对称的三组盘旋状花饰，右侧下方团花残缺①	一件，内蒙古察右后旗三道湾鲜卑墓地出土。长4.4厘米。用0.1厘米的铜片剪成，上部为小圆形弯钓，下部为对称的四个盘旋状花饰②

① 内蒙古自治区文物考古研究所. 内蒙古地区鲜卑墓葬的发现与研究［M］. 北京：科学出版社，2004：77-78。
② 内蒙古自治区文物考古研究所. 内蒙古地区鲜卑墓葬的发现与研究［M］. 北京：科学出版社，2004：28-29。

（四）坠珠串式耳坠（表3-9）

　　此类耳坠形制比较华丽繁缛，一般为鲜卑族女性佩戴。如在辽宁朝阳王子坟山两晋墓葬的女性棺内，耳部就发现有松石坠饰，其一为15粒柱状松石串系在一起，另一棺内出土两粒，一粒为圆柱形，另一粒为扁圆形，两端磨成凹弧面，中心钻有穿孔。❶内蒙古察右中旗七郎山鲜卑墓一25~30岁左右的女性头骨附近出土有一件缀有空心铜球、闭合铜环、玛瑙珠饰和琉璃珠饰的华丽耳坠（表3-9：2）；在此地另一墓内也出土有一对此类耳坠，左右两个耳坠系挂珠坠共计4组，多达46粒（表3-9：1）。当然，也有形制十分简洁的，如在内蒙古察右中旗七郎山鲜卑墓，一位约25岁女性头骨左右耳际出土有铜耳坠一对，环下仅垂挂形似草莓的空心铜球一个（表3-9：3）。

❶ 辽宁省文物考古研究所，等. 朝阳王子坟山墓群1987、1990年度考古发掘的主要收获［J］. 文物，1997（11）。

表3-9　汉魏坠珠串式耳坠

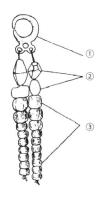

1. 铜耳坠（北朝时期鲜卑墓葬）

　　内蒙古察右中旗七郎山鲜卑墓出土。一对，两件形制相同，由铜耳环和其下的珠坠两部分组成。左图为其中的铜耳环部分。其中，铜耳环又由连铸为整体的两部分组成。上端为一不闭合的主环，环径1.5厘米，主环下端附接完全闭合的环状小穿纽两个。每个穿纽下系挂玛瑙珠与玻璃珠相杂的珠坠各一组。左右两个耳坠系挂珠坠共计四组，约46粒。线图为耳坠的复原图，①为铜耳环，②为玛瑙珠饰，③为玻璃珠饰[1]

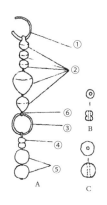

2. 铜耳坠（北朝时期鲜卑墓葬）

　　一只，内蒙古察右中旗七郎山鲜卑墓出土。出土时位于一25～30岁女性头骨附近。其上端为一不闭合的铜耳环，环下依次垂系大小不等的空心铜球五个、闭合小铜环一个、近球形红色玛瑙珠饰两粒以及表层珍珠光泽、内胎黑色的双联式琉璃珠饰一粒。空心铜球、玛瑙珠饰和琉璃珠饰之间，皆以铜丝穿缀成串。铜耳环由一扁细的铜条卷曲而成，一端较尖锐，另一端略宽钝。空心铜球由上、下两个碗状壳片对焊而成；上起第一个铜球顶部附接环状穿纽一个，铜耳环即由其内穿过，环与坠之相连为一体；闭合铜环直径1.15厘米；玛瑙珠饰直径0.8厘米，琉璃珠饰直径0.45厘米，均纵穿小孔。耳坠铜质部件均极薄细易损，出土时多数已散乱朽坏，空心铜球焊缝已开裂。此线图中A为耳坠的复原图：①为铜耳环，②为空心铜球，③为闭合铜环，④为琉璃珠饰，⑤为玛瑙珠饰，⑥为铜丝。B为琉璃珠饰。C为玛瑙珠饰[2]

3. 铜耳环（北朝时期鲜卑墓葬）

　　一对，两坠形制相同。内蒙古察右中旗七郎山鲜卑墓出土。出土时位于一位约25岁女性头骨左右耳际。上端为一不闭合的铜耳环，环下垂挂形似草莓的空心铜球一个。铜球以上、下两个近似碗形的壳片对焊而成[3]

① 内蒙古自治区文物考古研究所. 内蒙古地区鲜卑墓葬的发现与研究［M］. 北京：科学出版社，2004：167、169（线图）。
② 内蒙古自治区文物考古研究所. 内蒙古地区鲜卑墓葬的发现与研究［M］. 北京：科学出版社，2004：161-162（线图）。
③ 内蒙古自治区文物考古研究所. 内蒙古地区鲜卑墓葬的发现与研究［M］. 北京：科学出版社，2004：166（线图）。

（五）汉魏其他形式金属耳饰

汉魏时期，以上四种类型的耳饰属于造型比较典型，出土相对比较集中的金属耳饰。除此之外，还零散出土有很多其他造型的耳饰（表3-10），除了西南边陲地区的玦外，大多为金属质地或金属嵌宝质地。出土有华丽耳饰的墓葬主要位于北方和西北的少数民族地区，有一些带有鲜明的异域风格。

在吉林榆树大坡老河深汉墓除了出土有大量上述金属拧丝耳饰外，还出土有一种葫芦形涂漆铜耳饰，其以铜薄片作一葫芦形，上端有一细条挂钩，下分两侧各呈一小圆，每圆中布一周小圆泡，在两圆件中部有上下两个圆形穿孔，再往下为一大圆，圆边有一周小圆泡，其间布有5个压制成的大圆泡，每泡外又围有一周小圆泡，器表均涂有漆片，一件为深绿色，另一件为淡蓝色（表3-10：1），造型比较奇特。

辽宁锦州义县刘龙沟保安寺出土有一对金耳坠，推测为东胡族乌桓人的墓葬（表3-10：2）。内蒙古鄂尔多斯市准格尔旗西沟畔4号汉代墓葬出土有一组华丽的首饰，由金镶玉耳坠、鹿纹金饰牌、金串珠、镶金玉佩等组成，属匈奴贵妇的墓葬（表3-10：3）。河北定县北魏石函出土的一对金耳坠，造型复杂，精巧别致（表3-10：5），因石函中还同时出土有波斯萨珊王朝银币41枚，琉璃器和珊瑚器也不似中原本土所产，因此这款金耳坠的造型也极有可能是受波斯风格影响，或者就是随银币一同来自于波斯本土。山西大同城南电焊厂北魏墓也出土了一对金耳坠，整个由一根细丝缠绕的轴杆垂挂着6~7个铃之类的小饰件构成。挂链双丝套扣工艺尤为考究，其与可随轴转动的小饰件互相闪动，充分调动着金光的折射（表3-10：4）。据相关学者研究，此一墓葬群大致为公元5世纪北魏王朝建都平城（今大同市）期间的文化遗存，历史上的政治原因造成当地居民和南迁鲜卑人群杂居与融合。[1]所以此耳饰也带有一些鲜卑风格，与拧丝（扭环）坠叶穿珠式耳坠有一些相似之处。同时，因平城曾为丝绸之路的起点，这种风格或也受到西亚影响，和河北定县北魏石函出土的波斯风格金耳坠也有相似之处。武威雷台汉墓出土的一对金耳坠，考古报告中称其或为西北少数民族的耳饰——"金镰"，但根据文献推测，耳镰应该为环形，故笔者在此认为如其确是耳饰的话，定名为金耳坠比较合适（表3-10：6）。[2]

在新疆地区墓葬中出土的耳饰，虽没有繁杂的坠饰，但嵌有各色宝石，形制颇为独特。如新疆吐鲁番市交河沟西一号墓地1号墓出土有一金镶绿松石耳饰，其造型为牛头形金质框

---

❶ 韩巍. 山西大同北魏时期居民的种系类型分析［J］. 边疆考古研究，2005。
❷ 甘肃省博物馆. 武威雷台汉墓［J］. 考古学报物，1974（2）。

架，内镶嵌绿松石和白色石，背面焊接一个弯曲状的细钩用于佩戴（表3-10：7），反映出古代吐鲁番地区与东、西方以及北方游牧文化之间紧密的联系与渗透，其表现手法在西方斯基泰文化与北方鄂尔多斯文化的动物纹饰品中，均可寻觅到类似的形式。❶另外，在新疆巴州尉犁县营盘古墓地22号墓出土的银嵌宝耳饰，从其工艺及墓葬中其他出土文物综合分析来看，带有综合本地区民族文化、中原汉文化及西亚、西欧等外来文化的特色（表3-10：8）❷。

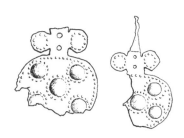

1. 葫芦形涂漆铜耳饰（西汉末—东汉中期）

吉林榆树大坡老河深汉墓出土。共出土两件，均残。同墓出土，形制相同。为薄片作一葫芦形，上端一细条挂钩，下分两侧各呈一小圆，每圆中布一周小圆泡，在两圆件有上下两个圆形穿孔，再往下为一大圆，圆边布一周小圆泡，其间布有5个压制成的大圆泡，每泡外又围有一周小圆泡。器表均涂有漆片，一件为深绿色，另一件为淡蓝色。线图左边一件长5.6厘米，残宽2.6厘米，厚0.07厘米①

2. 金耳坠（汉末）

全长8.9厘米。辽宁锦州义县刘龙沟保安寺出土，推测为东胡族乌桓人的墓葬。纯金质，在圆形的金环上，缀一块半圆形金片，其下部钻有6个圆孔，孔中穿以金链，链下各垂一长条形金片②

3. 金嵌玉牌耳坠（汉代匈奴墓葬）

耳坠由金饰和玉牌两部分镶嵌勾接而成。金饰压印呈云朵形，正面用金片掐成兽形（似龙或螭虎）轮廓，其内原嵌入小玉片，发现时所嵌玉片大多缺失。金饰的边沿饰连珠纹，背面中下部有垂直并排的管状孔七个，由金片掐成黏结，其中央孔内穿有金钩，以与玉牌相勾连。其他管内孔作何使用，因存物全无，则不可确认。玉牌呈扁平的椭圆形，通体镂空，并以细阴线纹饰作兽形纹。两坠兽纹不同，一件作螭虎形，一件作龙形。玉牌的外沿原镶有饰连珠纹的金片，上部有圆形金扣，现仅有一件存此金扣。此类金玉耳坠，在中原地区未曾发现。从装饰风格看，其连珠纹，似受西域文化影响；龙和螭虎纹，则明显受中原文化影响③内蒙古鄂尔多斯市准格尔旗西沟畔4号匈奴贵妇墓葬出土，现藏于内蒙古准格尔旗文化馆

❶ 新疆文物考古研究所. 1996年新疆吐鲁番交河故城沟西墓地汉晋墓葬发掘简报 [J]. 考古，1997（9）。

❷ 周金玲. 营盘墓地出土文物反映的中外交流 [J]. 文博，1999（5）。

第三章
汉魏时期耳饰

4. 金耳坠（北魏）

长3.85厘米，重7.2克，一对。以金丝对折成小环，下面扭成绳索状，衔接一扁圆形金珠，金珠下有一金片剪成的六瓣花，每一花瓣连一条小金索，下坠小铃，花心下以金链垂挂小金珠。山西大同城南电焊厂北魏墓出土，现藏于大同市博物馆[4]

5. 耳坠（北魏）

河北定县北魏石函出土。一对，已残缺。最上部为一耳环，其下为细金丝编成的圆柱，上下两端各挂有五个贴石的圆金片，现贴石已脱落，中间挂有五个小球，下部为六根链索垂有六个尖锤体。通长9.2厘米，现重16.6克。河北定县北魏石函出土，现藏于河北省文物研究所[5]

6. 金耳坠（东汉末年）

两件，通高4.2厘米，分别重30.35克、31.35克。呈葫芦状，由两条弦纹将器物分成上下两部分，上有扁形柄状，中空。下腹部有凹陷。武威雷台汉墓出土，现藏于甘肃省博物馆[6]

7. 金镶绿松石耳饰（汉）

一件。长2.4厘米、重2.34克。耳饰为牛头形金质框架，内镶嵌绿松石和白色石。背面焊接一弯曲状的细钩，便于佩戴。新疆吐鲁番市交河沟西一号墓地1号墓出土，现藏于新疆维吾尔自治区博物馆[7]

8. 银嵌宝耳饰（汉—晋）

长4.7厘米。以银片锤揲成件，再用环勾连而成。上为八泡饰圆形片，中包镶银片均镀金。下有四铃，中穿宝蓝琉璃珠，下为菱形，包镶蓝宝石。用银丝弯一钩形耳穿焊在圆盘背面。新疆巴州尉犁县营盘古墓地22号墓出土，现藏于新疆文物考古研究所[3]

① 吉林省文物考古研究所. 榆树老河深［M］. 北京：文物出版社，1987。

② 刘谦. 辽宁义县保安寺发现的古代墓葬［J］. 考古，1963（1）。据此文推侧该墓时代应属汉代末年，可能早于北票房身晋墓。由于出土的风格具有当时少数民族的特点，结合文献记载，可能为东胡族乌桓人的墓葬。

③ 《中国金银玻璃珐琅器全集》编辑委员会. 中国金银玻璃珐琅器全集1：金银器（一）［M］. 石家庄：河北美术出版社，2004。

④ 山西省考古研究所，大同市博物馆. 大同南郊北魏墓群发掘简报［J］. 文物，1992（8）。

⑤ 河北省文化局文物工作队. 河北定县出土北魏石函［J］. 考古，1966（5）。

⑥ 甘肃省博物馆. 武威雷台汉墓［J］. 考古学报，1974（2）。

⑦ 新疆文物考古研究所. 1996年新疆吐鲁番交河故城沟西墓地汉晋墓葬发掘简报［J］. 考古，1997（9）。

三、玦

　　将玦作为耳饰在汉魏时的中原地区及北方地区已经不多见了，但在南越、滇国等西南边陲尚存少数民族遗风的地区还有一定程度流行（表3–11）。据《华阳国志·南中志》和《后汉书·西南夷传》称：云南古代有"儋耳蛮"，"其渠帅自谓王者，耳皆下肩三寸，庶人则至肩而已"。《说文》曰："儋，垂耳也。"云南滇人喜欢大小相依成组地将玉玦用绳索串起系挂于耳，势必要下垂至肩。这与文献所载的称云南有"儋耳蛮"的记载是相吻合的。

　　云南江川李家山汉墓出土各式玉玦数量很多（图3–5，表3–11：1），其中在第一次发掘报告中十一座墓共出土玉玦17组，每组数件至十余件不等，多作圆形，呈米黄色或鸡骨白，其中24号墓出土两组，每组六件，分别放在死者左、右耳部。[1]第二次发掘报告中发现有玉玦331件，也大多出于头部两侧。据报告记载，在此次挖掘中共发现有五种类型的玉玦：A型为环面扁平而宽的圆环状，共计36件；B型为环面，一面弧形突起，另一面平，断面略呈半圆形的圆环状，共计10件；C型为内面和一面平，另一面作弧形，断面呈扇形的圆环状，数量最少，仅有两件。还有两种类型均为依次叠累成组出土，数量比较多，是云南滇族地区最有特色的一类耳饰，称为组玉玦。[2]同类的组玉玦在云南晋宁石寨山也有出土（表3–11：2）。此类组玉玦的出土，表明随着西汉王朝在云南设置郡县，当地民族受汉文化影响逐渐加深，但仍一定程度保留

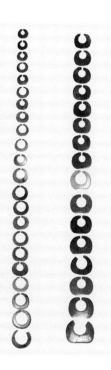

▲ 图3–5　组玉玦（汉）

云南江川李家山汉墓出土

（左）此类型玉玦出土时共20组233件。略呈椭圆环状，内孔圆，贴靠上侧。器形较小，常大小不一的多件依次叠累出土。少数玉质好、半透明、浅绿色的小玦单件发现。此组玉玦共22件，白色和浅米黄色。最大件外径4.7～5.1厘米，内径3厘米；最小件外径2.1～2.4厘米，内径1.1厘米

（右）此类型玉玦出土时共4组50件。略呈椭圆形，较宽，下沿平直，部分内弧，大小不一的多件依次叠累同出。此组共16件，多为深米黄色。最大件外径3.6～4.5厘米，内径1.8厘米；最小件外径2.3～2.8厘米，内径1.1厘米

---

❶ 云南省博物馆. 云南江川李家山古墓群发掘报告［J］. 考古学报，1975（2）。
❷ 云南省文物考古研究所，玉溪市文物管理所，江川县文化局. 江川李家山：第二次发掘报告［M］. 北京：文物出版社，2007：11。

着少数民族注重以繁缛妆饰彰显身份的传统。另外，西汉时的南越故地广州，在一系列的汉墓中也出土有少量玦饰，有玉玦，也有水晶玦（表3-11：3、4）。

表3-11　汉代玦

1. 玉玦（汉）

云南江川李家山汉墓出土。外径7.8厘米，内径5.5厘米。墓中出土玉玦有331件。分五型，也有多型组合同出的。此型呈环面扁平而宽的圆环状，共计36件[①]

2. 组玉玦（西汉）

云南晋宁石寨山12号墓出土。最大：44厘米×35厘米，内径1.9厘米，厚0.09～0.2厘米。最小：2.1厘米×1.7厘米，内径0.7厘米，厚0.1～0.2厘米。软玉质，表面光洁平滑，不透明，灰白色，器物均呈扁圆环状，上端正中有缺口，环至缺口处变窄，两端钻有细圆穿孔。素面无纹饰但规整，大小相依有序，出土多相叠为一组对称置于墓主左右耳部[②]

3. 水晶玦（西汉前期）

一件，出墓一一七二中。断面如菱形，出棺位头端，与铜镜一起。直径5.2厘米，内径1.7厘米[③]

4. 玉玦2件（西汉前期）

分出于两座墓。左：较大，正圆，体扁平，外沿斜削稍宽，玉质坚硬，呈青灰色。直径5.1厘米。[④]右：内孔较圆，外周不作正圆，边沿斜削。玉质灰白色，有黑斑，直径4.5厘米

①　云南省文物考古研究所，玉溪市文物管理所，江川县文化局. 江川李家山：第二次发掘报告［M］. 北京：文物出版社，2007：208。
②　晋宁县文化体育局. 古滇王都巡礼：云南晋宁石寨山出土文物精粹［M］. 昆明：云南民族出版社，2006。
③　广州市文物管理委员会，广州市博物馆. 广州汉墓［M］. 北京：文物出版社，1981：166。
④　广州市文物管理委员会，广州市博物馆. 广州汉墓［M］. 北京：文物出版社，1981：169。

四、结论

综上所述，汉魏时期的汉族地区，由于注重身体的全德全形，耳饰中只有耳珰比较常见，分为收腰圆筒形、钉头形和穿有珠玑坠饰三类。其在上流阶层的汉族女性当中，并不需要穿耳佩戴，而应是作为簪珥的附件，以提醒用此者谨慎自重，勿听妄言，和瑱一样，是一种礼仪用品。此时出土的需要穿耳佩戴的耳饰主要集中在少数民族地区，男女皆可佩，且造型多种多样。如西南边陲少数民族地区，除了穿耳着珰外，还佩戴玦饰，尤其是以云南滇族地区出土的组玉玦最有特色；西北和北方的少数民族，如鲜卑、匈奴则延续先秦时期的传统，以佩戴各式黄金耳饰和黄金嵌宝耳饰为多。

第四章

唐代耳饰

唐代汉族，不论男女，延续前俗，基本都不穿耳戴饰，继续保持着儒家传统的身体全形观。唐朝以"孝"治国，唐玄宗曾亲自为《孝经》作注，颁布全国，被称为《御注孝经》，这一举动可以说在很大程度上将儒家的孝道观及在此基础上的身体全形观加以了推广。

中国自先秦时期将保持身体全形列入《孝经》，通过道德加以约束开始，至秦代，则将之列入法律条文，以严格的律令来进行约束。秦代的法律明确规定，损伤他人的发须和肢体均属犯罪行为，违者要处以刑罚，这在睡虎地秦墓竹简中的《法律答问》中有很多相关的条款[1]。例如针对发须的有："拔人发，大可（何）如为'提'？智（知）以上为'提'。"即拔落他人的头发，如果被拔的一方有明显感觉，即可追究对方刑事责任。依此条文看来应该说，当时的法律对人的身体的保护是非常严苛的。此外，父亲擅自剃掉嫡长子的发须，为父者应定罪处罚；主人也不得随意损伤奴婢的发须；士卒二人拔剑斗殴，一人将对方的发髻用剑砍掉，应"完为城旦"，即判处四年徒刑；有人与他人打架斗殴，将对方捆绑起来并拔光了其胡须眉毛，亦应追究刑事责任等。针对肢体的如："妻悍，夫殴治之，夫（夬）其耳，若折支（肢）指胅膊，问夫可（何）论？当耐。"其意思是妻凶悍，其夫加以责打，弄伤了她的耳朵，或折断了四肢、手指，或造成脱臼，其夫应处以耐刑，即剃除其夫的胡须。真可谓以其人之道还治其人之身。有意味的是，其中有一条法律还专门提到了针对耳朵的问题："律曰：'斗夬人耳，耐。'今夬耳故不穿，所夬非珥所入殴（也），可（何）论？律所谓，非必珥所入乃为夫（夬），夫（夬）裂男若女耳，皆当耐。"这里的"夬"是损伤、使缺的意思。对这条律令，笔者的理解是：因打斗而伤了对方耳朵的话，应处以耐刑，即使只是为了穿耳带珥也应受罚，且不论男女[2]。

划伤耳朵或者割掉耳朵，在史籍中称为劓耳。劓耳原是北方欧亚草原各游牧民族中盛行的一种葬俗。匈奴之后，氐羌、契胡、突厥、车师、粟特、铁勒乃至后来的蒙古、女真等民族皆有此俗，这一点早为江上波夫等先生所揭示。唐代胡风盛行，因此，劓耳在隋唐时期也已为汉人社会所熟知，同时还发展出明志取信、诉冤、请愿等新的功能。[3]但以残毁自己身体

❶ 睡虎地秦墓竹简整理小组. 睡虎地秦墓竹简［M］. 北京: 文物出版社, 1978。

❷ 原书中的这段译文与笔者的理解有些不同，还有待进一步讨论。

❸ 雷闻. 割耳劓面与刺心剖腹——从敦煌158窟北壁涅槃变王子举哀图说起［J］. 中国典籍与文化, 2003（4）。

来表达激烈情感，并以之作为实现自身特殊目的之工具的胡俗，是与儒家"孝"的传统严重冲突的。在唐代，它们极大冲击了"身体发肤，受之父母，不可毁伤"的古训，因此引起了朝廷的干预。早在贞观十三年（639年）八月，太宗就有一道敕令禁止此类活动："身体发肤，受之父母，不合毁伤。比来诉竞之人，即自刑害耳目，今后犯者先决四十，然后依法。"❶至宣宗大中六年（852年）十二月，朝廷又再次下发"禁劓耳称冤勒"："劓耳称冤，先决四十，然后依法勘当。近日无良之徒，等闲诣阙劓耳。每惊物听，皆谓抱冤。及令推穷，多是虚妄。若不止绝，转恣凶狂。宜自今以后，应有人欲论诉事，自审看必有道理。即任自诣阙及经台府披诉，当为尽理推勘，不令受冤。更不得辄有自卧阶前劓耳，有犯者，便准前勒处分后，配流远处。纵有道理，亦不为申明。"❷这说明，汉族的皇帝是非常反对自残肢体的，哪怕只是不影响劳动能力的耳朵，哪怕纵有天大的冤屈。在中国人的价值观里，遵从儒学，孝道始终是第一位的。

综上所述，在唐代，由于皇帝对儒家孝道的倡导，法律对胡俗的约束，再加上传统力量的延续性，使得穿耳在唐代汉族人的生活当中依旧是大不敬的事情，因此，耳饰也就难觅行踪，极不流行了。黄正建先生在他的《唐代的耳环》一文中曾从文献和文物两个方面进行了详细的论证❸，故笔者在此不再赘述。

一、唐代出土耳饰文物综述

由于唐代汉族不尚穿耳，因此唐代描绘穿耳的图像主要以少数民族为主，出土耳饰文物的墓葬也以少数民族族属的墓葬为主。而且，随着唐代对外交流的频繁，有大量外国人来到唐朝的国土上经商和进行政治文化交流，带来了很多异域的服饰习俗，耳饰自然也伴随其中。

唐代耳饰的出土文物极其有限，在东北的渤海古墓中出土过一些，如黑龙江宁安市莲花乡虹鳟鱼场渤海墓葬中发现有青玉耳坠一件，出土时位于墓主人头部耳侧，原钩挂饰件已无（表7-4：1）。吉林省和龙县河南屯渤海古墓出土金耳环一对，几近圆环状，通体素面，金光闪亮，剖面近三棱形（图4-1）。渤海王国是我国唐朝时期的一个少数民族地方政权，为靺鞨族所建之国。建立渤海国的属于靺鞨族中的粟末靺鞨，生活于松花江流域。而生活在黑龙江中下游的叫黑水靺鞨，唐朝对其实行羁縻州管理，吉林大学的冯恩学先生曾对其装饰品进行

❶（宋）王溥. 唐会要［M］. 上海：上海古籍出版社，1991：872。
❷ 见翰堂典藏全唐文（清嘉庆内府刻本）·卷八十一·宣宗〔三〕。
❸ 黄正建. 唐代的耳环［M］. //陕西历史博物馆. 陕西历史博物馆馆刊（第13辑）. 西安：三秦出版社，2006。

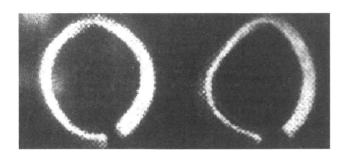

图4-1 金耳环
周长5厘米，重6.5克。1971年9月吉林省和龙县河南屯渤海古墓出土，现藏于吉林省博物馆

过系统研究，认为黑水靺鞨人很喜欢佩戴耳饰，其耳饰分为组合式耳坠和联体式耳环两类。其中，组合式耳坠是黑水靺鞨最具有地方特色的一种首饰，其主要由环圈和悬坠组成，环圈多为银丝，少数用铜丝，环圈的银（铜）丝的端头略宽，并有一个穿孔，多数圈丝端头相对接，少数圈丝端头叠压相接。悬坠以玉石质的圆片形坠为常见形态，圆片坠大小不一，小者直径不足1厘米，类似扁珠，大者直径达4厘米（表7-4：4左），此外还有少量的异形悬坠（表7-4：4中、右）。上文渤海古墓出土的青玉耳坠和金耳环组合在一起实际上就是这种组合式耳坠。联体式耳环的出土量比较少，远少于组合式耳坠，此类耳环有金、银和青铜三种质地，环体为C形，其底部和上部有突起，犹如C形耳环上缀挂饰件，突起与环体是一次铸造而成。❶此类耳环与流行于辽代的契丹族C形耳环极为相似，两者之间可能有渊源关系。

　　1988年，在陕西咸阳贺若氏墓出土过一对金嵌宝耳饰，耳饰身呈橄榄形，钩为V形，中为一周镶嵌红、蓝、绿等宝石的联珠，上下各有一组梅花，花瓣中亦嵌以各色宝石，器身底部是一小金环，原来可能还穿坠有其他饰物（表4-1：1）。贺若氏是周、隋、唐三代皇亲国戚独孤罗之妻，《隋书》载："独孤罗，字罗仁，云中人也。"云中是古地名，位于今内蒙古托克托东北，是呼和浩特地区最古老的一座古城址，"独孤"和"贺若"均为鲜卑族的姓氏。金嵌宝石在宋以前是中国北方游牧民族喜爱的首饰材质组合，而联珠纹则是波斯萨珊王朝时期典型的纹样之一，在东晋时期由波斯经中亚传入我国新疆地区，至唐代逐渐开始广泛运用。因此，出自贺若氏墓中的这一对金耳饰，显然带有强烈的异族风格。

　　在唐代出土的耳饰中，最为华丽者应属江苏扬州市三元路窖藏出土的一批，共有五件，其中金耳坠一件，球形嵌饰金耳坠两件，球形金耳坠两件，均为黄金穿宝珠的材质（图4-2、图4-3，表4-1：2）。其中最华丽者当属球形嵌饰金耳坠，其主要用金丝编制焊接而成，上部挂环中横置金丝簧，环下边穿两粒珍珠，中部为透空大金珠，用单丝和花丝编成七瓣宝装

❶ 冯恩学. 黑水靺鞨的装饰品及渊源［J］. 华夏考古，2011（1）。

图4-2 球形金耳坠
共两件，一件已残，完整的一件通高9厘米，球径1.8厘米，重25.3克。此件形制与球形镶嵌金耳坠相似，不同之处在于镂空球略大，作八瓣花形，金球腰间无嵌孔，金球顶部空心小圆柱上焊的是十二面体带穿孔的构件，金球下端所悬坠饰上段做成链环。江苏省扬州市三元路西首出土，现藏于江苏省扬州市博物馆

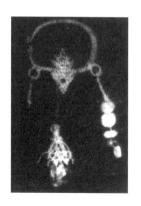

图4-3 金耳坠
一件，残。高约5厘米，宽2.5厘米，重7.2克。耳坠上部为挂环，椭圆形，环下边内外各焊1联珠三角，外侧三角中心有一穿孔，环两侧各焊一小金圈。下部为三根坠饰。两侧的两根系在挂环的小金圈上，现残存一根，其上段用金丝做成弹簧状，下穿珍珠、花丝小金圈和琉璃珠。中间的一根系于联珠三角的穿孔内，现仅存下段。用花丝编成空心半球状花托，下挂宝石。江苏省扬州市三元路西首出土，现藏于江苏省扬州市博物馆

相对莲花形，其间焊有等距离的嵌宝孔和相间的小金丝圈各六个，部分嵌孔内保留红宝石和琉璃珠，下部为七根相同的坠饰，六根穿系在大金珠腰间的小金圈上，一根穿挂在金珠下端，每根坠饰在簧式金丝条上系花式金圈、珍珠、琉璃珠、红宝珠各一粒。这一批窖藏金耳饰，不仅在唐代，在历代出土耳饰中都属佼佼者，做工之精致，造型之华美，令人称奇。但由于窖藏处并无首饰主人资料的发现，因此其主人的身份不明，但从其造型来看，显然并非汉族妇女的饰品。宋代著名理学家朱熹曾说："唐源流于夷狄"❶。史学大师陈寅恪也曾指出：唐代创业及初期的君主，均有胡族的血统，如唐高祖的母亲为鲜卑长孙氏，唐太宗之母为窦氏，即纥豆陵氏，唐高宗之母为鲜卑长孙氏，皆是胡族而非汉人，所以唐代皇族的血统杂有胡族血缘，已为历史学家所共知。❷因此，唐代出土的首饰中，杂有异族的美学风格，也就是非常正常的事了。

另外，在湖北巴东义种地墓葬隋唐时期遗存的三座石室中还发现有五件琉璃耳珰，皆呈蓝色，其中四件为喇叭状，一件为直筒状❸。耳珰是流行于汉魏时期的一种礼仪用品，晋以

❶（宋）黎靖德. 朱子语类［M］. 北京：中华书局，1986。

❷ 陈寅恪. 唐代政治史述论稿［M］. 上海：上海古籍出版社，1997。

❸ 湖北省文物局三峡办，武汉市文物考古研究所. 湖北巴东义种地墓葬发掘报告［J］. 汉江考古，2009（4）。

后就不多见了，因此，在隋唐的墓葬中发现琉璃耳珰是比较罕见的。在湖南省博物馆中也馆藏有一些唐代的金银耳饰：其中有银耳环两件：各断成两节，1955年长沙廖家湾M 30出土；金耳环一件，耳面长1.9厘米，坠脚长3.6厘米，重1.1克，1952年于长沙颜家岭出土；金耳环两件，通长4.9厘米，重4.5克，长沙市五一路石油厂出土。❶

总体来讲，唐代尽管是个广收博取、海纳百川的朝代，但在佩戴耳饰这个问题上还是以从汉俗为主，出土的耳饰实物尽管有一些，但对唐朝泱泱近三百年的历史而言是非常有限的。

表4-1　唐代出土耳饰

1. 金镶珠宝耳饰

长3.6厘米。耳饰身呈橄榄形，钩为V形，中为一周镶嵌红、蓝、绿等宝石的联珠，上下各有一组梅花，花瓣中亦嵌以各色宝石，底部是一小金环。陕西咸阳底张湾贺若氏墓出土，现藏于陕西省考古研究所[1]

2. 球形嵌饰金耳坠

共两件。通高8.2厘米，球径1.6厘米，每件重21.5克（含珠宝重量）。主要用金丝编制焊接而成，上部挂环中横置金丝簧，环下边穿两粒珍珠，中部为透空大金珠。用单丝和花丝编成七瓣宝装相对莲花形，其间焊有等距离的嵌宝孔和相间的小金丝圈各六个。部分嵌孔内保留红宝石和琉璃珠，下部为七根相同的坠饰，六根穿系在大金珠腰间的小金圈上，一根穿挂在金珠下端，每根坠饰在簧式金丝条上系花式金圈、珍珠、琉璃珠、红宝珠各一粒。江苏扬州市三元路出土，现藏于江苏省扬州博物馆[2]

① 李炳武. 中华国宝　陕西珍贵文物集成：金银器卷［M］. 西安：陕西人民教育出版社，1998。

② 徐良玉，李久海，张容生. 扬州发现一批唐代金首饰［J］. 文物，1986（5）。

❶ 喻燕姣. 湖南出土金银器［M］. 长沙：湖南美术出版社，2009。

二、唐代耳饰文献及图像综述

唐代描绘穿耳佩饰的图像，主要见于佛教壁画和雕塑中，在佛教神像身上，和大量的少数民族及外国供养人身上，我们可以看到很多佩戴耳饰的形象。

中国自古以来，除中原之外的东南西北少数民族和外国人很多都有戴耳饰的习俗。例如东北有我们前文提到的靺鞨族，西南有婆利国。《旧唐书·西南蛮·婆利》："婆利国，在林邑东南海中洲上……其人皆黑色，穿耳附珰。""婆利国"人是"昆仑"人之一种，而"昆仑"人大都戴耳环。唐代诗人张籍在其诗作《昆仑儿》中就描画他们是"金环欲落曾穿耳，螺髻长拳不裹头"。西部有泥婆罗国，《旧唐书·泥婆罗》："泥婆罗国，在吐蕃西。其俗剪发与眉齐，穿耳，揎以竹箭牛角，缀至肩者以为姣丽。"南面则有林邑国，《通典·边防四·南蛮下》记"林邑"国是"男女皆……穿耳贯小镮"。实际上，戴耳饰与否，在宋以前的中国，一直可以将此视为区分华夷的一个显著特征。

关于唐代少数民族和外国人所戴耳饰的款式和特征，东华大学的田华曾写过一篇《敦煌莫高窟唐时期耳饰研究》，可作参考。❶根据田华的研究，从唐代敦煌经变画中描绘的形象资料来看，唐时期的吐蕃人、回鹘人、昆仑人，都有佩戴耳饰的习俗。其中南亚人有戴耳珰的习俗，同时也带耳坠；昆仑人的耳坠造型比较夸张，最有特色的一种是兽角状的耳饰；回鹘男性以佩戴耳环、耳坠为主，耳坠为金环下垂一玉珠；回鹘女性的耳饰较为夸张，可长垂至肩；吐蕃男女贵族皆以佩戴耳钉为多，此外也戴耳坠，材质以金为主。

在佛教神像中，佛、菩萨、天王、力士等也大都佩戴耳饰，或者即使不佩戴耳饰，也会在大耳垂上开一个长长的耳洞。其原因也无非是因为佛教是传自印度的异域宗教，印度贵族的服饰习俗是注重繁缛的妆饰，喜爱佩戴华丽的耳饰、重重的手镯、臂钏、脚镯以及颈间胸前各式各样的璎珞。佛教造像出现以后，其诸佛、菩萨等形象便直接继承了原有民族服饰风格，头戴宝冠、颈佩项链、耳饰重珰。在敦煌莫高窟中，有大量的唐代神佛雕塑和壁画保存下来，其中也保留了很多配有耳饰的形象，而且所佩耳饰的门类非常齐全，玦、耳珰、耳环、耳坠、耳钉、耳钳，皆可见到。其中，耳坠是菩萨佩戴种类最多的耳饰，造型各异，款式华美，整体上和菩萨的冠、璎珞、臂钏相映生辉，风格一致。

唐代的汉族人尽管由于以上种种原因，不尚耳饰，但古语有云："习俗移人，贤智者不免。"再加上唐代是个对外交流极其频繁的时代，长期的各民族错居，也不免有少数移风易俗

❶ 田华. 敦煌莫高窟唐时期耳饰研究［D］. 上海：东华大学，2006。

者出现。诸葛亮的侄子诸葛恪便曾说过这样的话："母之于女，恩爱至矣，穿耳附珠，何伤于仁？"●因此，在唐代的俗人画像中，戴耳饰的形象也不是绝对没有，只是极其罕见而已。

三、结论

综上所述，唐代由于皇帝对儒家孝道的倡导，反对对身体全形的破坏，因此，使得耳饰在唐代汉族人的生活当中极其罕见。但唐代由于对外交流频繁，且与少数民族之间关系和谐，爱之如一，同时，随着唐朝统治者对佛教的推崇，伴随佛像和佛教壁画而来的异域人物形象大量涌入，因此，也为我们保留了大量当时少数民族与异域人物着耳饰形象的珍贵资料。

● 三国志·吴志·诸葛滕二孙濮阳传［DB］. 翰堂典藏古籍数据库。

第五章

宋代耳饰

眸流光 中国历代耳饰

在中国汉族聚居区中，戴耳饰被礼教与世俗普遍接受的时代，始于宋朝。但时风流习，毕竟需要一个过程，因此宋代耳饰的流行程度比之元明清又有所不及。

宋代皇后的盛装像都是戴长串珍珠耳饰的（图5-1），但中国台北故宫博物院所藏宋哲宗昭慈圣皇后便服像，便没有戴耳饰（图5-2）。山西晋祠圣母殿的仕女彩塑是宋代彩塑中比较有代表性的，也基本都没有佩戴耳饰。北宋王居正《纺车图》中描绘的贫苦村妇，南宋无款《歌乐图卷》中的歌女乐女形象等均未见戴有耳饰。这说明，汉族女性佩戴耳饰，虽始于宋代，但此时还未成为常态。

一、宋代汉族地区耳饰之流行

自宋代始，耳饰在中原地区开始一改其衰败的颓势，在汉族女子中被广泛接受，并进而很快和缠足一样，作为男女有别的重要标志，成为女性不得不为之事。这其中有着非常复杂的历史原因，和政治、经济、哲学等诸多方面都有关联。

（一）统治阶层构成的转变导致审美趣味的改变

中唐是中国封建社会由前期到后期的转折，它以两税法的国家财政改革为法律标志，以确立科举制度为官员选拔新的途径，大批中小地主和自耕农阶层出身的知识分子，不用赐姓，而是通过考试做官，参与和掌握各级政权，这在现实秩序中突破了门阀贵胄的垄断，成为了国家官吏和知识精英的主体，亦即中国社会的"士大夫"阶层。可以说，世俗地主出身的士大夫，由初唐入

▲ 图5-1 宋仁宗后坐像轴局部
南薰殿旧藏《历代帝后像》，现藏于中国台北故宫博物院

▲ 图5-2 宋哲宗后半身像轴局部
南薰殿旧藏《历代帝后像》，现藏于中国台北故宫博物院

盛唐而崛起，经中唐到晚唐而巩固，到了北宋，则在经济、政治、法律、文化各方面取得了全面统治。

　　这一批世俗地主阶级比六朝门阀士族，具有远为广泛的社会基础和众多人数，其不是少数几个世袭的门第阀阅之家，而是四面八方分散在各个地区的大小地主。他们由野而朝，由农而仕，由地方而京城，由乡村而城市。❶他们的现实生活既不再是在门阀士族压迫下要求奋发进取的初盛唐时代，也不同于伐山开路式的六朝贵族的掠夺开发，基本上是一种满足既得利益，希望长久保持和固定的心态。与魏晋以来的贵族社会相比，自中唐以后，从北宋开始，社会发展的总趋势是向平民社会发展，其文化形态的基本精神则是突出世俗性、合理性、平民性。❷大量的下层士人经科举进入上流社会，使世俗化的审美趣味得到上层社会的认同，取代了过去单一的贵族审美。

　　由此，宋代士大夫阶层的文化特色便出现了雅而俗化的趋势。不可否认，"宋代士大夫雅俗观念的核心是忌俗尚雅，但已与前辈士人那种远离现实社会的高蹈绝尘的心境不同，其审美追求不仅停留在精神上的理想人格的追求和内心世界的探索上，而同时进入世俗生活的体验和官能感受的追求、提高上"。❸宋代士大夫游走于歌馆楼台，"溺于声色，一切无所顾避"❹的生活方式，便是其社会生活俗化的极端表现。就像李泽厚先生在《美的历程》一书中所阐述的那样："这一在北宋开始占社会上层统治主导地位的世俗地主阶层，虽然表面上标榜儒家教义，实际上却沉浸在自己的各种生活爱好之中：或享乐，或消闲，或沉溺于声色，或放纵于田园。前者——打着孔孟旗号，宣称文艺为封建政治服务这一方面，就发展为宋代理学和理学家的文艺观。后者——对现实世俗生活的沉浸和感叹倒日益成为了文艺的真正主题和对象。"❺因此，随着因统治阶层构成的改变而导致的审美趣味的转变，有宋一代的"时代精神已不在马上，而在闺房"，对于女性的审美也逐渐从汉魏时期的颀长、放达和大唐时期的丰腴、健康，日益走向柔弱而矫饰，慵懒而娇羞，追求世俗风趣，耽于修饰，注重感官享受。贵族审美的特点是追求简约但求精致，世俗审美的特点则是追求繁缛以显富贵；贵族审美是求内隐的品质，世俗审美则是重外显的光芒。因此，不仅仅是耳饰，宋以前始终未曾兴盛的戒指、手镯、项饰、佩件等也都在此朝一并发扬光大起来。

❶ 李泽厚. 美的历程［M］. 北京：文物出版社，1981：154。
❷ 陈来. 宋明理学［M］. 北京：生活·读书·新知三联书店，2011：10。
❸ 高克勤. 宋代文学研究的突破——宋代文学通论读后［J］. 学术月刊，1998（8）。
❹（宋）周辉. 清波杂志［M］. 上海：上海书店出版社，1985。
❺ 李泽厚. 美的历程［M］. 北京：文物出版社，1981。

（二）推行程朱理学导致女性地位没落，使男女之别走向极端化

宋代为了防止藩镇割据的重演，不仅强化了中央政治集权制度，同时也加强了思想统治。前文提到，世俗地主阶层宣称文艺为封建政治服务的这一方面，就发展为宋代理学和理学家的文艺观。因此，理学事实上成为了宋代官方艺术的指导思想，并继而成为中国封建社会后期的统治思想。理学，又称"程朱理学"，是对儒家学说新的发展，其思想体现在很多方面，其中对世俗生活影响最深的主要体现在道德层面，即"以儒家的仁义礼智信为根本道德原理，以不同方式论证儒家的道德原理具有内在的基础，以'存天理，去人欲'为道德实践的基本原则。"❶

在这里，理学家所提倡的"存天理，去人欲"这一观点，原本是提倡人们用普遍的道德法则"天理"，来克服那些违背道德原则过分追求利欲的"人欲"。北宋理学家程颐的那句"饿死事小，失节事大"原本也是告诉人们人生中有比生命、生存更为宝贵的价值，那就是道德理想。但在理学实际的发展过程中，由于无法判定应该遵守的"道德理想"的边界，因此使得理学一度成为禁锢女性、压制女性的道德枷锁。将"节"从君子的气节，一味狭隘地解读为女子的贞节。这就使得女性的社会地位自宋代开始出现了极大的转折。

宋代是我国两性关系从较为宽松走向严谨的过渡时期。程朱理学的兴起，提出了针对妇女的极为严酷的贞节观，反对寡妇再嫁。自宋代以后，似乎"贞节"与否成为了评价女性的唯一标准。而为了维护女性的贞节，使得"男女有别"不仅体现在精神层面，也要体现在现实的身体层面，因此，从宋代开始，对妇女肢体的束缚逐渐开始强化。这主要表现在两个方面：一是缠足，二是穿耳。

穿耳和缠足的风行，迅速使得男女之别变得极端化。发生在魏晋南北朝时期的"木兰从军""梁祝共读"这样的女扮男装，女性能够大胆实现自我价值的故事之所以可以出现，皆是以女性的身体未曾受过明显的破坏为前提的。一旦穿耳，女性的身份便无从隐藏，再也不可能男扮女装，抛头露面，而缠足则更是将女性柔弱化、私有化的最极端表现。女子从此逐渐和社会相疏离，肉体的改变直接导致了精神的异化。在"饿死事小，失节事大"这一新儒学的口号下，原本儒家所倡导的"身体发肤，受之父母，不可毁伤"的古训便顷刻间变得微不足道起来。

穿耳除了使男女之别极端化之外，在汉族人的观念中，实际上还有一层隐晦的含义。汉代刘熙《释名·释首饰》曰："穿耳施珠曰珰。此本出于蛮夷所为也。蛮夷妇女轻淫好走，

❶ 陈来. 宋明理学 [M]. 北京：生活·读书·新知三联书店，2011：14。

故以此琅珰锤之也。今中国人效之耳。"❶ 从这段话中可以看出，中原人认为少数民族女子缺少礼教的束缚，故行为少有约束，不甚检点，家人才让其穿耳垂珰，以示警戒。清代徐珂《清稗类钞》中也有类似观点："女子穿耳，带以耳环，自古有之，乃贱者之事。"由此看来，穿耳之所以从宋代开始在汉族女性中流行，和理学的兴起导致的女性地位的没落是有密切联系的。

（三）商品经济的繁荣，使社会淫靡风气泛滥，促使女性追求矫饰

在程朱理学的影响下，儒家的两性道德观实际上是一种严重的双重道德观，充满着复杂的矛盾冲突。男子一方面要女子贞节自守，一方面又在外嫖娼宿妓，大售其淫。出于正统与习俗的习惯和专制与享乐的需要，有权有钱的男性需要同时努力造就两类女性：一类是传统家庭人伦型女性，她们必须严守贞操，为之传宗接代；另一类则是大量充斥于歌楼妓馆的"风尘""烟花"女子，用来满足其享乐的快感。因此，宋代不仅社会风气淫靡，而且娼妓业较之前代也有了极大的发展。当然，这种现象的出现，也有着多方面的因素。首先，北宋王朝是通过"和平兵变"建立起来的，前代末世之风并未进行大涤荡，唐末五代淫靡之气却保留了下来。为了防止武官权重，笼络爪牙，宋代实行重文抑武的政策，宋太祖就公开鼓吹功臣们"多积金帛田宅，以遗子孙；歌儿舞女以终天年"❷。因而，宋朝贵族官僚豪奢腐败，大肆纵欲，地方官吏"监司郡守，类耽于逸豫，宴会必用妓乐"❸。更重要的是，宋代社会从政治和经济上都发生了很大的转变：土地制度从唐代"均田制"变为"租佃制"，这导致大批农民丧失土地，流入城市，卖儿卖女，这是宋代婢妾娼妓盛行的主要原因。再加上商业经济的迅速发展和都市生活的进一步世俗化，市井阶层和市民队伍迅速扩大，其中工商之民特别是商贾们，成为了都市生活中重要的阶层，这直接促进了妓业的繁荣。那些久离妻女的商贾们有性的需要，同时也有足够的金钱用于买笑寻欢。一时间，宋代的都市如汴京、临安呈现空前的畸形繁荣，勾栏瓦肆，酒楼妓馆，舞榭歌台，竞逐繁华，这种盛况在《东京梦华录》《梦粱录》《武林旧事》以及众多的宋人笔记、诗词、话本中都有生动详细的描绘。再有，如前文所述，宋代的官吏选拔，更加注重对科举出身的文士的重用。在这一批世俗地主阶级出身的知识分子阶层中，不少是通儒经、信佛道、擅诗词的才子。他们喜爱与歌姬舞女们交往，与妓女诗酒唱和，相期相得。像宋徽宗幸汴京名妓李师师，宋理宗宠临安名妓唐安安，

❶（汉）刘熙. 释名·释首饰［M］. 上海：商务印书馆，1939。

❷（元）脱脱. 宋史·石守信传［M］. 北京：中华书局，1977。

❸（清）徐士銮. 宋艳·奇异［M］. 杭州：浙江古籍出版社，1987。

一时传为佳话。至于风流名士、文豪词客更是与歌妓舞女难解难分。宋词之所以盛行，与妓业的兴盛是分不开的。

在这种背景下，特定阶层的女性以色相娱人就成为了被社会所普遍认可的现象，色相是需要靠服饰来包装打造的，那么女性妆饰逐渐趋向繁缛与矫饰也就是自然而然的事情了。宋代的女性更注重细节的修饰与精巧，包括耳饰在内的各种首饰门类都因此一并蓬勃发展起来。同时，随着缠足的兴起，女子逐渐局限于室内的生活方式，只能在方寸之间求其大千，这也是促进宋代首饰业走向繁荣的原因之一。可以说，宋代是中国汉族女性首饰的一个大发展时期。

首饰的大发展，必然使得民间对金银的需求量剧增，而此时的朝廷对外却节节败退，大量割地赔款，致使国库亏空，入不敷出。在这种情况下，朝廷被迫数次降旨对服饰的装饰规格进行限定，这在《宋史·舆服志》中有多处记载：

端拱二年……其销金、泥金、真珠装缀衣服，除命妇许服外，余人并禁。

真宗成平四年……自今金银箔线，贴金、销金、泥金、蹙金线装贴什器土木玩用之物，并请禁断，非命妇不得以为首饰。八年……诏：'内庭自中宫以下，不得以金为饰'。

景祐元年……诏：市肆造作缕金为妇人首饰等物者禁。三年……凡命妇许以金为首饰，及为小儿铃镯、钗篦、钏缠、珥环之属；仍毋得为牙鱼、飞鱼、奇巧飞动若龙形者。非命妇之家，毋得以真珠装缀首饰、衣服，及项珠、璎珞、耳坠、头须、抹子之类。

从以上记载可看出，珍珠饰品在宋代似为皇家贡品，地位大大高于其他珠宝，是皇室权贵的代表，非命妇之家，不得使用。这在宋代帝后像中也可得到印证。金饰尽管也几度明令禁止命妇之外的人佩戴，但从出土文物情况来看，明显是法不责众，可看做是官府对民间竞相奢靡之风的一种警示。因为没有民间的豪奢无度，也就不可能有官府数度的一纸禁令。

对于这种民间竞相豪奢的世风，很多有识之士是颇感忧虑的。《宋史·舆服志》中也多次记载了当时官员对此风气的担忧与谏言：

徽宗大观七年，臣僚上言："辇毂之下，奔竞侈靡，有未革者。居室服用以壮丽相夸，珠玑金玉以奇巧相胜，不独贵近，比比纷纷，日益滋甚。臣尝考之，申令法禁虽具，其罚尚轻，有司玩习，以至于此。……"……权发遣提举淮南东路学事丁瓒言："衣服之制，尤不可缓。今闾阎之卑，倡优之贱，男子服带犀玉，妇人涂饰金珠，尚多僭侈，未合古制。臣恐礼官所议，止正大典，未遑及此。伏愿明诏有司，严立法度，酌古便今，以义起礼。俾闾阎之卑，不得与尊者同荣；倡优之贱，不得与贵者并丽。止法一正，名分自明，革浇偷以归忠厚，岂曰小补之哉。"

可见，由于世风所习，不仅富商高官，就连倡优白丁，也视朝廷禁令如一纸空文，依旧服带犀玉，涂饰金珠，尚多僭侈，我行我素。这不得不引起皇上的警惕，要想使民风淳朴，必须"观感而化矣"，使得上行下效，方为正途。

绍兴五年，高宗谓辅臣曰："金翠为妇人服饰，不惟靡货害物，而侈靡之习，实关风化。已戒中外，及下令不许入宫门，今无一人犯者。尚恐士民之家未能尽革，宜申严禁，仍定销金及采捕金翠罪赏格。"淳熙二年，孝宗宣示中宫祎衣曰："珠玉就用禁中旧物，所费不及五万，革弊当自宫禁始。"因问风俗，龚茂良奏："由贵近之家，放效宫禁，以致流传民间。粥簪珥者，必言内样。彼若知上崇尚淳朴，必观感而化矣。臣又闻中宫服澣濯之衣，数年不易。请宣示中外，仍敕有司严戢奢僭。"宁宗嘉泰初，以风俗侈靡，诏官民营建室屋，一遵制度，务从简朴。又以宫中金翠，燔之通衢，贵近之家，犯者必罚。

虽言之凿凿，只是流风已久，朝廷又软弱无力，实是积弱难返。仅从耳饰一项来看，自宋代流行开来后，再经过与辽、金、元等原本就佩戴耳饰的异族的常年征战，错居与交流，及至明清，在汉族女性中，已无人不穿耳，无人不戴饰了。

除了以上原因，耳饰其实还有更实用的用途，比如在中医领域，认为刺激耳上的穴位可以诊治疾病，称为耳针疗法。❶早在《黄帝内经》的"灵枢·五邪"篇中就有记载："邪在肝，则两胁中痛……取耳间青脉以去其掣。"其中人体的眼部穴位恰好位于耳垂中央，正是夹戴耳环的部位，因此据说戴耳环对保护视力和防治眼病也有一定益处。❷

二、宋代耳饰款式

宋代出土的耳饰文物中以耳环为主，且耳环脚多很短小。耳坠比较少见，至于块和耳珰则已成为历史，在汉族中几近绝迹。后妃命妇之服饰在宋代《舆服志》中还未提到对耳饰的规定，但在南熏殿旧藏宋代帝后像中，皇后和侍女均戴长串竖直排列的珍珠耳坠，可定名为"排环"（图5-1）。宋吴自牧《梦粱录》"嫁娶"一节所载：仕宦家庭，所送聘礼中有"……珠翠特髻，珠翠团冠，四时冠花，珠翠排环等首饰"，即此。到了明代，皇后和皇太子妃礼服所配耳饰均为"珠排环一对"，或即是沿袭宋制（表9-2）。因珍珠易朽，故宋代出土耳饰的材质以金银为主，玉质的比较少见，还有少量是金嵌宝石的。

---

❶ 杨卉. 耳针疗法作用机理的研究进展［J］. 湖北中医药大学学报，2011（4）。
❷ 贾玉海. 耳环综合征［J］. 医学美学美容，1995（2）。

在纹样方面，宋代则以瓜果、花叶等植物纹为耳饰的主要装饰题材，且体量都颇为小巧玲珑（表5-1）。虽然也伴有少量动物和人物纹饰，如受契丹影响的摩羯纹（表5-1：17），受佛教影响的化生童子纹等，但明显不占主流。中国古代工艺美术的装饰纹样，自商周到魏晋南北朝，动物纹始终占据主导地位，这反映了在生产力低下的阶段，人们希望通过表现动物所具有的超人力量，以从心理上战胜外力的一种观念。唐代是中国装饰纹样从动物纹向植物纹转变的时期，因唐代并不流行耳饰，因此植物纹的流行具体表现在耳饰上则是从宋代开始。这种转变反映出随着"生产力的发展和提高，人们在审美领域逐渐摆脱宗教意义和神化思想的束缚，而以自然花草为欣赏对象，获得思想上的解放。"❶唐宋社会的全面发展，使人们逐渐认识到自我的价值，以人为本的主体地位的确立，也发展出审美主体所需的新的审美对象，于是人们的审美喜好从带给人敬畏与神力的神兽题材转向可表达其愉悦心情的植物花卉虫鸟题材上。这是一种时代进步的体现。

宋代耳饰纹样从其审美来看，又呈现出鲜明的宋代特色，并对后世的元明清三朝产生深远影响。

（一）受文人意趣影响，装饰纹样追求"形外之象"

宋代是"文治"的时代，士大夫通过科举入仕成为国家政权的掌控者，在艺术上精通书画也是一种政治需要。他们亦官、亦文、亦画，把时代风格推向儒雅的审美领域。对于宋代士大夫而言，艺术是其自身品格修养的一种方式，是在喧嚣的社会环境中对精神生活的追求，是文人寄情抒兴、借物喻志的最为理想的一种手段，用董其昌的话说就是"安身立命之地"。同时，这一批对世俗生活充满热情的宋代文人士大夫自然而然地也会把他们的文人意趣从精神领域渗透到物质生活中。对于宋代文人而言，诗文可有"言外之境"，音乐可有"弦外之音"，至于造型艺术，如绘画或纹样则可有"形外之象"。由此，许多诗画中的隐喻之作，如借物言志或言情，在以装饰纹样这种特殊形式再现时便也有异曲同工之妙。例如用来象征士大夫精神品格的"四君子"——梅、兰、竹、菊便是此时装饰纹样中常见的题材，在宋代的瓷器、织绣等工艺美术品中被广泛采用，即使在专属女性的耳饰中也不例外。

例如梅花，作为傲雪迎寒的花木，常被文人雅士作高洁、脱俗之喻，广泛使用于女性的服装和首饰中。例如在1986年江苏常州北环工地宋墓出土（现藏常州博物馆）的两件外形呈竹叶

---

❶ 田自秉. 中国工艺美术史［M］. 上海：上海知识出版社，1985：172.

状的金耳环，其上采用锤揲、錾刻工艺分别饰有6朵梅花。錾刻的梅花呈现出比较凸出的高浮雕效果，富贵而不失清雅（图5-3）❶。湖州三天门南宋墓还出土有一件梅花形耳坠，两朵梅花相衔接，花皆作重瓣梅，极为精致（表5-1：2）。宋代出土的耳坠比较罕见，应为身份极高贵者所戴。此墓出土有多件金饰，且质地及制作工艺均属上乘，按宋代的礼仪制度规定，诸王纳妃定礼，黄金饰件为"钗钏四双，条脱一副……"。宗室子"皆减半"，远属族卑者又减之。❷该墓出土4对金钏，其身份似可与"诸王妃"类比。因此出土耳坠也在情理之中。

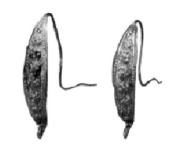

图5-3　竹叶状梅花纹金耳环
江苏常州北环工地宋墓出土，现藏常州博物馆

再如与竹相关的纹饰，在宋代的耳饰中更为常见。湖南石门县磷肥厂西溶公路宋代墓葬出土有一件竹叶形金耳环，环体恰如一片修长的竹叶弯曲而成，中间的叶脉清晰可见（表5-1：3）。湖南常德三湘酒厂则出土有一对竹叶纹金耳环，在钩形的环身上零星刻有片片竹叶纹，小巧又不失精致（表5-1：4）。同一地点还出土有一对竹节形金耳环，环身主体呈竹节状（表5-1：5）。都很符合宋代简约而又儒雅的审美风格。

再如菊纹，"花之隐逸者也"。在文人眼里，菊，避开众芳、不流庶俗，独善其身、悠然世外，指向一种高雅清逸的志趣和悠然忘世的情怀。浙江建德大洋镇下王村宋墓便出土有一对菊花金耳环（表5-1：6）。类似的寓意纹样还有莲纹。宋代理学家周敦颐的《爱莲说》对莲的寓意作了脍炙人口的表达："予独爱莲之出淤泥而不染，濯清涟而不妖。中通外直，不蔓不枝，香远益清，亭亭净植；可远观而不可亵玩焉。"湖南常德三湘酒厂出土的"一把莲"纹金耳环便属此类（表5-1：7）。

（二）受院体画的影响，纹样风格趋向写实

宋代，翰林图画院日益扩大，"院体画"形成，宋徽宗还设立"画学"，如此种种大大促进了绘画艺术的提高发展。宋代的院体画以愉悦帝王为目的，甚至皇帝也亲自参与创作，"在享有极度闲暇和优越条件之下，把追求细节的写实技艺发展到了顶峰。"❸在院体画风的影响下，宋代的纹饰造型也偏向写实。如两宋耳饰中常见于南方的瓜果纹样，便多用仿生式造型，即宋人所谓"象生"或作"像生"，如石榴、荔枝、茄子等，无不惟妙惟肖。而耳饰中的花卉图案，

---

❶ 常州博物馆. 常州博物馆50周年典藏丛书：漆木·金银器［M］. 北京：文物出版社，2008。

❷〔元〕脱脱. 宋史·卷一百一十五·礼十八［M］. 北京：中华书局，1977。

❸ 李泽厚. 美的历程［M］. 北京：文物出版社，1981：175。

例如葵花（表5-1：10）、菊花、梅花等四时花卉，以折枝为多，因其色相生动，写实工细，故又称"生色花"。当然，"生色花"的造型虽然写实，却并非对植物原生态的生搬硬造，而是在线条笔墨对枝、叶、花、实的再现中有了更多的凝练、提取和转换。也因此，"生色花"作为一种写实纹样造型，在写实中又透露着装饰纹样特有的韵味和魅力（表5-1：8、9）。

（三）民间市井生活繁荣，使得耳饰纹样趋向通俗、吉祥，充满生活气息

如前文所述，商品经济的迅速发展和都市生活的进一步世俗化，使宋代市井阶层和市民队伍迅速扩大。宋代都市制度实行"坊市合一"，突破了交易区域和时间的限制，使商品经济获得发展的空间，商品经济的发展又使得城市规模扩大，城市人口增多。北宋的汴梁："以其人烟浩穰，添十数万众不加多，减之不觉少。所谓花阵酒池，香山药海。别有幽坊小巷，燕馆歌楼，举之万数，不欲繁碎。"❶商业之繁荣，人口之众多，自然会导致新的充满市井气息的装饰纹样产生。其主要表现在高雅纹样的平民化及宗教纹样的通俗化。上层社会许多高雅的非功利性的精神产品开始流向市井。例如用以言志、明道、比德的诗、词，在宋、元时期被市井艺人利用，产生了许多作为市民通俗文艺的娱乐性作品。而像梅、兰、竹、菊这些文人士大夫惯用来比拟精神品格的文人画题材，则开始如前所述大量在金银首饰中出现。

与此同时，伴随着自晚唐以来禅宗的盛行，从"顿悟成佛"到"呵佛骂祖"，提倡平常心即是道，佛法就在日常生活中，宗教逐渐趋向世俗化，其神秘性也在随之削弱。随着城市商贸的发展，一些传统的民俗文化也被商品意识"侵蚀"。例如端午节时，传统认为具有神力的桃、柳、艾等植物也作为商品出售，并开始堂而皇之地将之融入金银首饰的纹样之中。一些佛教意象也开始与民俗吉祥寓意结合组成纹样，典型的有"连（莲）生贵子"纹。"连（莲）生贵子"一说来源于佛教的"化生童子"。"化生"，佛教中称之为摩睺罗，是梵文的译音，"化生"是相对于胎生、卵生而言的，是佛教对于"出生"的一种玄奥的说法。早期化生童子常化生在莲花中，表现在纹样上，就是一个肥胖的小儿或立或坐于莲花中。宋代这一寓意更加普及，图形多表现为童子执荷叶作打伞状，或高举莲花仰头相视。浙江龙游高仙塘便出土有南宋金莲花化生耳环（表5-1：19），济南宋金窖藏也出土有相同题材的耳饰（表5-1：18）。此外，由绳带扎结的"一把莲"纹，既可以解读成比德之物，又或许其构思也来自佛教艺术，即带宝子的莲花鹊尾香炉❷。

---

❶（宋）孟元老. 东京梦华录［M］. 上海：上海古典文学出版社，1956。

❷ 扬之水. 奢华之色——宋元明金银器研究（卷一）［M］. 北京：中华书局，2010。

市井百姓创造的纹样主要来自他们的日常生活，因此，许多普通民众窗台庭院、田间地头常见的植物便大量出现在首饰纹样中，如各色花卉瓜果等。此外，与民众对生活的吉祥祝愿相应和，这一时期的耳饰纹样也开始呈现出许多吉祥寓意。又因耳饰是女性专属，而在中国封建社会，"多子多福""母以子贵"的观念在女性意识中根深蒂固，因此赋予首饰的吉祥寓意又多与此相关。例如江西南城县齐城岗宋墓出土的金石榴耳环（表5-1：11）、浙江衢州上方南宋墓出土葵花纹金耳环（表5-1：10），均取其多子多孙之意；湖南常德桃源宋砖室墓出土有金荔枝耳环（表5-1：12），荔枝与"立子"音相近，且因荔枝不受虫害，多年的老树杆仍能结果，也被民间认为是吉祥多产之果，赵孟頫所藏珍宝里便有一双荔枝女环"可长三寸，并脚，通碾皆白玉也，甚精"❶；江苏无锡扬名北宋墓出土的金瓜果枝叶纹耳环❷，中间两瓜对称，前后有茎藤枝叶盘绕（图5-4），取其"瓜瓞绵绵"之意，类似题材的耳饰湖州三天门南宋墓也有出土（图5-5）；再如紫茄纹，在宋代也很流行。西安杜家镇宋代李唐王朝后裔家族墓（表5-1：14）、江西高安县宋墓（表5-1：13）、江西婺源临河村宋汪路妻张氏墓（表5-1：15）、湖州三天门宋墓（图5-6）均有出土紫茄纹耳饰，其有紫袍加身，高官得中，多子多福之意。再如金胜形耳饰（表5-1：16），湖州三天门宋墓便有出土。有关"胜"的记载，最早见

❶（宋）周密·云烟过眼录［DB］. 翰堂典藏古籍数据库.

❷ 无锡市博物馆. 无锡市郊北宋墓［J］. 考古，1982（4）.

图5-4　金瓜果枝叶纹耳环
江苏无锡扬名北宋墓

图5-5　金缀水晶瓜形耳环（南宋）
一件，长2.25厘米，宽1.5厘米。湖州三天门南宋墓出土。浙江湖州市博物馆藏。水晶呈多棱瓜形，覆以金丝盘筑的叶片，叶柄为曲钩状的耳环挂钩

图5-6　金茄形耳环（南宋）
一件，长2.4厘米，宽1.9厘米。主体框架为茄形，金丝盘出朵花与卷草图案，以细密的金珠组成，脊部则焊有粗的金珠；正面中央原似应还有嵌件，已失。茄尖衔接的曲钩为插入耳洞的耳钩。湖州三天门南宋墓出土，现藏于湖州市博物馆

耳畔流光
中国历代耳饰

于《山海经》中描绘西王母的文字："其状如人，豹尾虎齿而善啸，蓬发戴胜"。"胜"是西王母头上的装饰，而西王母在民间则被认为不仅握有不死之药，而且还能赐福、赐子、化险消灾。如汉代焦延寿的《易林》卷一载："稷为尧使，西见王母。拜请百福，赐我善子。"在民间因此还有"人胜节"，南朝宗懔的《荆楚岁时记》载："正月七日为人日，以七种菜为羹；剪彩为人，或镂金箔为人，以贴屏风，亦戴之于头鬓；又造华胜以相遗。"❶说的是当时过年的风俗。正月初七，人们除了要用七种菜煮粥，还要用彩纸剪人形，家中殷实的还要用金箔刻出人形，贴在屏风上或者戴在头上。除此之外，也制作华胜相互赠送。华胜被赋予了人丁兴旺、旗开得胜之意，因此也称为"人胜节"。总之，纹样一旦走向了市井，各种高贵、文雅、庄严的意象形式，便变得富贵吉祥起来，因为百姓"喜闻乐见"才是市井艺术的真正目的。

表5-1　宋代耳饰

1. 素面金耳环（北宋嘉祐五年）

一件，江西永新县北宋刘沆夫妇墓出土，出土时位于死者胸部。重4.9克。耳环系用一根金材打制而成，一端为细弯的耳环脚，一端为曲线柔美的一牙新月①

2. 梅花形金耳坠（南宋）

一件，长2.75厘米，花径1.1厘米。耳环的扣针端垂缀着两朵相衔接的梅花，花皆作重瓣梅，外重金珠焊在花瓣上，内层花瓣以金丝盘筑成，以金球上复焊以极细的金珠为花芯。两朵梅花以小金圈相连，极为细致。湖州三天门南宋墓出土，现藏于浙江湖州市博物馆②

3. 竹叶形金耳环

一件，直径2.8厘米，重3克。湖南石门县磷肥厂西溶公路宋代墓葬出土，现藏于石门县博物馆③

4. 竹叶纹金耳环

一对，长1.5厘米，重3.3克。湖南常德三湘酒厂出土，现藏于常德市博物馆③

❶ 宗懔. 荆楚岁时记译注［M］. 武汉：湖北人民出版社，1985。

5. 竹节形金耳环

一对，通长约4厘米，重4克。湖南常德三湘酒厂出土，现藏于常德市博物馆藏[3]

6. 菊花金耳环

一对，浙江建德大洋镇下王村宋墓出土。右边一件花部长2.8厘米，耳环脚长3.8厘米，重2.3克；左边一件残，花部长2.8厘米，耳环脚残长3.1厘米，重2.2克。耳环金片折中对合，呈弯月形，两边各锤揲出菊花一朵，后接细长的实心锥形弯脚。这对金耳环是用带有锤揲花纹的片状金材抱合成型。同墓还出土有相同制法和形制的鎏金锡耳环一对[4]

7. 一把莲纹金耳环

一件，一把莲饰长3厘米，耳钩弧长4.3厘米，重3.59克。此为单独的一只，当然原初也是成对的。其造型若弯月，却顺势而成流行纹样中的"一把莲"，即一枝半开的莲花，一枝莲蓬，一弯莲叶，下面用花结总束为一把。系两枚金片分别打造成形，然后扣合为一，耳环脚的一端分作两枝从金片之间穿入，复于当中打结以为固定。湖南常德三湘酒厂出土，现藏于常德市博物馆[5]

8. 金嵌宝花叶形耳环

一对，长3.5厘米，所嵌宝石已脱落。湖南平江县伍市工业园3号宋墓出土，现藏于岳阳市文物考古研究所[3]

9. 花叶纹金耳环

一对，高2.5厘米，宽2.5厘米。江西省彭泽县湖西村北宋易氏墓出土，现藏于江西省博物馆[6]

10. 葵花金耳环

一对，浙江衢州上方南宋墓出土[7]

11. 金石榴耳环

一对，重约1克。耳环以打作上顶花朵、两旁披垂枝叶的一颗石榴果为主体，再以另外打制的一朵凸起之花焊接于石榴上方，耳环脚一端弯折后直接焊在背面。江西南城县齐城岗宋墓出土，现藏于江西省博物馆[⑤]

12. 金荔枝耳环

一件，通长8厘米，花长2.5厘米，足长5厘米，重3克。1994年湖南常德桃源县三阳港镇株木桥村万家嘴宋砖室墓出土，现藏于桃源县文物管理所[⑧]

13. 银鎏金紫茄式耳环

一对，江西高安县宋墓出土。共重4.4克。两枚金片分别做成紫茄形，中间部分锼镂出用联珠纹勾勒的缠枝卷草，外缘打作一溜9个半圆，然后将两枚金片扣合。另外做出的茄蒂与耳环脚焊接，再与紫茄接焊为一[②]

14. 金镶水晶紫茄耳环

西安杜家镇宋代李唐王朝后裔家族墓出土。上为金茄蒂和金丝卷曲的细蔓，金蒂下覆一颗水晶茄。水晶长1.5厘米，宽1.2厘米，金饰长3.3厘米[⑨]

15. 金镶水晶紫茄耳环

江西婺源临河村宋汪路妻张氏墓出土[⑩]

16. 金方胜形耳环（南宋）

一对，通长2.4厘米，宽1.7厘米。双菱形相套方胜形耳环，耳钩弯曲于后，主体正面以联珠纹缘边细焊，面上各有七个细穿孔，可能原有镶嵌物。湖州三天门南宋墓出土，现藏于浙江湖州市博物馆[②]

17. 银鎏金摩羯耳环

上海宝山区月浦乡南塘村南宋谭氏夫妇墓出土。以两枚金片打作成形，张起的飞翼，翻卷的长鼻，腹部的鳞片，摩羯的特征一一表现清楚，然后扣合成型，耳环脚一端粗，一端细，细者穿入鱼身预制出来的小孔以为固定[①]

18. 金莲花化生耳环

济南宋金窖藏[⑤]

19. 金莲花化生耳环（南宋末年）

浙江龙游高仙塘出土。此耳环中的化生是一个站在三重莲花宝座上的伎乐童子，一手擎花枝，一手持排箫，张口做吹奏状。腰间一朵大花，中心的花蕊处原当嵌珠或嵌宝。一根细金丝留出三分之二用作耳环脚，此外的三分之一把耳环的各个装饰部分，即童子、三重莲花和花叶贯通起来，然后在底端打一个卷，与莲花座穿在一起的四枚叶片向下弯折，这一部分便被掩住了。两边用窄金片折作波曲状的帔帛，上与背撑接焊，下与托座相连，如此，它既为装饰，同时又有着固定的作用[⑤]

① 江西省文物管理委员会. 江西永新北宋刘沆墓发掘报告 [M]. 考古, 1964（11）。
② 蔡玫芬. 文艺绍兴: 南宋艺术与文化·器物卷 [M]. 台北: 中国台北故宫博物院, 2011。
③ 喻燕姣. 湖南出土金银器 [M]. 长沙: 湖南美术出版社, 2009。
④ 北京大学中国考古学研究中心, 杭州市文物考古所. 浙江省建德市大洋镇下王村宋墓发掘简报 [J]. 考古与文物. 2008（4）。
⑤ 扬之水. 奢华之色——宋元明金银器研究（卷一）[M]. 北京: 中华书局, 2010。
⑥《中国美术全集》编辑委员会. 中国美术全集·工艺美术编 [M]. 北京: 文物出版社, 1997。
⑦ 周汛, 高春明. 中国历代妇女妆饰 [M]. 香港: 三联书店（香港）有限公司, 上海: 学林出版社, 1988。
⑧ 喻燕姣. 湖南出土金银器 [M]. 长沙: 湖南美术出版社, 2009: 52。
⑨ 西安市文物保护考古所. 西安长安区郭杜镇清理的三座宋代李唐王朝后裔家族墓 [J]. 文物, 2008（6）。
⑩ 詹祥生. 婺源博物馆藏品集粹 [M]. 北京: 文物出版社, 2007。
⑪ 陈燮君. 上海考古精粹 [M]. 上海: 上海人民美术出版社, 2006。

四、结论

宋代，是中国耳饰命运的转折期，戴耳饰被汉族礼教与世俗普遍接受，始于此时。从宋代出土的耳饰款式来看，主要以耳环为多，且环脚多很短小，体现出一种装饰相对节制的时风。耳坠比较少见，主要是皇后和侍奉皇后的宫女盛装时方才佩戴，称为排环，其或许有节制行为的作用，以防止行为放纵，排环拍脸。正如前朝不戴耳饰是礼制的需要，此时戴耳饰同样也是出于礼制的需要。宋代耳饰的材质以金银为主，也有少量嵌宝，其中又尤以珍珠耳饰最为名贵。在纹样方面，宋代则以瓜果、花叶等植物纹为耳饰的主要装饰题材，不仅造型写实，而且寓意吉祥。受文人意趣影响，还喜爱采用梅兰竹菊等纹饰以比君子之德，追求"形外之象"。

第六章

辽代耳饰

月眄流光 中国历代耳饰

辽代是契丹族所建立的王朝。契丹是古代生活于我国北方草原地区的游牧民族，属东胡族系，源出鲜卑。其发迹地位于今日辽宁省西部及吉林省。自公元907年建立契丹国（后改称辽）至公元1125年为女真所灭，政权前后共传续二百余载。虽然辽代统治了中国北方超过两百年，但人们对契丹历史文化的研究却一度是比较薄弱的。直到20世纪80年代，随着内蒙古、辽宁等省、自治区辽代墓葬的发掘，大批辽代文物得以重见天日，才极大地丰富了人们对辽代文化和艺术的认识。

契丹因长期游牧的生活方式，故不会像定居民族那样营造宅院、经营土地。契丹人除了马匹、毡帐是他们必须具备的物资以外，各种各样的首饰是他们追求美好的心爱之物，同时也是财富和地位的象征。《辽史》记载，在皇帝纳后时，皇后在祖先祠堂举行祭祖跪拜仪式并接受"神赐袭衣、珠玉、佩饰，拜受服之。"❶象征她已名正言顺归属皇氏家族。公主下嫁，其仪式"大略如纳后仪"。以往传统学术研究一致认为辽代的文化深受汉族文化影响，但事实上契丹人却致力于避免受汉族同化，偶尔穿着汉服只是一种政治手段，他们积极保持本族文化，这一点在耳饰的佩戴和设计上便可见一斑。契丹人在耳饰款式与纹样的选择上尽管一定程度受到汉族影响，但依然与中原汉族有很大的不同。

一、契丹耳饰习俗

契丹人不论男女贵贱都非常喜爱佩戴饰物，不论项饰、戒指，各种琥珀佩、玉佩等，都是不分性别均可佩戴的，耳饰也不例外。辽代的耳饰分耳环和耳坠两种。耳环以金属为主体材料制作而成，耳坠则指于耳环下再悬挂若干坠饰而形成的耳饰，以耳环最为多见。辽代的男子和妇女均流行佩戴耳环，这可以从内蒙古哲里木盟库伦旗的辽墓壁画中反映出来（表6-1：1、3）。1号辽墓对镜的女主人戴有耳饰，2号辽墓壁画中的女仆、男侍以及驭者都有戴耳饰者。辽代的卷轴画传世很少，以传为李赞华的《东丹王出行图》最为著名，图中东丹王即为李赞华本人，其为辽太祖耶律阿保机长子，长兴二年（公元931年）投奔后唐，后唐明宗赐姓李，更名赞华。从图中人物着装看，其佩饰依旧一定程度上保持游牧民族本色，多数男子皆耳带金环（表6-1：2）。大部分的辽代耳环都是由熟练的金属工匠锤打而成的，但

---

❶（元）脱脱，等. 辽史（卷五十二）[M]. 北京：中华书局，1924。

经仔细观察后，发觉部分耳环原来是经过铸造后，才錾打纹饰。❶

表6-1 辽代壁画中戴耳饰的人物形象

| 1. 内蒙古库伦旗1号辽代壁画墓中戴耳环的男子 | 2. 辽，李赞华《东丹王出行图》中东丹王的形象，现藏于美国波士顿美术馆 | 3. 内蒙古库伦旗2号辽墓墓道北壁壁画中戴耳环的女性 |

二、契丹耳饰款式

（一）摩羯形耳饰（表6-2）

在辽代耳环中，摩羯形耳环是最有特色的，主要出土于10～11世纪的辽墓。摩羯，来源于印度神话传说，是印度神话中一种长鼻利齿、鱼身鱼尾的动物，梵文称makara，汉语译作摩羯、摩伽罗等。它被认为是河水之精，有着翻江倒海的神力。摩羯形象的缘起有很多种说法，有认为源于鲸鱼，有认为源于鳄鱼，也有人认为是鱼、象、鳄鱼三种不同动物形象的复合体。摩羯纹于4世纪通过佛经的翻译传入中国，到了唐代成为金银器上的常见纹饰。一些学者曾经对此作过研究❷，综合起来主要有两种观点：一种观点如上文所述认为源于印度的摩羯鱼，是中西方文化交流的印证；另一种观点则认为与中原地区"鱼龙变化"的传说有关，中国民间传说中的"鳌鱼"，装饰于屋脊的"鸱吻"，都可见到摩羯形象的影子。当然，不论是印度的摩羯，还是中国的鳌鱼和鸱吻，尽管形象看起来有些狰厉，但这些人们创造出来的神兽都是一种能保佑百姓生活的祥瑞之兽。契丹民族一直保持着游牧渔猎的风俗，"秋冬违寒，春夏避暑，随水草就畋渔，岁以为常。"❸除了捕猎和畜牧业外，捕鱼业是契丹经济

❶ 埃玛·邦克. 辽代首饰［M］. //金翠流芳——梦蝶轩藏中国古代饰物. 北京：文物出版社，1999：215。

❷ 岑蕊. 摩羯纹考略［M］. 文物，1983（10）：78-80；莫家良. 辽代陶瓷中的鱼龙形注［J］. 辽海文物学刊，1987（2）；曾育. 鱼龙变［J］. 故宫文物月刊，1984，2（3）；徐英. 摩羯造像的原型与流变［J］. 内蒙古大学艺术学院学报，2006（6）：45-51。

❸《辽史卷三十二·营卫志中》。

表6-2　辽代摩羯形耳饰

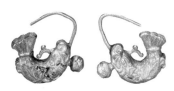

1. 摩羯形金耳环

两件，一对，宽3.7厘米。辽宁省建平县硃碌科乡王府沟村出土，现藏于辽宁省博物馆。下部为摩羯形坠，上端焊接金丝弯钩。摩羯由两片合成，体中空，鱼尾高翘，口衔莲花。摩羯身上尾、鳍、鳞纹俱备，锤揲精细[1]

2. 摩羯形金耳环

内蒙古哲盟库伦旗奈林镐出土，现藏于内蒙古博物馆[2]

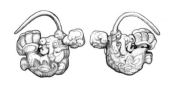

3. 摩羯形金耳环

内蒙古科尔沁旗左翼后旗吐尔基山墓出土。摩羯的双目以及花蕾形圆凸中心镶嵌白玉，身体锤揲叠叶纹，并刻画平行短线丰富细部[3]

4. 摩羯形金耳环

辽会同四年（公元941年），通长4.4厘米，宽4.4厘米。内蒙古阿鲁科尔沁旗辽耶律羽之墓出土，[4]现藏于内蒙古文物考古研究所。耳饰采用锤揲、焊接、錾刻、打磨等技法加工而成。摩羯造型为龙首鱼身，头部有鹿形双脚，鱼身蜷曲，头、腹、尾部镶嵌绿松石。耳环的环钩从龙首的鼻前伸出，笔者认为原应穿有花蕾形饰，但已遗失[5]

5. 摩羯衔"荷叶"金耳环

长3.7厘米，宽1.8厘米，高约3厘米。辽宁法库叶茂台9号墓出土。造型似为一摩羯口衔"荷叶"，但正面看，"叶面"上也遍布卷毛，而且卷毛分布有序，叶片中间有一似昆虫腹样的突起，由此分界，卷毛状图案向两侧伸展、"荷叶"底部纹饰大体同上，只是个别突起略有差别。"荷叶"与龙鱼的衔接，除口部焊接外，从鼻上伸出的龙须直达"荷叶"，与其焊接、再弯曲向后，直达鱼尾。龙鱼及"荷叶"都是经过模冲成形后焊接而成的，坠体中空，表面的纹饰又经錾刻。在龙鱼的嘴部两侧、腹部、近尾还各焊一个小金环，应是系挂悬垂饰物之用[6]

① 《中国金银玻璃珐琅器全集》编辑委员会. 中国金银玻璃珐琅器全集1：金银器（一）[M]. 石家庄：河北美术出版社，2004。

② 天津人民美术出版社. 中国织绣服饰全集 [M]. 天津：天津人民美术出版社，2004。

③ 张景明. 中国北方草原古代金银器 [M]. 北京：文物出版社，2005。

④ 该墓出土两件摩羯形金耳环，一件为无角龙首，口大张，露尖齿，圆眼外凸，鱼身蜷曲，胸尾有鳍，有环钩从龙首的鼻前伸出。

⑤ 上海博物馆. 草原瑰宝——内蒙古文物考古精品 [M]. 上海：上海书画出版社，2000。

⑥ 王秋华. 惊世叶茂台 [M]. 天津：百花文艺出版社，2002。

的重要补充形式，这与其他游牧民族单纯以畜牧业为主的生活方式是不同的。春天时，契丹人为庆祝天鹅季节开始而举行特别仪式，名为"春水"。根据《辽史》记载，捕鹅雁时"救鹘人例赏银绢"。渔业也在初春开始进行，当时"卓帐冰上，凿冰取鱼。冰泮，乃纵鹰鹘捕鹅燕。晨出暮归，从事弋猎。……弋猎网钓，春尽乃还……"由于渔业的发展，创造或者选择一种水中神兽为图腾进行崇拜，祈求护佑的习俗便自然而然会诞生，契丹人对摩羯纹、鱼龙纹，乃至摩羯舟形饰的喜爱或许便从此而来。

契丹人对摩羯纹有着浓厚的兴趣，从辽建国早期一直沿用到中期，不仅用它作纹饰，还喜欢用它做器物造型，辽墓中出土的大量摩羯形耳饰便是其中的代表。辽代的摩羯纹，龙首鱼身，带翅带鳍，印度摩羯造像中那个标志性的类似象鼻的长鼻子慢慢消失了，而代之以一个圆形的莲花花蕾，很有时代特色。辽代建国后，也一度接受中原的儒释道三教，公元919年时，辽太祖及皇后、皇太子曾分谒孔庙、佛寺和道观。❶而莲花在儒释道三教中，都有极美好的象征意义。莲被认为是花中君子，象征着中国传统文化中的一种理想人格："出淤泥而不染，濯清涟而不妖"。莲花也是清廉的象征：盖"青莲"者，谐音"清廉"也。莲花也象征爱情：盖莲花别名芙蓉花，或云水芙蓉。而在佛教中，莲花则象征纯净和断灭。摩羯纹与莲花的结合或许正是契丹人对中原文化的一种特殊演绎。

（二）"U"形和"C"形耳饰（表6-3）

另一种辽代流行的耳环在造型上则是比较抽象的，上为细钩，环体呈"U"形，前有圆形突出物，底部突起桃形节，有一些在"U"形环体的起棱部还饰有联珠纹装饰。这种耳环在10世纪内蒙古东南面大横沟、敖汉旗（表6-3：1）、阿鲁科尔沁旗（表6-3：3、4）、阜新南皂力营一号辽墓（表6-3：6）、辽宁朝阳前窗户村辽墓（表6-3：5）、内蒙古二八地一号墓（图6-1）❷及天津等地均曾出土，有玉制的和金银质的。从现有资料看，这种形式的耳环主要见于辽代早期，是辽早期最常见的耳环样式。其可能是摩羯莲花耳饰的早期雏形。摩羯及"U"形耳环的使用贯穿有辽一代之始终，且占出土辽代耳环的大多数，是当时十分盛行的样式。还有一种类似的耳环，其细钩体和环身融为一体，没有明显的粗细之分，故整体造型呈"C"形，内蒙古敖汉旗辽墓便出土有此类耳环（表6-3：2），梦蝶轩还藏有类似玉耳环。

---

❶《辽史卷二·太宗本纪下》。

❷ 项春松. 克什克腾旗二八地一、二号辽墓［J］. 内蒙古文物考古，1984. 据此文作者分析，二八地辽墓是目前国内已经发现的契丹（辽）墓中时代较早的墓葬，较叶茂台辽墓在时间上还要早。此墓出土金耳环6件，分三式：Ⅰ式两件，半圆三棱体，实心，上端用细金丝作穿耳，侧附一蘑菇状装饰，通高3.7厘米；Ⅱ式两件，作兽形，中空，通高3. 5厘米；Ⅲ式两件，作鱼形，中空，鱼首向上，尾部弯曲呈半圆形，通高3.2厘米。

表6-3 辽代"U"形和"C"形耳饰

1. "U"形金耳环（辽早期）

内蒙古敖汉旗沙子沟一号辽墓出土。①通高3厘米，横长2.1厘米，宽0.5厘米。中空，环体呈U形，前有圆形凸出物，底部凸起桃形节，接U形钩，从现有资料看，这种形式多见于辽早期。同样形制的还有辽宁锦州张扛村辽墓出土的鎏金银耳环，②天津市蓟县营房村辽墓出土的铜鎏金耳环③

2. "C"形金耳环

内蒙古敖汉旗辽墓出土④

3. "U"形金耳环

内蒙古阿鲁科尔沁旗出土④

4. 联珠纹"U"形金耳环

内蒙古阿鲁科尔沁旗出土④

5. 鎏金螺纹"U"形银耳环（辽中期）

辽宁朝阳前窗户村辽墓出土。直径3.5厘米。钣金焊接成型，主体为一U形银片，中部有脊，随三条边缘焊接银丝拧成的螺纹装饰。上接U形钩。这是辽耳环的最常见的形式之一，克什克腾旗二八地等地辽墓也有出土，只是前端都有圆形凸出物⑤

6. 联珠纹"U"形金耳环

阜新南皂力营一号辽墓出土。一对，重35.5克。该墓出土"U"形耳环两件。完好，鎏金。略似新月形，中起脊，边缘呈圆柱状，在连接边缘的银片上饰鱼鳞纹。前端接出一半椭圆的圆帽，上有一环钩，直径约2.3厘米。钣金焊接成型，主体为一U形金片，中部有脊，其上錾涡纹，随三条边缘焊接金丝拧成的联珠纹装饰。前端有莲花宝珠。上接U形钩。类似的耳环河北承德县道北沟村辽墓也有出土⑥

① 敖汉旗文物管理所. 内蒙古敖汉旗沙子沟、大横沟辽墓［J］. 考古，1987(10)：889-904。据该文作者判断，从出土的器物和墓葬形制观察，应属于辽代早期。

② 刘谦. 辽宁锦州市张扛村辽墓发掘报告［J］. 考古，1984(11)：992。墓中出土银耳饰一副，银质鎏金，但鎏金已退去，平面作钩状，钩上有圆形突，钩侧有一扁圆突饰。据该文作者推断，该墓年代属于辽代早期，相当中原五代时期。

③ 赵文刚. 天津市蓟县营房村辽墓［J］. 北方文物，1992(3)：36-41，墓中出土铜鎏金耳环两件。出于耳部。为半圆三棱体，实心，上端用细铜丝作穿耳，侧附一蘑菇状装饰，下部似鱼状。通长4.3厘米，直径0.7厘米。据该文作者推断，该墓较多地具有北方草原地区辽代早期墓葬的特征。

④ 内蒙古敖汉旗博物馆. 敖汉文物精华［M］. 海拉尔：内蒙古文化出版社，2004。

⑤ 朱天舒. 辽代金银器［M］. 北京：文物出版社，1998。

⑥ 李霖. 河北承德县道北沟村辽墓［J］. 考古，1990(12)：1141-1142。

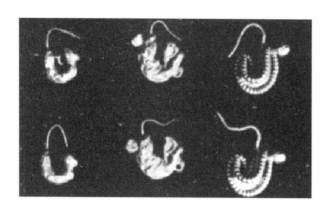

图6-1　金耳饰（辽早期）
内蒙古二八地一号墓出土

（三）其他造型耳饰（表6-4）

除了摩羯形、"U"形和"C"形耳饰外，辽代还出土有少数其他造型的耳饰。其中最有特色的当属摩羯舟形耳饰，既有耳环，也有耳坠。其华丽者当属内蒙古奈曼旗辽陈国公主驸马墓出土的琥珀珍珠摩羯舟形耳坠，每件耳坠有4件琥珀饰件，橘红色，整体均雕刻成龙鱼形小船，龙首，鱼身，船上刻有舱、桅杆、鱼篓、并有划船、捕鱼之人，另附有6颗大珍珠和10颗小珍珠及金钩，全长达13厘米，应是契丹贵族盛装时所佩之饰物（表6-4：4）。类似的摩羯舟形耳饰在辽宁省新民巴图营子也有出土（表6-4：5），香港承训堂也藏有一件相似的耳坠，但都没有陈国公主墓出土的那般繁复。摩羯舟形耳饰的设计立意应是摩羯形耳饰的华丽版，为契丹贵族所享用。

再如凤形耳饰：辽宁省建平县张家营子乡勿沁园鲁村出土有金凤形耳饰，扬翅翘尾，口衔瑞草，腹下亦有云草托浮，毛羽清晰，精巧工致（图6-2）；辽宁法库叶茂台7号墓也出土有穿金丝琥珀凤形金耳环（表6-4：1）。凤纹是辽人最喜爱的纹饰[1]，它在辽代各种器物上和壁画

图6-2　凤衔灵芝蔓草金耳环（辽中期）

高5.6厘米，宽4.7厘米。辽宁省建平县张家营子乡勿沁园鲁村出土，现藏于辽宁省博物馆。两件一副，金质，凤形坠，上端焊接用以穿耳眼的金丝弯钩。凤体由两片合成，中空，凤扬翅翘尾，口衔瑞草，腹下亦有云草托浮

---

❶ 朱天舒. 辽代金银器［M］. 北京：文物出版社，1998：29。

表6-4　辽代其他造型耳饰

1. 穿金丝琥珀凤形金耳环

辽宁法库叶茂台7号墓出土。琥珀呈方形扁体，两面雕凤纹，体内钻"人"字孔，孔内穿金丝，上端金丝弯成坠钩，形似凤首，下端两孔所出金丝似凤足，其造型设计极为巧妙[1]

2. 玉制飞天耳环（疑似）

辽宁喀左北岭白塔子出土。长4.6厘米，宽3.5厘米[2]

3. 金牡丹蝴蝶纹耳环

辽宁朝阳北塔天宫出土。宽1.2厘米、长4厘米。时代约为辽重熙十二年[3]

4. 琥珀珍珠摩羯舟形耳坠（一副，42件）

全长13厘米，金钩直径0.15厘米；6颗大珍珠直径0.8厘米；10颗小珍珠直径0.3厘米（根据组合应有11颗）。4件琥珀饰件，整体均雕刻成龙鱼形小船并有划船、捕鱼之人。内蒙古奈曼旗辽陈国公驸马墓出土。置于尸床东部。大小相同[4]

5. 摩羯舟形金耳环

通长7.3厘米，摩羯舟高2.2厘米。辽宁省新民巴图营子出土。耳环主体作三维摩羯舟形，中有四角亭一，亭两侧各有三人嬉戏。亭顶焊接金丝，弯曲为环脚[5]

① 王秋华. 惊世叶茂台［M］. 天津: 百花文艺出版社，2002。

② 许晓东. 辽代玉器研究［M］. 北京: 紫金城出版社，2003。

③ 扬之水. 奢华之色——宋元明金银器研究［M］. 北京: 中华书局，2010。书中注载: 摘自《朝阳北塔——考古发掘与维修工程报告》。

④ 内蒙古自治区文物考古研究所. 哲里木盟博物馆. 辽陈国公主墓［M］. 北京: 文物出版社，1993。

⑤《中国金银玻璃珐琅器全集》编辑委员会. 中国金银玻璃珐琅器全集2: 金银器（二）［M］. 石家庄: 河北美术出版社，2004。图录称
　　之为"簪"，笔者认为应是耳环，只是其环脚已被拉直。

石刻上的使用比摩羯纹还要广泛，且其风格受唐代凤纹和宋代凤纹的影响比较明显。

辽宁喀左北岭白塔子还出土过一对白玉飞天饰物（表6-4：2），飞天戴冠、侧脸、双手合十于胸前。一腿前伸，一腿逆向弯曲。露足。身披飘带，带端作三瓣花形。下托简化云纹。头顶向后伸出一弯曲细长形物，似为穿耳所用，故推断为耳饰。以飞天为耳饰题材，此为孤例。另外，在辽宁朝阳北塔天宫还出土过一对金牡丹蝴蝶纹耳环（表6-4：3），这种花蝶形耳饰明显受到宋代耳饰的影响。

三、结论

从目前出土资料看，辽代耳饰无论从造型变化还是出土数量，都远胜唐朝，亦为金、西夏所不及，且其款式自成一格。与辽同时代的宋虽然是中国汉族女性开始普遍佩戴耳饰的时期，但摩羯形耳饰在宋耳饰中几乎没有出现。尽管辽代耳饰的摩羯纹受唐代摩羯纹的影响很深，❶宋代耳饰流行的花果蜂蝶图案在辽代耳饰上也有少量体现，但辽代耳饰设计中所体现的文化独立性还是显而易见的。

❶ 朱天舒. 辽代金银器 [M]. 北京：文物出版社，1998：32。

第七章

金代耳饰

金，或称大金、金朝，是位于今日中国东北地区的女真族建立的一个政权。女真是一个通古斯语系的民族，长期以来生活在现今吉林和黑龙江省、松花江流域和长白山麓的"白山黑水"地区，是满族的祖先。隋唐时期，女真族被称为靺鞨，其中粟末靺鞨和黑水靺鞨是比较强盛的两个部落；前者活动于粟末水（松花江）以南地区；后者活动于长白山一带，8～9世纪渤海国强盛时，隶属于渤海国。契丹建国以后，灭掉渤海，黑水靺鞨便从属于辽代，并以女真的名称见称于世。女真族由于深受契丹贵族的种种奴役和压迫，在公元1115年反辽战役取胜后，完颜部的阿骨打称帝建国，改国号为金。

女真由于长期受制于契丹，灭辽后又与宋朝南北并立，故此，在文化艺术上是受辽、宋两朝文化影响颇深的一个民族。这点在耳饰上亦可见一斑。

一、金代男性耳饰

金代和辽代一样，男女均佩戴耳饰。《大金国志·男女冠服》载："金俗好衣白。……（耳）垂金环，留颅后发，系以色丝。"山西高平二仙庙露台石刻上即可看到佩戴耳环的金代男子形象，金代的墓葬中出土的男用耳饰也可证明这一点。

金代的男用耳饰，一般形制小巧，造型极似明清时期的丁香，是同时期的其他民族所罕见的（表7-1）。1988年在黑龙江省阿城巨源乡发掘的齐国王完颜晏夫妻合葬墓，保存情况绝佳，出土服饰完整，是我们研究金代服饰的重要标尺和依据。棺内的齐国王和王妃头部两耳旁，便各有一副金耳饰出土。齐国王的耳饰原落于两耳部下方的枕面上（表7-1：1），左右各一，金质圆形镶珠座，背面焊接反曲耳钩，圆座内原镶珍珠，现已干枯脱落。环圆座上缘滴金珠纹饰，其里圈滴金珠相沿环列，外圈滴珠每隔两珠滴一珠，平面为三珠外圆相切，在此三珠所切之中心再堆加一滴金珠，形成三角体滴珠为一组花。其中一只环边为28组滴珠，另一只为29组。圆座外面为绳纹金丝折正反三角形纹。虽然小巧，但做工非常精致。

相似的金耳饰在黑龙江绥缤中兴古城金墓也有出土（表7-1：2）。其正面为一圆形小联珠环组成，内镶褐色圆石，由曲形金柄连接，每个金托立面均为凸点连以水波纹，底托面为菱形网纹。

哈尔滨新香坊金墓出土的葵花形金耳饰（表7-1：3），造型与此也几近一致。其为一对，葵花径1.6厘米，花心径0.9厘米，葵花有12个花瓣，中间花蕊呈圆环状，环边饰斜螺旋纹，由一曲形金柄连接。根据以上两款耳饰造型推断，葵花花心中原也应有珠宝镶嵌，只是出土时已经脱落。与这对耳饰一同出土的还有一对金镶鸟形玉饰耳饰，当年的发掘者把这两对耳饰作为一件套文物来入库，但客观来讲，镶饰鸟形玉饰的耳饰，"鸟尾下部接连一曲形金柄"，葵花状耳饰也有"一曲形金柄"，似乎这件金镶玉耳饰应该能分成两套，它们的"曲形金柄"可以使每对耳饰单独佩戴。如果这四件成套佩戴的话，那么佩戴人的每个耳朵上至少是要有两个耳洞的，这虽然也符合女真族的风俗规范，**❶**但根据齐国王完颜晏夫妻合葬墓中耳饰的出土情形来看，笔者认为如果把它们当作两副耳饰来看的话，似乎更为合理，镶饰鸟形玉饰的耳饰由于造型华贵，装饰性较强，当为女用耳饰，葵花形耳饰当为男用耳饰。

当然，金代男子耳饰的造型不可能只有金嵌宝丁香式这一种类型，此类耳饰或许金代贵族男子佩戴得多一些。

表7-1　金代男子耳饰

1. 金嵌宝耳饰	2. 金嵌宝耳饰	3. 葵花形金耳饰
黑龙江省阿城巨源乡齐国王完颜晏夫妇合葬墓出土，现藏于黑龙江省博物馆。出土时位于齐国王两耳部下方的枕面上，圆座中所嵌珍珠已干瘪脱落。圆座外径1.3厘米，内径1.05厘米，厚0.43厘米，耳钩长1.5厘米，扁宽0.18厘米，反曲之间距约0.4厘米[①]	黑龙江绥缤中兴古城金墓出土，现藏于黑龙江省博物馆。一件。正面为一圆形小联珠环组成。内镶褚色圆石，由一曲形金柄连接。直径1.6厘米，厚0.5～0.8厘米[②]	一对，哈尔滨新香坊金墓出土，现藏于黑龙江省博物馆。葵花径1.6厘米，花心径0.9厘米，金光闪闪的葵花有12个花瓣，中间花蕊呈圆环状，环边饰斜螺旋纹，由一曲形金柄连接[③]

① 赵评春，等. 金代服饰:金齐国王墓出土服饰研究［M］. 北京: 文物出版社. 1998: 8。

② 胡秀杰，田华. 黑龙江省绥滨中兴墓群出土的文物［M］. 北方文物，1991（4）。

③ 黑龙江省博物馆. 哈尔滨新香坊墓地出土的金代文物［M］. 北方文物，2007（3）。

❶ 朝鲜文人李民寏，1619年，作为元帅姜弘立的幕僚，在随其攻打努尔哈赤的都城赫图阿拉时，曾战败被停于建州，亲眼见到后金女真服饰风俗，获释后回国写了《建州闻见录》，文载："（女真），插以金银珠玉为饰。耳挂八九环。"

二、金代女性耳饰

金代耳饰（表7-2）确定为女性墓葬中出土的笔者目前搜集有两例。一例是前述阿城金齐国王完颜晏夫妇合葬墓的王后头部两耳下方，左右各一，出土有形制相同的一对金嵌宝慈姑叶式耳饰❶（表7-2：1）。出土时左耳饰圆芯座内所嵌珍珠尚在，右耳饰内珍珠已分层残脱。金耳饰座采用掐丝滴珠工艺，造型为慈姑叶形，内嵌绿松石，中部圆芯内嵌珍珠，三瓣间为卷蔓纹，背部焊接金挂钩。慈姑叶是满池娇纹样的基本要素之一，《本草纲目》果部卷三三"慈姑"条特别阐释了它得名的缘由，曰"慈姑，一根岁生十二子"，可见其也因象征多子而成为女子所喜爱的纹样。类似的饰物如巴林左旗哈达英格乡石房子村辽祖州遗址出土的一枚玉慈姑叶❷，湖南沅陵元黄氏夫妇墓还出土有一对金穿玉慈姑叶耳环（表8-6：6）。以象征多子的花果枝叶纹作为首饰的纹饰自宋代起就一直在汉族女子中非常流行，因此这副金齐国王后的耳饰明显是受到宋代汉族文化的影响。

表7-2　金代女子耳饰

1. 金嵌宝慈姑叶耳环

通高3.85厘米、通宽2.45厘米。黑龙江省阿城巨源乡齐国王完颜晏夫妇墓出土。出土时位于齐国王后两耳下方，左右各一，形制相同。出土时左耳饰圆芯座内所嵌珍珠尚在，右耳饰内珍珠已分层残脱。金耳饰座采用掐丝滴珠工艺，造型为三片桃形瓣，内嵌绿松石，中部圆芯内嵌珍珠，三瓣间为卷蔓纹，背部焊接金挂钩。现藏于黑龙江省博物馆❶

2. 金穿绿松石耳饰

沈阳市小北街金墓出土。一对。出土于M2墓主的耳部两侧，墓主为女性。弯钩呈S状，尾部略尖，横断面为扁圆形。前端中间部分缠为双丝，从菱形绿松石内穿过，在下端绕成灯笼形，以其中一条金丝缠绕固定。高4.5厘米，重12.2克②

① 赵评春，等. 金代服饰：金齐国王墓出土服饰研究［M］. 北京：文物出版社. 1998：38；黑龙江省文物考古研究所李陈奇，赵评春. 黑龙江古代玉器［M］. 北京：文物出版社，2008。

② 沈阳市文物考古研究所. 沈阳市小北街金代墓葬发掘简报［J］. 考古，2006（11）；彩图摘自：杨海鹏. 别样风情的女真金耳饰［J］. 收藏家，2009（4）：42-44。

❶ 参考扬之水先生在《奢华之色——宋元明金银器研究》一书中的定名，第128-130页。

❷ 唐彩兰. 辽上京文物撷英［M］. 呼和浩特：远方出版社，2005：133。玉叶长3.2厘米，最宽处2厘米，背有穿孔。

另一例是沈阳市小北街金墓出土的一对金穿绿松石耳饰（表7-2：2）。出土于M 2墓主的耳部两侧，墓主为女性。弯钩呈S状，尾部略尖，横断面为扁圆形，前端中间部分绛为双丝，从菱形绿松石内穿过，在下端绕成灯笼形，以其中一条金丝缠绕固定。金穿绿松石耳饰在北方游牧民族中非常常见，但此种造型在金代以前还比较少见，其大约流行在元代，应是元代金穿绿松石"天茄"耳饰的雏形（表8-4），明代流行一时的金镶宝琵琶耳环也与其有异曲同工之感（表9-7），可见女真文化对后世的影响。

三、金代耳饰纹饰及造型特点

金代女真族的耳饰造型总体上来讲比较简洁，符合游牧民族的实际生活方式，尤其是男性贵族的丁香式耳饰，简洁又不失装饰性，是同时代其他民族所罕见的。金代耳饰的纹样设计受辽宋文化影响深远，并对后世的元代蒙古族、甚至清代满族的耳饰造型产生深远影响。

（一）花果纹耳饰（表7-3）

花果纹是宋代汉族女子耳饰最常见的纹饰，金代与南宋南北并立，受汉族文化影响颇深，其耳饰纹样也同样广泛采用花果纹饰和造型，且同样钟爱象征多子的植物花果。如前文提到的哈尔滨新香坊金墓出土的葵花形金耳饰（表7-1：3），完颜晏夫妇合葬墓出土的金嵌宝慈姑叶耳饰（表7-2：1）等，皆属此类。另外，在黑龙江绥缤奥里米古城征集有一款橡果形金耳饰（表7-3：1），其由三片和四片金叶簇聚，叶片交接处分别装饰一枚金橡果实，做工精致，是女真匠人的优秀作品。黑龙江绥缤中兴古城金墓出土一件金嵌玛瑙耳饰（表7-3：2），椭圆形金丝底托，金珠形周边，内镶掐丝团花，花芯内嵌紫红玛瑙圆珠，花瓣残剩三瓣，下垂一八瓣形垂珠，金红相映，显得妖娆而华贵，应是金代贵族女性的饰物。

在黑龙江绥缤奥里米古城周围的金代墓群，还出土过一系列金嵌宝耳饰，造型相似，似为这一地区流行的款式。耳饰主体均为以细金丝精编而成的一长方形篮筐状长方形饰物，内里原应镶嵌有珠宝，上部饰有一花形或圆形花托，后连一S形金耳钩，金耳钩通过一根粗金丝与篮筐状饰物相连，并穿过篮筐下部向内弯成一个涡卷（表7-3：3、4）。在黑龙江绥滨县永生大队附近发现的金代平民墓中，也出土过一件造型类似的金耳饰。❶这种造型的耳饰设计后来被元代的蒙古族所继承，内蒙古锡盟镶黄旗乌兰沟元墓出土过一款金嵌宝耳饰（表8-7：5），和此类耳饰极其相似。将耳钩的一端制成金丝的形式穿过耳饰主体，在其下部打成一个涡卷形进行连接并兼具装饰的功能，这种做法在元代各式耳环中也很常见。

---

❶ 黑龙江省文物考古工作队. 绥滨永生的金代平民墓［J］. 文物，1977（4）：50-53。

（二）"C"形耳饰（表7-3）

女真隋唐时期被称为靺鞨，8～9世纪渤海国强盛时，隶属于渤海国。后被契丹所灭，便从属于辽代，长期受制于契丹。一直以来，大多数学者都认为女真受辽文化影响颇深。实际上，从耳饰的出土情况来看，契丹也曾广泛地受到靺鞨的影响。

辽代时广为流行的一种"C"形耳饰，其最早是在黑水靺鞨墓葬中发现的。俄罗斯特罗伊茨基黑水靺鞨墓地曾出土有这种"C"形耳环（图7-1）❶，有金、银和青铜三种质地，环体呈"C"形，其底部和上部有突起，犹如"C"形耳环上缀挂饰件，突起与环体为一次铸造而成。内蒙古东北近黑龙江的海拉尔谢尔塔拉一号墓也出土有此类耳饰（图7-2），出土该金耳饰的M 1墓地，其年代经放射性碳素测定为公元667～797年，❷从年代和出土地点来看，应为唐代渤海国时期遗物，即黑水靺鞨族遗物。据冯恩学先生在《黑水靺鞨的装饰品及渊源》一文中分析，此类耳饰应是突厥文化东传的结果。"C"形耳饰在金代的墓葬中也有发现。如哈尔滨新香坊辽金墓共出土有4件此类耳饰，分二式：Ⅰ式，两件，大小相同，整体由黄金铸造，呈椭圆形，未全封闭，留有一小豁口。花茎上共有三个花蕾形突起，下为一个垂直花叶。长4.1厘米，宽2.3厘米（表7-3：6左）；Ⅱ式，两件，外形与Ⅰ式相近，但两个突起的花蕾较Ⅰ式更大、更突出。长4.4厘米，宽2.3厘米（表7-3：6右）。

因此，从以上分析来看，"C"形耳饰应是起源于游牧民族突厥，然后东传至内蒙古和黑龙江地区

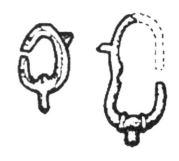

▲ 图7-1 "C"形耳环
俄罗斯特罗伊茨基黑水靺鞨墓地出土

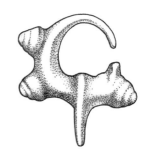

▲ 图7-2 "C"形金耳环
内蒙古东北近黑龙江的海拉尔谢尔塔拉一号墓出土

---

❶ 冯恩学. 黑水靺鞨的装饰品及渊源［J］. 华夏考古，2011（1）；图片摘自此文第117页图二：9-10。

❷ 国家文物局. 1998年中国重要考古发现［M］. 北京：文物出版社，2000。

图7-3　金叶饰耳环，一端铸成树叶形。哈尔滨呼兰和双城金墓出土

的靺鞨族，并进而被契丹人所接受，其形制一直延续至金代女真族。在女真族墓葬中，还出土过这种"C"形耳饰的装饰性变体，如哈尔滨呼兰和双城金墓出土的一对金叶饰耳环（图7-3），每只耳环各饰有四片下垂的叶片，似乎是花蕾绽放开了的感觉。❶

表7-3　金代其他出土耳饰

1. 橡果形金耳饰

黑龙江绥缤奥里米古城征集。由三片和四片金叶簇聚，叶片交接处分别装饰一枚金橡果实，是金代黑龙江流域女真匠人的优秀作品。隐然可见宋代花叶、果实耳环题材的影响。现藏于黑龙江省博物馆①

2. 金嵌玛瑙耳饰

黑龙江绥缤中兴古城金墓出土。一件。椭圆形金丝底托，金珠形周边，内镶掐丝团花。花芯内嵌紫红玛瑙圆珠，花瓣残剩三瓣，圆芯内直径0.66厘米，侧连一曲形金柄，挂钩及挂饰已同朵瓣分体，原应为一体，下垂一八瓣形垂珠，直径0.77厘米，珠上部为金边十瓣，底面花纹为两根细金丝拧为两股似绳纹。通长5.9厘米，朵长1.64厘米，宽0.87厘米。现藏于黑龙江省博物馆②

❶ 黑龙江省文物考古工作队. 从出土文物看黑龙江地区的金代社会［J］. 文物，1977（4）：30。

3. 金嵌宝耳饰

　　黑龙江绥缤奥里米古城金墓出土。长3.3厘米，曲柄，一端为盛开的花朵，下面联结着一个金丝精编而成的篮筐式长方形饰物，里面应镶有玛瑙、玉石等，但已脱落[3]

4. 金耳饰

　　绥滨县奥里米辽金墓出土。一件。用细金丝精编而成，长方形篮筐状，一端有圆形花托，托内应该有红宝石（玛瑙）组成花蕾，出土时已脱落。背后有一曲形柄，做工精美。长3.8厘米，宽2厘米[4]

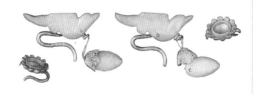

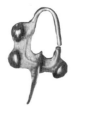

5. 金穿玉耳坠

　　一对。哈尔滨市新香坊金墓出土，现藏于黑龙江省博物馆。玉鸟4.2厘米×1.5厘米，玉叶2厘米×1厘米。其与葵花形金耳饰（表7-1：3）一同出土[5]

6. 金耳饰

　　哈尔滨新香坊金墓出土，共四件，分二式。
　　Ⅰ式，两件，大小相同，整体由黄金铸造。长4.1厘米，宽2.3厘米（图左）
　　Ⅱ式，两件，长4.4厘米，宽2.3厘米（图右）[6]

① 黑龙江省文物考古工作队. 松花江下游奥里米古城及其周围的金代墓群［J］. 文物, 1977(4)：56-62；周汛, 高春明. 中国历代妇女妆饰［M］. 香港：三联书店（香港）有限公司, 上海：学林出版社, 1988。

② 胡秀杰, 田华. 黑龙江省绥滨中兴墓群出土的文物［J］. 北方文物, 1991（4）；彩图摘自：杨海鹏. 别样风情的女真金耳饰［J］. 收藏家, 2009（4）：42-44。

③ 黑龙江省文物考古工作队. 松花江下游奥里米古城及其周围的金代墓群［J］. 文物, 1977(4)：62；彩图摘自：周汛, 高春明. 中国历代妇女妆饰［M］. 香港：三联书店（香港）有限公司, 上海：学林出版社, 1988。

④ 方明达, 王志国. 绥滨县奥里米辽金墓葬抢救性发掘［J］. 北方文物, 1999（2），原报告中称其为金头饰。

⑤ 黑龙江省博物馆. 哈尔滨新香坊墓地出土的金代文物［J］. 北方文物, 2007（3）；《中国金银玻璃珐琅器全集》编辑委员会. 中国金银玻璃珐琅器全集2：金银器（二）［M］. 石家庄：河北美术出版社, 2004。

⑥ 黑龙江省博物馆. 哈尔滨新香坊墓地出土的金代文物［J］. 北方文物, 2007（3）。

（三）耳坠（表7-4）

金代女真墓葬中也有一种极具特色的耳坠出土，其款式来源于靺鞨族，并在后世的清代满族中广泛流行。

此类耳环多由金属环圈和玉质悬坠组成。在唐代黑水靺鞨的墓葬中就多有发现，环圈多为银丝，少数用铜丝。环圈的银（铜）丝端头略宽，并有一个穿孔。多数圈丝端头相对接，少数圈丝端头叠压相接。悬坠以玉石质的圆片形坠最为常见。圆片坠大小不一。小者直径不足1厘米，类似扁珠；大者直径达4厘米（表7-4：4左）。此外，还有很少的特殊形态的悬坠，如俄罗斯阿穆尔州特罗伊茨基墓地M 37出土两件耳环是银圈悬挂着棒槌形银坠（表7-4：4右）。M 112出土一件耳环是银圈悬挂着双连璧形玉坠（表7-4：4中）。在滨海边疆区的莫纳斯特卡靺鞨墓地中也发现少量的此类耳坠，其中一件的悬坠竟然是唐朝开元通宝铜钱。此类耳坠在特罗伊茨基黑水靺鞨墓地出土最多，但在同时代的松花江、牡丹江流域的粟末靺鞨墓葬中，唐墓和突厥墓等周围地区都极少发现，所以应是黑水靺鞨具有专属特色的装饰品。❶但在黑龙江宁安市莲花乡虹鳟鱼场渤海墓葬墓主人头部耳侧，曾发现有一圆形青玉悬坠，应是此类耳坠的附件，只是原钩挂环圈已无（表7-4：1）。❷

五代以后，契丹人称黑水靺鞨为女真，故此，金代女真人延续黑水靺鞨对此类耳坠的喜好便是很自然的事情。我们在黑龙江的一系列金代墓葬中都可发现此类耳坠和玉质耳饰附件的出土。如黑龙江依兰县晨光水电站地下便发现有多件白玉银环耳坠（表7-4：5、6），白玉坠环呈方圆形，大小不一，玉环中部穿孔呈上大下小的葫芦形，以银环贯之；黑龙江依兰县现园林处院内也发现有类似白玉坠环（表7-4：2），玉环呈圆形，中部亦有一葫芦形穿孔，只是金属环已失；金上京城西外侧阿骨打陵北侧金代墓群中也出土过此类白玉坠环（表7-4：3），玉环呈圆环状，环璧上部有一穿孔，应是用以连缀金属环圈的。哈尔滨新香坊墓地也出土过此类坠环，为白色琉璃质地，造型为圆环状，环璧无穿孔。❸

女真族是满族的直系祖先，故清代耳饰中此类耳坠存世量巨大，在传世照片中也常可见到佩戴此类耳饰的各个阶层女子形象，且做工愈加精湛（表10-4）。

---

❶ 冯恩学. 黑水靺鞨的装饰品及渊源［J］. 华夏考古，2011（1）。
❷ 渤海国是大唐帝国册封体制下的一个以粟末靺鞨为主体的地方民族政权，因此，渤海墓葬中出土此类耳饰附件，应说明粟末、黑水靺鞨两部族文化上的相互交流和影响。
❸ 黑龙江省博物馆. 哈尔滨新香坊墓地出土的金代文物［J］. 北方文物，2007（3）：56。

表7-4　女真（靺鞨）金属环穿玉坠耳坠

1. 青玉耳坠（靺鞨）	2. 白玉圆形耳坠	3. 白玉环形耳坠
外径2.65厘米，内径0.97厘米，厚0.32厘米，内缘豁口横宽约0.28厘米，纵长约0.47厘米。出土时位于墓主人头部耳侧，原钩挂饰件已无。出土于黑龙江宁安市莲花乡虹鳟鱼场渤海墓葬，现藏于黑龙江省文物考古研究所①	外径3.76厘米，厚0.2厘米，上孔径0.5厘米，下孔径0.86厘米。出土于黑龙江依兰县现园林处院内，现藏于依兰县博物馆①	外径2.5~2.55厘米，内径0.7~0.72厘米，厚0.25~0.27厘米，孔径0.1~0.17厘米。出土于金上京城西外侧阿骨打陵北侧金代墓群，现藏于阿城文物管理所①

4. 银环耳坠（黑水靺鞨）	5. 白玉银环耳坠	6. 白玉银环耳坠
特罗伊茨基靺鞨墓地出土②	长3.60厘米，宽3.28厘米，厚0.21厘米，上孔径0.52厘米，下孔径0.86厘米。出土于黑龙江依兰县晨光水电站，现藏于依兰县博物馆①	白玉质有银环耳坠长4.02厘米，宽4.32厘米，厚0.25厘米，上孔径0.5厘米，下孔径1.03厘米。缺银环耳坠长4.13厘米，宽4.4厘米，厚0.21厘米，上孔径0.48厘米，下孔径1.03厘米。1977年出土于黑龙江依兰县晨光水电站，现藏于依兰县博物馆①

① 黑龙江省文物考古研究所李陈奇，赵评春. 黑龙江古代玉器［M］. 北京：文物出版社，2008。

② 冯恩学. 黑水靺鞨的装饰品及渊源［J］. 华夏考古，2011(1)；图片摘自此文第115页图一：7-9。

（四）金代其他款式耳饰

　　除了以上提到的几种金代耳饰的典型款式之外，各地金墓还出土有其他繁简不一的一些耳饰款式。其中最简单的，也是在各时代墓葬中最普遍出现过的便是圆环形耳环。如黑龙江省阿城市双城村金墓群四队墓区曾出土铜耳环一只，残断，直径2厘米，无纹饰。据报告称其为金代初期墓葬。❶类似的耳环早在吉林省和龙县河南屯渤海古墓中便曾出土过，耳环几近

❶ 阎景全. 黑龙江省阿城市双城村金墓群出土文物整理报告［J］. 北方文物，1990（2）：38。

圆环状，通体素面，金光闪亮。剖面近三棱形（图6-1）。❶

黑龙江省绥滨中兴墓群曾出土两只弯曲成S形的银耳饰，剖面为圆形，高2厘米（图7-4）❷。此类耳饰在内蒙古锡林郭勒盟东乌珠穆沁旗哈力雅尔蒙元时期墓葬（表8-7：4）、内蒙古四子王旗卜子古城（表8-7：1）等地也曾出土过。当为北方游牧民族所喜爱的一种款式。黑龙江绥滨奥里米古城金墓还出土过一种金耳饰，耳饰中间为挂环，两侧下伸呈叉形，叉身两侧中间各有三个圆凸节，下扁平，长4厘米（图7-5）❸。

在金墓中出土的最华丽的一款耳饰当属哈尔滨市新香坊金墓出土的一对金穿玉耳坠（表7-3：5）。耳坠上部为一金钩穿饰一鸟形玉片，颈下穿孔通过腹部至尾部，金丝穿入孔中向下弯，鸟尾下部接连一曲形金钩。下带含苞待放的玉花蕾坠，以金花叶托饰。玉鸟作飞翔状，阴刻线纹勾画尾部及翅膀上的羽毛，眼部呈三角形。此款耳坠的造型明显有着流行于辽金元之际的"春水玉"的影子。"春水玉"渊源于辽金之际流行的"春猎"习俗，"春水"本意是指春猎之水，后成为春猎活动的代称。金人这一习俗直接从辽代契丹族"春捺钵"之制承袭而来，只是金人因狩猎兼农耕的生活方式与辽人传统的以"四时逐水草而居"游牧为主的生活方式不同，而将辽人四时捺钵改成了春、秋狩猎之制，即文献所谓的"春水"（春猎）和"秋山"（秋猎）活动。春水玉最初的造型多以"海东青啄天鹅"为主题图案，后来逐渐省去了核心物像海东青，使整幅图画中原本应有的海东青捕天鹅的紧张血腥气氛荡然无存，进而渐趋衍变成一幅幅清丽空灵、悠然恬静、秀美怡人的"飞鹅（雁）穿莲"水乡景观图画。❹此款耳饰的题材显然渊源于此。

▲ 图7-4　银耳饰
黑龙江省绥滨中兴墓群出土

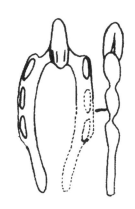

▲ 图7-5　金耳饰
黑龙江绥缤奥里米古城金墓出土

❶ 蒋文光，夏晨. 中国古代金银器珍品图鉴［M］. 北京：知识出版社，2001。
❷ 胡秀杰，田华. 黑龙江省绥滨中兴墓群出土的文物［J］. 北方文物，1991（4）。
❸ 胡秀杰. 黑龙江省绥滨奥里米古城及其周围墓群出土文物［J］. 北方文物，1995（2）；图片摘自此文图四：1。
❹ 杨玉斌. 春水玉赏析［J］. 收藏家，2009（9）。

四、结论

通过以上分析，我们可以看出，金代贵族男女皆有佩戴耳饰的习俗。贵族男子的耳饰流行一种造型简约的金嵌宝丁香式耳饰，为同时代其他民族所罕见。金代耳饰的纹样与造型设计受辽宋文化影响深远，如花果纹明显是受到宋代汉文化影响；"C"形耳饰应是起源于游牧民族突厥，后经靺鞨、契丹等游牧民族的传承，延续至金代女真；金属环圈和悬坠组构而成的耳坠则是起源于靺鞨族的特色款式，直接被女真所继承，并延续至清代满族。另外，由于游牧民族的特有生活方式和喜好，金代耳饰的很多款式都直接被后世的元代蒙古族所吸收和继承。

第八章

元代耳飾

成吉思汗所建立的蒙古帝国，横跨亚欧大陆，气魄非凡，蒙古铁骑的西征虽然给中亚、西亚、东欧的各国人民带来了灾难，但客观上打通了东西方的贸易壁垒，促进了东西方文化贸易的交流。贸易的往来首先影响到的是贵族阶层，通商、进贡甚至是抢掠来的各地奇珍汇集于蒙古贵族的手里。这种影响必然在他们的服饰之中有所展现。不仅衣料要用织入金丝的织金锦和珍贵皮毛，还必加些金珠宝石尚可满足。照《马可·波罗游记》所述，元统治者每年必举行大朝会十三次，统治者和身边有爵位的亲信达官贵族约一万两千人，参加集会时，必分节令穿统一颜色金锦质孙服。并且满身珠宝，均由政府给予。❶因此，宝石应用于元代贵族身上既广泛，种类也繁多。贵重难得的价值格外高，有许多还是海外各国来的，称为"回回石头"。仅《南村辍耕录》上记载的宝石，红的计四种，绿的计三种，各色鸦鹘（即刚玉宝石）❷计七种，猫睛两种，甸子三种，各有不同名称出处。

统治者如此，上行下效，因此，元代的时风自然也会受到异族风情的影响。表现在耳饰上，就是喜爱黄金制品，尤其注重宝石镶嵌，追求一种金碧辉煌、珠光宝气的效果。游牧民族对黄金和珠宝的狂热喜好，与中原汉族崇尚美玉的传统，自古就有很大反差，像姑姑冠上的塔形葫芦环和葫芦、天茄、一珠等耳饰款式，均适宜嵌宝，因此在元代格外风行。

一、元代蒙古族男子耳饰

对于元代蒙古族服饰的研究近年来尽管取得了很大进展，但与汉族古代服饰研究相比，成果还是非常有限的。其中最主要的原因就是元代蒙古服饰遗存数量极少，这与蒙古族游牧的生活方式和秘葬的丧葬习俗有很大关系。蒙元时期蒙古族的葬俗变为秘葬，这在很多文献中都有记载。例如《黑鞑事略》："其墓无冢，以马践蹂，使如平地"。明朝叶子奇著《草木子》中也记载：元朝皇帝驾崩，"用啰木两片，凿空其中，类人形大小合为棺，置遗体其中……以万马蹂之使平。杀骆驼于其上，以千骑守之。来岁草既生，则移帐散去，弥望平衍，人莫知也"。秘葬的形式尽管可以保护帝王贵族的陵寝免受打扰，但也使蒙古贵族的日常服用难得一见实物，为后世的考证增添了很大的难度。我们只能从史籍记载的只言片语，

---

❶ 马可·波罗口述，鲁思梯谦笔录，曼纽尔·科姆罗夫英译，陈开俊等合译. 马可·波罗游记［M］. 福州：福建科学技术出版社，1981。

❷ 宋岘. "回回石头"与阿拉伯宝石学的东传［J］. 回族研究，1998（3）。

保留下来有限的人像作品，以及数量稀少而成片段式的服饰遗迹中尽可能地勾勒出当时的情境。

汉人男子自古不戴耳饰，而蒙古贵族男性是要佩戴耳饰的，其作为彰显财富和地位的一种手段，是北方游牧民族自古以来沿袭的传统。历代帝王像中，唯元朝统治者的耳朵上有佩戴耳饰者，通常是耳坠，且造型整齐划一，历任帝王并无多大变化。均为以一金环穿过耳垂，下面坠有一颗玉石类的圆珠，珠体圆白饱满，似为珍珠（表8-1：1）。但从故宫旧藏元代帝王像来分析，元初帝王似乎并不在意妆饰，比较朴素。如元太祖铁木真、元太宗窝阔台、元世祖忽必烈，身上均无任何金玉耳饰和帽饰。从元成宗铁木耳开始，珠宝饰品（主要是耳饰和帽顶）才开始在帝王身上显现，并一直世代延续。这应该与开国之君励精图治、勤俭治国有关，而后世之君安享前代开创之荣华，穿戴服用日益奢华繁缛，已成历代之规律。但在我国台北故宫博物院所藏刘贯道绘《元世祖出猎图》中（图8-1），忽必烈则是耳戴"一珠"耳坠的，形制与元代帝王图中后世帝王耳上所带耳坠如出一辙，只是坠珠为一颗红色宝珠（表8-1：3）。他身旁贴身的男性侍从则是耳戴金环，两名黑奴则只见耳洞，未见耳饰，可见是否佩戴耳饰及耳饰的款式在元代蒙古男性中或许是表

▲ 图8-1 刘贯道《元世祖出猎图》局部，中国台北故宫博物院藏。上图为元世祖旁侍女

示身份等级的一种标志。

但我们可以肯定的是，元代帝王像中描绘的这种一珠式耳坠应该是元代帝王最普遍佩戴的一种耳饰。在纽约大都会博物馆所藏缂丝元代帝王像中也可看到类似耳饰（表8-1：2）。《元史·耶律希亮列传》中也有这样的记载，因耶律希亮战功卓绝，"王（忽必烈）遗以耳环，其二珠大如榛，实价值千金，欲穿其耳使带之。"❶ 这里虽称为耳环，但从描述来看，应就是前文所说的一珠式耳坠，款式看似简约，但因大颗珍珠的罕见，实则价值不菲。至于"一珠"一名，则来自于元代熊梦祥著《析津志》中对姑姑冠一节的描述："（珠）环多是大塔形葫芦环，或是天生葫芦，或四珠，或天生茄儿，或一珠。"❷

表8-1　元代蒙古贵族男子耳饰

1. 元文宗像

耳上所戴为典型的"一珠"耳环，现藏于中国台北故宫博物院

2. 缂丝元明宗坐像

现藏于美国大都会博物馆

3. 《元世祖出猎图》中元世祖忽必烈的形象

元刘贯道绘，现藏于中国台北故宫博物院

二、元代女性耳饰

元代蒙古贵族妇女的首饰门类和中原汉族妇女有很大不同，其主要集中在姑姑冠上，颈部、前胸并无厚重繁杂的装饰，耳部则有耳饰与冠戴相辉映。蒙古贵族酷爱珠宝，因此其不论是姑姑冠上，还是两耳边，都是以名贵的珠宝来进行装饰。意大利方济各会传教士鄂多立克的《东游录》一书中对姑姑冠有非常形象的描述："已婚者头上戴着状似人腿的东西，高

---

❶（明）宋濂，王祎. 元史 [M]. 北京：中华书局，1976。
❷（元）熊梦祥. 析津志辑佚 [M]. 北京：北京古籍出版社，1983：206。

为一腕半，在那腿顶有些鹤羽，整个腿缀有大珠；因此若全世界有精美大珠，那准能在那些妇女的头饰上找到。"[1] 元代皇后的盛装像自不必说，辉映着珠光宝气的冠帽，耳边也是环佩叮当，即使是燕居或者出猎的打扮，耳边也会有简约的珠宝。窝阔台汗宠爱的美女木格哈敦"耳边戴着两颗珍珠，犹如两颗和明月会合而受福的光灿小熊星"[2]。《元世祖出猎图》中忽必烈身旁的侍女也是耳垂上一边一颗珍珠耳钉，明晃晃的（图8-1）；伊朗史书《妇女生子图》中的蒙古族贵族妇女耳边均挂有耳饰（图8-2）。

▲ 图8-2 伊朗史书《妇女生子图》中的蒙古贵族妇女

对于元代的汉族女性来说，珠宝耳饰也是在隆重场合应该佩戴的一种饰物。《辍耕录》中记载有这样一则故事：当时有一婢女，"主人有姻事，暂借亲眷珠子耳环一双，直钞三十余锭"[3]。可见耳饰所代表的郑重。在元朝的《舆服志》中，对耳环质料的规定相较其他首饰也会格外宽松一些："命妇庶人首饰，一品至三品许用金珠宝玉，四品、五品用金玉珍珠，六品以下用金，惟耳环用珠玉"；"庶人……首饰许用翠花，并金钗镯各一事，惟耳环用金珠碧甸，余并用银。"[4] 从元代出土耳饰实物来看，也的确如此，金珠碧甸的珠玉耳环占了耳饰中的大宗。

（一）大塔形葫芦环（表8-2）

元代蒙古族贵妇的耳饰造型颇有特色，称为珠环，也可称掩耳，其为姑姑冠上面的装饰，从两边垂下来，或系或挂于珍珠链缨之上，掩在左右当耳处，故名。元代熊梦祥著《析津志》姑姑冠条有较为详细的描述："与耳相连处安一小纽，以大珠环盖之，以掩其耳在内，自耳至颐下，光彩炫人。"尽管与耳环有些相似，但此珠环并非耳环，而是用以遮掩耳朵的一种饰物。其外形"多是大塔形葫芦环，或是天生葫芦，或四珠，或天生茄儿，或一珠。"[5]

[1] 鄂多立克东游录［M］. 何高济，译. 北京：中华书局，1981：74。

[2]（伊朗）志费尼. 世界征服者史［M］. 北京：商务印书馆，2004：247。

[3]（元）陶宗仪. 南村辍耕录［M］. 元明史料笔记丛刊. 北京：中华书局，1959. 卷八飞云渡。

[4]（明）宋濂，王祎. 元史［M］. 北京：中华书局. 1976。

[5]（元）熊梦祥. 析津志辑佚［M］. 北京：北京古籍出版社，1983：206。

而且，其下还缀有三串珍珠长串，串的长短不一，大多数可垂至前胸，少数仅至肩部，在三串珍珠长串的末端，还另缀有金托绿松石珠及金托红宝石珠等作为结束。珠光宝气，华丽异常，不愧为光彩炫人之誉。这在故宫旧藏元世祖皇后像（表8-2：1）和元宁宗皇后像中表现得非常清晰，双耳掩入其内完全不见，只见得珠环的流光溢彩。

从这两张皇后像来判断，此中的珠环造型应该属于文献中提到的"大塔形葫芦环"。葫芦有很多品种，其中有一种葫芦因长得短颈圆腹，适宜做舀水的瓢，故称瓢葫芦（图8-3），这里所说的大塔形葫芦应该就是此类所指。另也因其造型形似藏传佛教佛塔之形，故名。在元代，尽管实行的是鼓励多元宗教并存的政策，但藏传佛教始终是最为活跃的一支，尤其是自元世祖忽必烈始，受到空前推崇，为蒙古统治者崇奉的众教之首。❶伴随着对藏传佛教的推崇，广修寺院和佛塔，使得"凡天下人迹所到，精蓝胜观、栋宇相望"❷。藏传佛教的佛塔有镇邪、纳福、吉祥、迎宾之意，❸往往建在村中最显著的位置，因此，蒙古贵族妇女用于衬托两颊最耀眼的首饰效仿其形也是顺理成章之事。而且，事实上两者的确在外形上也颇有相似之处（图8-4）。杨之水先生将此种耳饰的造型来源归结为"菩萨妆中的璎珞及耳饰"❹，也不无道理，但实际上此种形式的耳饰最初也是多见于藏传佛教的菩萨身上，或许二

▲ 图8-3　瓢葫芦造型

▲ 图8-4　元大都大圣寿万安寺释迦舍利灵通之塔（今北京妙应寺白塔），尼泊尔青年匠师阿尼哥设计

❶ 孙悟湖，等. 元代宗教文化略论［J］. 内蒙古社会科学（汉文版），2003（5）。
❷ 李焘. 续资治通鉴·元纪十五（卷197）［M］。
❸ 拉都. 藏传佛塔的起源及其象征［J］. 四川民族学院学报，2011（6）。
❹ 扬之水. 奢华之色——宋元明金银器研究（卷一）［M］. 北京：中华书局，2010：133。

图8-5　甘肃漳县元汪世显家族墓地出土木屋模型中所绘女子

者最初皆来源于佛塔的意象。

　　从一系列的元代皇后像来看，真正用大塔形葫芦环将双耳完全掩住者并不在多数，绝大部分的皇后耳朵还是暴露在外的。因此，珠环的佩戴方式应也可直接穿挂于耳垂之上。这在元武宗皇后、元仁宗皇后等的一系列肖像中都可以清晰地看到。

　　后来，随着汉人对塔形葫芦耳环的逐渐熟悉，也出现了一些改良的版本，如临澧合口镇澧水河畔出土的"金塔形葫芦环"（表8-2：5），就是直接把珠宝简化成了金泡。而更多的则是在原塔形葫芦环的上部，添加带有汉族吉祥意味的纹饰。简约者如湖南临澧新合元代窖藏出土的"金卷草纹嵌宝塔形葫芦环"（表8-2：4）；复杂者如在湖北黄陂县周家田元墓出土的一对"金累丝嵌宝莲塘小景纹塔形葫芦环"，长约8厘米，重10.3克，一枚薄金片为衬底，上用小金珠状条纹围合出一莲塘小景纹，中心部分嵌着一颗绿松石，周围一圈联珠式小金托，原皆镶嵌有宝石，现均已遗失（表8-2：3）。此耳饰与元代皇后所戴大塔形葫芦环极其相似，只是少了下面连缀的珍珠串饰。新合窖藏出土的另两款"金嵌宝桃枝黄鸟纹塔形葫芦环"（表8-2：6）和"金莲塘小景纹塔形葫芦环"（表8-2：7），均属此类塔形葫芦环的改良版，这应该可以看作蒙汉文化相互影响的一个实物佐证。甘肃漳县元汪世显家族墓地出土的一件木屋模型中的绘画，还可见到以此类耳环为饰的汉族女子形象[1]（图8-5）。

---

[1] 俄军. 甘肃省博物馆文物精品图集［M］. 西安：三秦出版社，2006：269。

表8-2　元代大塔形葫芦环

1 《元世祖后像》，姑姑冠两旁所坠为掩耳式大塔形葫芦。现藏于中国台北故宫博物院

2. 《缂丝元明宗皇后坐像》（局部），从图像上分析，其所戴大塔形葫芦环是挂于耳上的。现藏于美国大都会博物馆

3. 金累丝嵌宝莲塘小景纹塔形葫芦环

武汉黄陂县周家田元墓出土。一对。一枚薄金片为底衬，其上一重为装饰。表层的中心部分做一个滴珠形的石碗，内嵌一颗绿松石。环此一周为11个用拱丝填出边框的联珠式石碗，唯内里嵌物均失。上半部用小金条围出主要纹样的边框：顶端一枚下覆的荷叶，其下一个石碗，两边各一朵对开的荷花，荷花下面一对慈姑叶，叶下用卷草纹与下半部的图案顺势相接。纹样轮廓内一平填小卷草，边框与石碗的上缘焊粟金珠。耳环脚接焊于底衬，其端则绕到表面托起底部打一个小卷[1]

4. 金卷草纹嵌宝塔形葫芦环

湖南临澧新合元代金银器窖藏。长9厘米，重4.5克。为式样相同的一对。中含联珠环绕的一颗滴珠，出尖部分填充卷草纹，这也是此类耳环的基础纹样。其每一个金联珠托座上均有镂空双孔，原应缀有珠宝[2]

5. 金塔形葫芦环

1980年湖南临澧县合口镇澧水河畔出土，一对。一件长6.3厘米，重1.9克；另一件长8厘米，重1.98克。现藏于湖南临澧县博物馆[3]

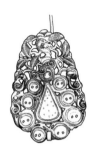

6. 金嵌宝桃枝黄鸟纹塔形葫芦环	7. 金莲塘小景纹塔形葫芦环
湖南临澧新合元代金银器窖藏。一对，其一长9.1厘米，重2.5克；其一长9.5厘米，重2.8克。联珠之上留出了空间装饰一树桃枝，又两侧桃实各一，顶端另有桃叶托起的桃实三枚，桃枝上、桃实下，是一只回首的黄鸟④	湖南临澧县新合元代金银器窖藏。由基础纹样增益一枚覆在顶端的荷叶，两侧添一对荷花和一对慈姑叶，如此，一组联珠便好似水之意象，因成一幅莲塘小景②

① 扬之水. 古诗文名物新证［M］. 北京：紫禁城出版社，2010：220-221. 扬之水. 奢华之色——宋元明金银器研究（卷一）［M］. 北京：中华书局，2010：135。

② 扬之水. 奢华之色——宋元明金银器研究（卷一）［M］. 北京：中华书局，2010：131。

③ 喻燕姣. 湖南出土金银器［M］. 长沙：湖南美术出版社，2009：216-217。

④ 扬之水. 奢华之色——宋元明金银器研究（卷一）［M］. 北京：中华书局，2010：135。

（二）葫芦耳饰（表8-3）

《析津志》中还提到了"天生葫芦"和"四珠"，故宫影印本《碎金·服饰篇》"首饰"一节中也提到了属之于北的"葫芦"，即是一种仿收腰葫芦形的耳饰。葫芦耳环之所以又名"四珠"，是因为一个葫芦为两珠穿成，一对儿葫芦便为"四珠"。元代《朴通事谚解》一书中记录着当时人的一段对话：

你今日哪里去？

我今日印子铺里当钱去。

把甚么去当？

把一对八珠环儿、一对钏儿。

"八珠环儿"句下注云："珍珠大者，四颗连缀为一只、一双共八珠。"❶由此可推断，四珠环当为两珠连缀为一只，一双共四珠，俨然便是葫芦的样式。

至于"天生葫芦"，清代《在园杂志》一书载："明宫中小葫芦耳坠乃真葫芦结就者，取其轻也。内监于葫芦初有形时即用金银打成两半边小葫芦形，将葫芦夹住、缚好，不许长大

❶〔元〕佚名. 老乞大谚解·朴通事谚解［M］. 台北：联经出版事业公司，1979：42。

俟。其结老取其端正者，以珠翠饰之，上奉嫔妃，然百不得一二焉，因其难得，所以贵也。"明代对元代首饰款式颇有继承，"天生葫芦"或即指此类。

在《元后纳罕像》（表8-3：1）和两幅《元代无款皇后像》中都可清晰地看到耳畔悬挂着的金托珠玉葫芦耳饰。由中国台北故宫博物院藏元代《梅花仕女图》（表8-3：2）中也可略见其形。实物则可见于元代汪世显家族墓出土的"金葫芦耳环"（表8-3：6）和"金嵌玉葫芦耳环"（表8-3：7），甘肃漳县徐家坪出土的"金葫芦耳环"（表8-3：5），湖南临澧新合元代金银器窖藏的"金葫芦耳环"（表8-3:8）以及湖南株洲堂市乡元代金银器窖藏的"银葫芦耳环"（表8-3：3、4）等。

葫芦作为一种吉祥的文化意象，在中国自古受到各个民族的喜爱和推崇。因其腹内多籽，是子孙繁衍的象征。在上古神话中，像伏羲、女娲、盘古等人类始祖都曾被认为是葫芦的化身❶。葫芦的枝"蔓"与"万"谐音，汉族就会联想到"子孙万代，繁茂吉祥"；葫芦又谐音"护禄""福禄"，古人认为它可以驱灾辟邪，祈求幸福。尤其是收腰形葫芦在外形上看是由两个球体组成，象征着和谐美满，寓意着夫妻互敬互爱。在中国古代传统习俗中，有"合卺，夫妇之始也"的说法，即是将一只葫芦剖作一对瓢，以线相连用以饮酒合婚，古代称为"合卺"，象征新婚夫妻连为一体。因此，葫芦耳环大约是已婚妇女的一种比较隆重的饰物，自元代开始，历经明清两代，其一直都是后妃朝服正装之时所配耳饰，也恰恰印证了这一点。

《朴通事谚解》中提到的"八珠环"，也应是元代一种非常流行的耳饰款式，书中提到："我再把一副头面、一个七宝金簪儿、一对耳坠儿……这六件儿当的五十两银子。"其中"耳坠儿"注下曰："今俗亦曰耳环，即八珠环"❷，说明八珠环是当地耳饰的代表款式。其甚至还是富人家娶妻的聘礼之一，书中还有这样一段记载：

别处一个官人娶娘子，今日做筵席，女孩儿那后婚。

今年才十六岁的女孩儿，下多少财钱？

下一百两银子、十表十里、八珠环儿、满头珠翠金镶宝石头面、珠凤冠、十羊十酒里。

八珠环的实物在元代不多见，但传承于明代后，在后妃画像和墓葬中则经常可以见到。

---

❶ 闻一多. 伏羲考［M］. 上海：上海古籍出版社，2009：54-60。
❷ （元）佚名. 老乞大谚解·朴通事谚解［M］. 台北：联经出版事业公司，1979：43。

表8-3　元代葫芦耳饰

1. 《元后纳罕像》，现藏于中国台北故宫博物院

2. 佚名，《梅花仕女图》，藏于中国台北故宫博物院

3. 银葫芦耳环

湖南株洲堂市乡元代金银器窖藏。重1.5克。葫芦耳环也是元代的流行式样，有实心和空心两种做法，此属后者。用薄银片打造出瓜棱的一大一小两个半圆，扣合到一处即成一个小葫芦，然后用银针把它穿起来，底端探出的部分挽个小结若葫芦藤，顶端探出的部分便成耳环脚[①]

4. 银葫芦耳环

湖南株洲堂市乡元代金银器窖藏[②]

5. 金葫芦耳环

长5.2厘米，重17克。耳坠挂钩与坠子为一体，坠子为瓜棱状的葫芦形。甘肃漳县徐家坪出土，现藏于甘肃省博物馆[③]

6. 金葫芦耳环

纵4.7厘米，横2.7厘米，重2.7克。耳饰呈葫芦形，起瓜棱、中空，葫芦顶饰叶纹。甘肃漳县元代汪世显家族墓出土，现藏于甘肃省博物馆[④]

7. 金嵌玉葫芦耳环	8. 金葫芦耳环
纵5厘米，横3.2厘米，重7.5克。耳饰呈葫芦形，以金丝为托，葫芦形和田玉嵌于其中，顶部呈品字形分布三个嵌宝孔，可惜宝石皆脱失不存。甘肃漳县元代汪世显家族墓出土，现藏于甘肃省博物馆④	湖南临澧新合元代金银器窖藏。重5克⑤

① 扬之水. 奢华之色——宋元明金银器研究（卷一）［M］. 北京：中华书局，2010：152。
② 扬之水. 奢华之色——宋元明金银器研究（卷一）［M］. 北京：中华书局，2010：153。
③《中国金银玻璃珐琅器全集》编辑委员会. 中国金银玻璃珐琅器全集3：金银器（三）［M］. 石家庄：河北美术出版社，2004。
④《中国金银玻璃珐琅器全集》编辑委员会. 中国金银玻璃珐琅器全集2：金银器（二）［M］. 石家庄：河北美术出版社，2004。
⑤ 扬之水. 奢华之色——宋元明金银器研究（卷一）［M］. 北京：中华书局，2010：152-153。

（三）"天茄"式耳环（表8-4）

故宫本《碎金·服饰篇》"首饰"一节中有属之于南的"天茄"，《析津志》中也提到了"天生茄儿"。天茄究竟是何物，在古籍中并无一个统一的说法。有人认为是茄科植物龙葵❶，也有人认为是《本草图经》中提到的"白茄"❷，《本草》中则认为是"牵牛子"的别称，《本草纲目草部第十八卷》"牵牛子"条下载："牵牛有黑、白两种……白者人多种之。……其核白色，稍粗。人亦采嫩实蜜煎为果食，呼为天茄，因其蒂似茄也。"但不论其究竟是哪种，都是一种类圆形的植物种实，耳饰因类其形，故以"天茄"名之。

在元代皇后像中，《元顺宗后像》（表8-4：1）、《元武宗后像》（表8-4：2）、《元英宗后像》，及若干《无款元代后妃像》的耳畔，都戴有一种金环脚缀绿松石盖叶，下连一颗硕大的下大上小白色梨形圆珠的耳饰，此种耳饰反复出现在戴姑姑冠的后妃耳畔，造型酷似植物种实，故可当《析津志》中提到的"天生茄儿"之名，简称天茄。元后像中白珠的天茄耳饰并未发现实物，但在元代南北墓葬中发现了很多造型相似的金镶或银镶宝石耳饰，其中尤以金镶绿松石为多，可为参考。如江苏无锡市郊元代钱裕夫妇墓出土过一

❶ 郑金生. 南宋珍稀本草三种［M］. 北京：人民卫生出版社. 2007：1-87。
❷ 任爱农. 高邮"天茄"考［J］. 江苏中医. 1988，（2）。

款"银镶琥珀天茄耳环"（表8-4：3）；乌兰察布盟察右前旗古墓也出过类似的"金镶绿松石耳饰"，上端镶绿松石，下端弯曲作钩状，出于头骨两侧，大的长3～5厘米；[1]内蒙古四子王旗卜子古城也出过类似耳饰，在绿松石珠上还穿一小珍珠，珠上端金丝上焊一金花，花饰中间原还嵌有宝石[2]（图8-6）；赤峰博物馆也藏有类似元代金镶绿松石耳饰（表8-4：5）；甘肃漳县徐家坪元代汪世显家族墓（表8-4：7）和石家庄元史天泽家族墓（表8-4：6）均出土过类似金镶绿松石耳环；湖南临澧新合元代窖藏藏有此类耳饰共七件，其中两对保存完好，另外三件失绿松石（表8-4：4、8、9），等等，样式与工艺均和元后像中所戴相当。可见这在当时是一种非常时新的款式，甚至直至明代仍有余绪，如浙江海宁智标塔地宫出土过一对类似造型的银镶绿松石耳环，总长4.7厘米，据书中推断此地宫年代为明代中叶（图8-7）[3]。

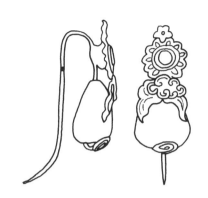

▲ 图8-6　金镶绿松石耳饰，金钩由直径0.15厘米的金丝弯成，金丝在绿松石底部盘旋成一花饰。内蒙古四子王旗卜子古城出土

▲ 图8-7　金镶绿松石银耳环，浙江海宁智标塔地宫出土

黄金和绿松石的组合，自古以来就一直是北方游牧民族最为喜爱的一种搭配，金碧辉映，富贵而炫目。自先秦开始，在内蒙古地区的匈奴墓葬中，就多次发现有此种搭配的耳饰，中原山陕一带也屡有发现，汉魏时期也有陆续出土，[4]在东北的鲜卑族墓葬中，还一度流行金缀红玛瑙珠的组合[5]。到了元代，随着新朝统治者对财富的占有和推崇，在他们的衣着中，仅仅使用华美的织金锦和珍贵皮毛并不满足，还必加入金珠宝石。因此，原本在汉族中并不流行的宝石镶

❶ 内蒙古自治区文物工作队. 乌兰察布盟察右前旗古墓清理记［J］. 文物，1961（9）：58-61。
❷ 内蒙古文物考古研究所等. 四子王旗城卜子古城及墓葬［M］. 内蒙古文物考古文集第2辑. 大百科全书出版社，1987：705。
❸ 浙江省文物考古研究所等. 海宁智标塔［M］. 北京：科学出版社，2006. 116。与此耳饰一同出土的还有一银葫芦耳饰。
❹ 如内蒙古鄂尔多斯市杭锦旗阿鲁柴注销土金镶松石坠，内蒙古准格尔旗西沟畔战国时期2号匈奴墓出土金穿绿松石耳饰，山西省石楼县桃花庄出土金穿绿松石耳饰，宁夏固原原州区三营镇化平村北魏墓出土金嵌松石耳环等。
❺ 吉林省文物考古研究所. 榆树老河深［M］. 北京：文物出版社，1987。

嵌开始广泛应用于元代贵族身上，种类也极多。其中名贵和罕见者价格极高，有许多还是海外进口来的。元陶宗仪的《南村辍耕录》卷七"回回石头"条载：大德年间，一块嵌于帽顶重一两三钱的红宝石，估价就值中统钞一十四万锭。当时叫宝石名"刺子"，红色计四种，有"刺""避者达""昔刺泥""古木兰"等名称。绿色的有"助把避""助木刺""撒卜泥"三种。又有名"鸦鹘"的，计有"红亚姑""马思艮底""青亚姑""你蓝""屋扑你蓝""黄亚姑""白亚姑"等。"猫睛"（即猫眼石）也分"猫睛""走水石"两种。"甸子"（即绿松石）则分地区，文理细的回回甸子名"你舍卜的"、文理粗的河西的名"乞里马泥"、襄阳变色的叫"荆州石"。不过，尽管宝石首饰流行，但中国的宝石加工工艺一直都不是非常发达，这可能和汉族文化并不喜爱宝石的璀璨张扬，而更爱玉石之温润含蓄的传统文化有关。因此，元代尽管金镶宝石首饰极多，但托座与宝石的扣合多半不是很紧密，极易脱落。天茄耳饰正是利用宝石的天然形状稍事琢磨，以穿系的方法来固定，样式显得很自然，由是成为时样之一种而通行于南北。

表8-4　元代"天茄"式耳饰

1. 《元顺宗后像》，现藏于中国台北故宫博物院　　　2. 《元武宗后像》，现藏于中国台北故宫博物院

3. 银镶琥珀茄形耳环	4. 金镶绿松石耳环（一对）

江苏无锡市郊元代钱裕夫妇墓出土，现藏于无锡市博物馆[1]

通长10厘米，一重14克，另一重14.1克。湖南临澧新合乡龙岗村元代金银器窖藏。常德市博物馆藏。一颗绿松石的上端覆以金花金叶，花叶上边是一个小金托，内里原当嵌宝。与耳环脚相接的金丝从绿松石的小孔中穿过，然后在底端盘绕成花蔓，一面稳稳托住绿松石，一面形成与整个装饰图案的呼应。窖藏中的同式耳环共七件，其中两对保存完好，另外三件失绿松石[2]

5. 金镶绿松石耳环	6. 金镶绿松石耳环

现藏于赤峰博物馆[3]

石家庄元史天泽家族墓出土[4]

7. 金镶绿松石耳饰	8. 金镶绿松石耳环（失绿松石）

长4.5厘米，重8.7克。耳饰下端用细金线穿一颗绿松石，金线一头缠绕在挂钩下端，另一头在绿松石下盘成不规则的几何形。甘肃漳县徐家坪元代汪世显家族墓出土，现藏于甘肃省博物馆[5]

通长18厘米，重7.4克。因其下所穿绿松石已失，故只可看到所穿金丝。湖南临澧县新合乡龙岗村出土，现藏于常德市博物馆[6]

9. 金镶绿松石耳环（失绿松石）

湖南临澧新合元代金银器窖藏[②]

① 周汛，高春明. 中国历代妇女妆饰［M］. 香港：三联书店（香港）有限公司，上海：学林出版社，1988：155。

② 喻燕姣. 湖南出土金银器［M］. 长沙：湖南美术出版社，2009：149-151。

③ 刘冰. 赤峰博物馆文物典藏［M］. 呼和浩特：远方出版社，2007：211。

④ 河北省文物研究所. 石家庄后太保村史氏家族墓发掘报告［C］.//河北省考古文集. 北京：东方出版社，1998：彩版五、7、8。

⑤《中国金银玻璃珐琅器全集》编辑委员会. 中国金银玻璃珐琅器全集：金银器（三）［M］. 石家庄：河北美术出版社，2004。

⑥ 喻燕姣. 湖南出土金银器［M］. 长沙：湖南美术出版社，2009。

⑦ 扬之水. 奢华之色——宋元明金银器研究（卷一）［M］. 北京：中华书局，2010：149-151。

（四）牌环（表8-5）

牌环，其称见于故宫本《碎金·服饰篇》"首饰"一节，属之于北。杨之水先生将之用于命名元代出现的一种状如一枚长方形牌子的耳饰[❶]，我觉得是非常贴切的。这类耳饰，以金银为多，也有少量金玉镶嵌的，质地一般比较轻薄，多半只有几克重，而以打造之功在上面做出鸟兽花果纹样，如灵芝瑞兔纹（表8-5：1）、牡丹山石孔雀纹（表8-5：2~5）等，题材多从两宋绘画的写生小品中取意，既精巧别致，又充满祥瑞之气。

表8-5　元代牌环

1. 金灵芝瑞兔纹牌环

湖南临澧新合元代金银器窖藏。通长8.5厘米，宽2.5厘米，重4.3克。两只相同[①]

2. 银鎏金牡丹山石孔雀图牌环（左：背面；右：正面）

江西德安出土。牡丹山石孔雀图是牌环中最常见的一种图式[①]

❶ 扬之水. 奢华之色——宋元明金银器研究（卷一）［M］. 北京：中华书局，2010：140-148。

3. 金牡丹山石孔雀图牌环 湖南常德桃源文物管理处藏①	 4. 银牡丹山石孔雀图牌环（左：背面；右：正面） 益阳八字哨元代银器窖藏①
	5. 金穿玉山石孔雀牌环（一对） 通长7.3厘米，重6.3克。湖南临澧县新合乡龙岗村出土，现藏于常德市博物馆藏①

① 扬之水. 奢华之色——宋元明金银器研究（卷一）［M］. 北京：中华书局，2010：149-151。

（五）花果蜂蝶纹耳饰（表8-6）

元代女子耳饰，和宋代一样，都喜爱瓜果、花叶、蜂蝶纹样，这也是使用最多的一类首饰纹样。上文介绍的葫芦、天茄造型，皆属此类。

在元代皇后所戴的耳饰中，有一类款式很特别，仅见两例，且均是无款皇后像所佩，即上半部贴耳处是金嵌宝花叶纹，当心嵌着一颗珍珠，花叶下垂一珍珠排环，以一红宝石珠结束（表8-6：1、2）。这种款式明显受到宋代影响，几乎与宋代皇后所戴珍珠排环如出一辙，只是在结束处多了宝石点缀，此细微处的改变又暴露出游牧民族特有的审美喜好，即受不了宋代纯粹珍珠饰品那素雅的华贵，而必要多一丝色彩的点缀方才满足。金嵌宝花叶式耳环，其实物在湖南临澧县新合乡龙岗村曾出土过一对（表8-6：4），只是所嵌宝石均已遗失。同一窖藏中，还出土有一对"金累丝蝴蝶桃花纹嵌宝耳环"（表8-6：3），做工极其精致，所嵌宝石也均已遗失，只留有零星的绿松石残片尚可让人感受到当时的金碧奢华。有意思的是，这两款耳饰在其下部均有用粗金丝打成的一个卷，这在元代各式耳环中非常常见，或许有些原本也连缀有宝石串饰也未可知。

元代耳饰的纹饰题材，很大一类是延续宋代就已流行的以追求吉祥富贵、多子多福的心理期许为目的的设计。如湖南沅陵元黄氏夫妇墓出土的"金穿玉慈姑叶耳环"（表8-6：5）。慈姑作为首饰的纹样和造型，在辽金时代便已出现。

　　另像菊花、牡丹、荔枝、桃花、桃实等纹样，或者长寿（菊花），或者富贵（牡丹），或者立子（荔枝），或者风华正茂（桃花、桃实），无不洋溢着吉祥喜庆之意，自然也是首饰纹样中的最爱。湖南华容县城关油厂元墓出土有"金牡丹花耳环"一对（表8-6：6），艾尔米塔什博物馆藏有发现于吉尔吉斯科奇科尔卡谷地的一对"金菊花耳环"（表8-6：7）。除了单独的花朵纹样，元代在首饰纹样设计上比之宋代又有了进一步的发展，其借鉴了宋代织绣的纹样，将蜂蝶花卉组织为复杂的组合纹样，如"蜂赶梅""蜂赶菊""蝶恋花"等名称，都见于史籍记载，既丰富了图案的视觉效果，在寓意上也显得愈加丰满。元代出土的耳饰当中比较流行的组合花纹则有"蝴蝶桃花荔枝纹"（表8-6：9）、"蝶赶菊桃花荔枝纹"（表8-6：10）、"蝶赶菊纹"（表8-6：12）、"蝴蝶桃花山茶纹"（表8-6：11）等。以蝴蝶花卉为组合的纹样，其设计构思大约得自于五代两宋以来绘画中的花卉草虫写生小品，宋代多用于织绣，也零星用于首饰，宋曹勋《北狩见闻录》中就有这样的记载："懿节邢后所带金耳环子上有双飞小蝴蝶，俗名斗高飞。"由于蝶恋花之意象缠绵悱恻，充满着待嫁少女对美好情爱的憧憬，因而极适宜用作嫁娶，而这恰恰又是金银首饰一桩大宗的需要。

表8-6　元代花果蜂蝶纹耳饰

| 1.《元代无款皇后像》，现藏于中国台北故宫博物院 | 2. 《元代无款皇后像》，现藏于中国台北故宫博物院 |

3.　金累丝蝴蝶桃花纹嵌宝耳环

通长7.5厘米，重5.6克。湖南临澧县新合乡龙岗村出土，现藏于常德市博物馆①

4.　金累丝嵌宝花叶式耳环（一对）

一长8厘米，一长7.5厘米，重5.2克，宝石均已脱落。湖南临澧县新合乡龙岗村出土，现藏于常德市博物馆②

5.　金穿玉慈姑叶耳环（一对）

玉石通长3.8厘米，金长4.4厘米，玉宽2厘米，含金石重10.05克。湖南沅陵元黄氏夫妇墓出土，现藏于沅陵县博物馆③

6.　金牡丹花耳环（一对）

通长5.7厘米，花头直径1.2～1.7厘米，共重7克。湖南华容县城关油厂元墓出土，现藏于华容县博物馆④

7.　金菊花耳环

出土于吉尔吉斯的科奇科尔卡谷地，现藏于艾尔米塔什博物馆⑤

8.　金荔枝桃花纹耳环

通长9.3厘米，宽2.5厘米，重3克。⑥湖南临澧县新合乡龙岗村出土，现藏于常德市博物馆

9. 金蝴蝶桃花荔枝纹耳环

湖南临澧新合元代金银器窖藏。以一枚金片衬底，复以一枚窄金条做成四周的立墙，扣合上的饰片镂镂、打造为剔透的纹样；用联珠线组成的细线双钩出来的蝴蝶、桃花、桃实、桃叶，又填饰空间的缠枝卷草，还有下凹的一个圆座，座上扣一个打作荔枝形象的半圆。耳环脚纵贯底衬而以一端抵住下边的桃嘴儿盘作一个卷，焊接于底片。两只耳环的图案安排相互呼应。其一通长8.6厘米，重7克；另一通长8.2厘米，重7.4克[7]

10. 金蝶赶菊桃花荔枝纹耳环

湖南临澧新合元代金银器窖藏。只用一枚金片镂镂、打造而成。占据纹样中心的是一捧花叶托出的一朵桃花、一颗荔枝和一大朵秋菊，落在花心边缘的一只采花蝶轻轻踏翻了几枚菊花瓣，本是图案化的构图因此添得活泼轻灵之趣。用作固定耳环脚的细金丝从背面穿过来做成宛转在花丛中的须蔓，与纷披的花叶蔚成锦绣葱茏。其一通长10.5厘米，重6.2克；其一环脚稍残，通长7.5厘米，宽2.8厘米，重5.5克[8]

11. 金蝴蝶桃花山茶纹耳环

一对，均通长12厘米，宽3厘米，重8.3克。湖南临澧县新合乡龙岗村出土，现藏于常德市博物馆[9]

12. 金蝶赶菊纹耳环

一对，一件长8.6厘米，重2.71克；另一件长8.6厘米，重2.81克。湖南临澧县合口镇澧水河畔出土，现藏于临澧县博物馆[10]

① 喻燕姣. 湖南出土金银器［M］. 长沙：湖南美术出版社，2009：168。

② 喻燕姣. 湖南出土金银器［M］. 长沙：湖南美术出版社，2009：176-177。

③ 喻燕姣. 湖南出土金银器［M］. 长沙：湖南美术出版社，2009：88。

④ 扬之水. 奢华之色——宋元明金银器研究（卷一）［M］. 北京：中华书局，2010：118-119。

⑤ 金帐汗国的珍宝［M］. 圣彼得堡：斯拉夫出版社，2001：5。

⑥ 喻燕姣. 湖南出土金银器［M］. 长沙：湖南美术出版社，2009：162。

⑦ 喻燕姣. 湖南出土金银器［M］. 长沙：湖南美术出版社，2009：167。

⑧ 扬之水. 奢华之色——宋元明金银器研究（卷一）［M］. 北京：中华书局，2010：139。

⑨ 喻燕姣. 湖南出土金银器［M］. 长沙：湖南美术出版社，2009：172-173。

⑩ 喻燕姣. 湖南出土金银器［M］. 长沙：湖南美术出版社，2009：218-219。

（六）其他类型耳饰（表8-7）

以上介绍的都是元代一些比较典型的耳饰款式，代表着有元一代的时风。但首饰这种极其私人的物件，又总是不拘一格的，绝不可能限定在有限的几个造型之中，自然亦是千姿百态，丰简随人。简约者或只是一金环，或只是一铜钩（表8-7：1、4）；复杂者则必镶嵌或穿缀珠宝。穿缀珠宝也分丰简：家境一般的，铜钩上仅穿一颗珍

图8-8　金穿珍珠耳环，内蒙古敖汉旗南大城窖藏出土

珠（表8-7：2），显得小巧精致；殷实人家，则必是黄金嵌宝的了。内蒙古锡盟镶黄旗乌兰沟曾出土过一只金嵌宝耳饰，呈长方形，正面边周为复杂的镂空花纹，镶嵌虽已脱落，但仍可看出当日的明艳（表8-7：5）。《析津志》中还提到一种"四珠"的耳饰，虽在元代的墓葬和图像中未见到实物，但从蒙古地区的墓葬中却出土过一些更为华丽的穿珠耳饰，所穿珠宝多为蒙古人最为喜爱的珍珠和松石。如内蒙古四子王旗卜子古城出土的金穿珠宝耳环，金丝上穿有一颗松石珠和六颗珍珠（表8-7：3）；内蒙古敖汉旗南大城窖藏出土的金穿珍珠耳环，所穿珍珠则多达一二十颗（图8-8）[1]；内蒙古凉城后德胜元墓出土铜耳坠一件，正面由七个镶嵌绿松石的圆形组成，背有一半圆形弯钩[2]。汉人的墓葬如江苏省苏州市吴张士诚母曹氏墓，出土有一对"金穿珠宝耳环"，据报告称上原嵌有宝石三粒，今只存菱形松石一粒（表8-7：6）。这类金珠耳饰，造型与做工都并不复杂，应是以材质的华贵取胜。

游牧民族喜欢璀璨的金银珠宝，而对温润含蓄的美玉并不欣赏。汉族人或许受此时风影响，因此，元代玉质的首饰并不多见，即使有也多出于汉人墓葬，且多是金丝穿缀仿生玉饰件，如前文提到的"金穿玉慈姑叶耳环"（表8-6：5）和"金穿玉山石孔雀牌环"（表8-5：5），山东滕州韩桥村元李元墓（表8-7：7）和陕西西安玉祥门外元墓（图8-9）[3]还出土有金穿玉人耳环，玉人造型肃穆，或为仙人之属。

元代出土耳坠极少，耳坠在中国的普遍流行要到晚明。新疆达勒特镇查干苏木村出土有一对金耳坠（表8-7：8），可作参考。

❶ 邵国田. 敖汉文物精华［M］. 海拉尔：内蒙古文化出版社，2004。
❷ 内蒙古文化厅文物处. 内蒙古凉城县后德胜元墓清理简报［J］. 文物，1994(10):10-18。
❸ 陈有旺. 西安玉祥门外元代砖墓清理简报［J］. 文物，1956（1）。

表8-7　元代其他款式耳饰

1. 铜耳环	2. 铜穿珍珠耳环	3. 金穿珠宝耳环
内蒙古四子王旗卜子古城出土。共三件。用两端尖、中间粗的铜丝弯成，最大截面径0.25厘米[1]	内蒙古四子王旗卜子古城出土。共五件。用直径0.2厘米的铜丝弯成，端部用细铜丝穿珍珠在其上[2]	内蒙古四子王旗卜子古城出土。金钩由直径0.15厘米的金丝弯成，端部用细金丝团曲缠绕，上穿有绿松石珠和珍珠[3]

4. 金耳环	5. 金嵌宝耳饰	6. 金穿珠宝耳环
一对，将金丝卷曲成弯钩状。高1.7厘米，宽1.5厘米。锡林郭勒盟东乌珠穆沁旗哈力雅尔蒙元时期墓葬出土[4]	长3.5厘米。耳饰呈长方形，正面边周为镂空花纹，镶嵌已脱落。内蒙古锡盟镶黄旗乌兰沟出土，现藏于内蒙古博物馆[5]	江苏省苏州市吴张士诚母曹氏墓出土。一对。上原嵌有宝石三粒，今只存菱形松石一粒。重20.3克，八八成色[6]

7. 金穿玉人耳环	8. 金耳坠	
这一对玉人应是仙人之属，耳环脚下半段分作两股的金丝用作穿系和固定，而又与颈上的金项牌一起成为玉人的妆点。山东滕州韩桥村元李元墓出土，现藏于滕州博物馆[7]	达勒特镇查干苏木村出土，现藏于新疆博尔塔拉蒙古自治州博物馆[8]	

① 内蒙古文物考古研究所，等. 四子王旗城卜子古城及墓葬［M］. 内蒙古文物考古文集第2辑.大百科全书出版社，1987：705-708。

② 内蒙古文物考古研究所，等. 四子王旗城卜子古城及墓葬［M］. 内蒙古文物考古文集第2辑.大百科全书出版社，1987：704-708。

③ 内蒙古文物考古研究所，等. 四子王旗城卜子古城及墓葬［M］. 内蒙古文物考古文集第2辑.大百科全书出版社，1987：705。

④ 东乌珠穆沁旗文物保护管理所. 锡林郭勒盟东乌珠穆沁旗哈力雅尔蒙元时期墓葬清理简报［J］. 草原文物，2012（1）。

⑤《中国金银玻璃珐琅全集》编辑委员会. 中国金银玻璃珐琅全集3：金银器（三）［M］. 石家庄：河北美术出版社，2004。

⑥ 苏州市文物保管委员会，苏州博物馆. 苏州吴张士诚母曹氏墓清理简报［J］. 考古，1965(6)。

⑦ 扬之水.奢华之色——宋元明金银器研究（卷一）［M］. 北京：中华书局，2010：129-130。

⑧《中国金银玻璃珐琅全集》编辑委员会. 中国金银玻璃珐琅全集3：金银器（三）［M］. 石家庄：河北美术出版社，2004：12。

图8-9 金穿玉人耳环，陕西西安玉祥门外元墓出土

三、结论

通过以上的分析，我们可以看出元代的耳饰相对于前代不仅样式日益丰富，出现了诸如"塔形葫芦环"这类带有异域风情的崭新样式，而且设计意匠也更加富有巧思，出现了很多复杂精巧的蜂蝶花果组合纹样。当然，其中最明显的特征，还是珠宝镶嵌的流行，这不仅使元代耳饰变得华贵异常，也使得色彩较之前代更显斑斓，并对后世明清首饰的发展产生了深远的影响。

尽管元代有各种色彩的来自于国外的"回回石头"，但我们观察元代帝后像，会发现蒙古贵族最为喜爱的珠宝还是珍珠，不论是帝王耳畔的耳坠，还是姑姑冠上的珠串，以及后妃耳畔的塔形葫芦环、天茄、葫芦耳环等，无不选择以珍珠作为主角，我想这不是一种偶然的选择，应该和蒙古特有的色彩崇拜有关。在蒙古人的观念中，白色常被用来指称出身名门望族，是一种有着灵性力量的颜色，跟"好运"联系在一起。❶在元代帝后像中，从元太祖成吉思汗到元世祖忽必烈，穿的都是白色的质孙服。而白色的珠宝中，珍珠无疑是当之无愧的选择。

除了珠宝，黄金也是蒙古民族的最爱。欧亚大陆北方游牧民族自古就有喜用黄金来彰显财富与权力的传统，游牧出身的蒙古民族也不例外。"蒙古人对于金子的看重，并且使其和帝国的权力紧密地联系在一起，这是与草原帝国的政治意识形态有着紧密的联系。在那个帝国里，金子这种金属与这种金属的颜色跟政治权威之间的等同是这个帝国里对于权力和权威

❶ 赵旭东. 侈靡、奢华与支配——围绕十三世纪蒙古游牧帝国服饰偏好与政治风俗的札记 [J]. 民俗研究, 2010〔2〕: 38。

理解的一种表达，并且根深蒂固地嵌入在这个草原帝国的文化价值观之中"❶。在游牧民族中，个人的权威不是靠宗法、礼教来确立的，而是靠个人拥有财富量的多少来决定的。因此，在对贵重物品的选择上，蒙古人没有追随汉人的尚玉传统，而是转而接受了在印欧以及西亚都很流行的对于黄金的崇拜；蒙古人更没有接受汉人社会对于黄土颜色的偏爱，而是接受了同样是在印欧和西亚都很普遍的对于白色的崇拜。而这一切我们又都可以在小小的耳饰中窥见一斑。

❶ 赵旭东. 侈靡、奢华与支配——围绕十三世纪蒙古游牧帝国服饰偏好与政治风俗的札记［J］. 民俗研究，2010（2）：39。

明代
耳
饰

在中国汉族聚居区，耳饰在观念上普遍被人们接受的时代始于宋，而真正在使用上达到普及的时代则要到明，而且，这种盛况一直延续到清。在明清两代，无论身份贵贱，耳饰可以说是女子必佩之物。明冯梦龙《醒世恒言·乔太守乱点鸳鸯谱》里就写得很清楚："耳上的环儿。此乃女子平常时所戴，爱轻巧的，也少不得戴对丁香儿，那极贫小户人家，没有金的银的，就是铜锡的，也要买对儿戴着。"清《在园杂志》里则写："有走索者，以男装女，自幼弓足穿耳。"也从侧面展现了穿耳是当时女性身份的一种重要标志。据《天水冰山录》记载，从严嵩家中就抄出各色"耳环耳坠共计二百六十七双，共重一百四十九两八钱三分"，在其府内珠宝首饰中占有很大的比重。纵观明清时期保留下来的大量仕女画像，也极少见到不戴耳饰者。最懂得生活情趣的清代大文人李渔，在他的《闲情偶寄》中谈到女子妆饰，是极力崇尚简约的，他说："一簪一珥，便可相伴一生。此二物者，则不可不求精善。"簪子对于古代的女子来说是固发的实用品，乃不可或缺的，即使是雕龙嵌凤、做工精巧的，也顶多算是个赏用结合之物罢了。而这里的"珥"，便是耳饰，可以是耳环、耳坠，也可是丁香。李渔将其和固发之簪并列为女子相伴一生之物，且做工"不可不求精善"，当见对其非比寻常的重视了。《大明会典》"冠服"部载："士庶妻，首饰许用银镀金，耳环用金珠，钏镯用银。"和元代一样，在百姓的首饰中，唯独对耳饰材质的规定是最宽松的。

明清时期的出家女子是不戴耳饰的，出家人要戒七情六欲，爱美之心自然也是要戒的。清代白话小说《八洞天》之"劝匪躬忠格天幻出男人乳义感神梦赐内官须"一章记载了这样一个情节：江家遭难，将唯一两个月大的男婴生哥交予忠仆王保抚养，王保为避人耳目，将生哥自幼男扮女装，"只不替他缠小脚，穿耳朵眼。邻舍问时，王保扯谎道：'前日那道人说他命中有华盖，应该出家的。故不与他缠足穿耳。'众邻舍信以为然"。就明白地说明了当时的风俗。

明清时期的俗家女子，自幼便要穿耳带环。清代《土风录》"穿耳"一条开篇便写道："女生三四年，为之穿耳，以环贯之。"❶如此之年幼，便要穿耳，恐怕并不单纯是为了妆饰，一则借此强调男女之别，二则也是有着护佑之意。古时认为小儿易夭折，破一下相，便不再完美，容易逃过死神的劫掠，即使是男孩，如果儿时病弱的话，也会给他单耳戴一丁香。

---

❶（日）长泽规矩也. 明清俗语辞书集成［M］. 上海：上海古籍出版社，1989：190。

《乔太守乱点鸳鸯谱》里的那个扮作新人的玉郎，"左耳还有个环眼，乃是幼时恐防难养穿过的"，便是如此。

　　古时女子穿耳，是一项重要的人生仪式，要择良辰吉日行之。相传为东晋道士许真人所著的《玉匣记》中便载："女子穿耳，吉日宜节日。"哪个节日好呢，各地区并不完全一致。清《陇头刍语》里写："正月二十日为天穿日，女子以此日穿耳。"《古今图书集成》中"历象汇编·德安府"则载："腊月八日，家以果饼为粥以祀佛，或亦为女郎穿耳问盟。"而最为普遍的穿耳之日则选择在"花神节"，即春日降临，百花生日之时，古时称为"花朝节"，也简称"花朝"。花朝节因南北各地气温有差，故日子也会略有不同，大多为农历二月初二举行，也有二月十二、二月十五的。《通州直隶州志》中"仪典志·敦俗"一条中载："花朝，翦碎彩挂百花上，闺中幼女以是日穿耳。"《古今图书集成》中"方舆汇编·德安府风俗考"中也说："花朝：女郎穿耳……多以是日为吉。"百花初放之时为家中幼女穿耳戴环，以示家有小女初长成。其含苞待放之意，真是溢于言表。至于如何穿耳，李时珍《本草纲目·金石部》载："铅性又能入肉，故女子以铅珠纤耳，即自穿孔。"

　　在穿耳习俗如此兴盛的时代，耳饰的制作自然也是娴熟精巧至极的了。明代是中国古代丝绸织绣和金银打造工艺水平登峰造极的时代，其首饰之式样丰富和制作精良在中国古代可谓空前绝后。而且，明代传世与出土的服饰实物数量非常丰富，相关文献资料也比较完整，这都对研究明代耳饰提供了非常好的资料基础。

一、明代耳饰分类

　　明代的耳饰大致分作三类：其一耳环，其二耳坠，其三丁香。

　　三类中耳环是最为正式的一类，在出席正式场合的正装中，后妃命妇多佩耳环。耳环在明代又称"环"[1]或"环子"[2]"环儿"[3]。明王圻等编的《三才图会》在"内外命妇冠服"一项画出了"环"的式样，可以代表明代命妇耳环的基本形制（图9-1）。耳环最初是以金属为主体材料制成的圆环形式样，非常简约，到了辽宋时

图9-1 《三才图会》中的耳环插图

❶ 明代王圻等编著的《三才图会》中在"内外命妇冠服"一项画出"环"的式样，即耳环。
❷《金瓶梅词话》第七十八回："玉楼带的是环子，金莲是青宝石坠子。"
❸《醒世恒言·乔太守乱点鸳鸯谱》里便写："第二件是耳上的环儿，此乃女子平常时所戴"。

代，则转化为饰物后连有环脚的样式。环脚即用作簪戴的细弯钩，明人称作"脚"，宋代略短，到了明代则在耳后伸出很长，呈"S"形，弯钩尖利的末端直指向脖颈处，似乎略一放纵，就有刺破皮肤的危险。这样的设计应有约束行为，使人端庄之意，和宋代官帽上为了防止大臣上朝时交头接耳的"展脚"之设计有异曲同工之妙。明《礼部志稿》卷二十"皇太子纳妃仪"的纳征礼物中，有"金脚四珠环一双""梅花环一双"，其下并注"金脚五钱重"，这里将环脚单独注出，见出环脚并不只是耳环上一个单纯的附件，而是有着特殊意涵的。

典型的明式耳环环脚很长，耳坠则否。耳坠，又名"坠子" ❶。耳环所缀饰物是不可摇晃的，耳坠则不然，耳坠是在耳环基础上演变出来的一种饰物，它的上半部分多为一贯耳圆环，环下再悬挂可以摇荡的坠饰，人在行动之时坠饰来回摆动，颇显戴者婀娜摇曳之姿。因耳坠相对于耳环更显活泼，故没有耳环正式，常为未婚少女或燕居常服时所戴。明代《客座赘语》载："耳饰在妇人，大曰'环'，小曰'耳塞'，在女曰'坠'。"即已婚妇人戴耳环和丁香为多，未婚少女戴耳坠为多。当然这只是普遍现象，也时有变通。《明史·舆服制》中所列后妃命妇冠服，耳饰均为环，清宫旧藏明代皇后像，与凤冠霞帔相配的也多为长脚耳环，可见长脚耳环的正式。但明晚期时稍有变化，画像中的神宗孝端显皇后、孝靖皇后所戴均为圆环贯耳式的耳坠造型，而且定陵中出土的与孝端皇后盛装相配的也是一副耳坠。由此细微处，可看出晚明礼制的相对宽松和时代好尚的一点变化，毕竟长脚耳环给人的压力的确是有些大的。明代舆服制度创设之初，的确会考虑社会普遍心理，但是三百多年下来，再好的法律也会成为束缚，所以明中后期屡屡出现服饰逾制现象。

至于丁香，又名"耳塞" ❷，是一种小型金属耳钉，也可于钉头镶嵌珠玉装饰，流行于中国明清时期。丁香，原是一种植物名，因其花筒细长如钉且芳香无比，故名。将耳饰取名丁香应是取其形似。丁香不似耳环华贵，也不似耳坠般可以随风晃动，而是固定于耳垂之上，故比较小巧轻便，又简约随意、不碍劳作，非常适于家常佩戴，因此深受女子喜爱。清代文人李渔《闲情偶寄》中载："饰耳之环，愈小愈佳，或珠一粒，或金银一点，此家常佩戴之物，俗名'丁香'，肖其形也。若配盛妆艳服不得不略大其形，但勿过丁香之一二倍。"将这种耳饰小巧玲珑的特点交代得十分清楚。

丁香的质地以金银居多，富贵者嵌有珠玉，贫贱者则以铜锡为之。明范濂《云间据目

❶《金瓶梅词话》第七十八回："玉楼带的是环子，金莲是青宝石坠子。"
❷〔明〕《客座赘语》："耳饰在妇人，大曰'环'，小曰'耳塞'。"

钞》中有："耳用珠嵌金玉丁香，衣用三领窄袖。"《醒世恒言·乔太守乱点鸳鸯谱》里也写："第二件是耳上的环儿。此乃女子平常时所戴，爱轻巧的，也少不得戴对丁香儿，那极贫小户人家，没有金的银的，就是铜锡的，也要买对儿戴着。"《天水冰山录》**❶**中亦有："金镶珠耳塞一双"。

《金瓶梅词话》里的女子都是极喜爱戴丁香的，如第七十五回："六（月）娘头上止摆着六根金头簪儿，戴上卧兔儿，也不搽脸，薄施脂粉，淡扫娥眉，耳边带着两个金丁香儿。"第七十四回："西门庆见如意儿穿着玉色对衿袄儿……油胭脂搽的嘴鲜红的。耳边带着两个金丁香儿。"第六十一回："王六儿打扮出来，头上银丝鬏髻……羊皮金缉的云头儿，耳边金丁香儿，打扮得十分精致。"第六十八回："吴银儿来到。头上戴着白绉纱鬏髻、珠子箍儿、翠云钿儿，周围撒一溜小簪儿。耳边戴着金丁香儿。"第七十七回："那妇人头上勒着翠蓝销金箍儿，鬏髻插着四根金簪儿。耳朵上两个丁香儿。"说的都是这种耳饰。

明代的丁香实物，在南京地区出土较多，简约者宛如一钉.头（表9-1：2、3），复杂者则略嵌珠宝（表9-1：1），但总体不失轻巧玲珑之感。

表9-1　明代丁香

1. 金嵌珠宝丁香　长4.3厘米，南京郊区出土。丁香贴耳处用金丝绕成五瓣花形，其下为采用累丝工艺制成的如意云形及葫芦叶形，其内嵌一颗红宝石和一颗白珍珠①	**2. 金兔纹丁香**　长1.5厘米，南京中华门外邓府山出土。耳饰为一如意云形，其上用錾刻工艺刻画出兔纹②	**3. 钉头金丁香**　长1.5厘米，南京中华门外邓府山王克英夫人墓出土。耳饰捶打呈颗粒状，因形状与丁香花相类，故亦名"耳丁香"。使用时附缀于耳垂，通常用于常服，为明朝流行起来的一种耳饰②

① 南京市博物馆. 明朝首饰冠服［M］. 北京：科学出版社，2000。海南陵水明墓中出土的一对莲花纹金丁香，耳饰部位呈五莲瓣花纹，原镶的料珠已脱落掉，环钩呈弯钩形。通长2厘米，与其颇为相似。

② 南京市博物馆. 明朝首饰冠服［M］. 北京：科学出版社，2000。

❶ 知不足斋丛书. 天水冰山录［M］. 年代不详。

二、明代耳饰款式

在中国历代的正史中，明代是第一次把耳饰的形制纳入皇家服饰制度规范的，这也使宫样耳饰在明代始终为人们所钦羡和追仿。从史籍记载和出土文物来看，明代的耳饰款式以以下几种（类）为代表。

（一）珠排环（表9-2）

"珠排环"，即以珍珠呈一字垂直排列而成的耳环，故名。其是宋明时代规格最高的一种耳饰，宋代皇后像中皇后几乎无一例外佩戴的均是珠排环。排环的名称，最早出现在宋代。宋吴自牧《梦粱录》"嫁娶"一节所载：仕宦家庭，所送聘礼中有"……珠翠特髻，珠翠团冠，四时冠花，珠翠排环等首饰"，其为宋代仕宦家庭所送嫁娶聘礼之一，与珠翠特髻相配，当属宋代普通女子一生中最为隆重的礼服配饰。

明代推翻蒙元异族统治，力求恢复汉族传统，因此，其服制大多承袭唐宋旧制。《大明会典》"冠服"部载：皇后受册、谒庙、朝会时礼服所配耳饰为"珠排环一对"；皇太子妃礼服所配耳饰亦为"珠排环一对"。《大明会典》"皇帝纳后仪"所备礼物中耳饰有："四珠葫芦环一双、八珠环一双、排环一双"，排环亦是聘礼之一。可见排环规格之高，并与宋代有明显的相承关系。《天水冰山录》中所抄严嵩家财中亦有"金珠宝排耳环九双"。在明代皇后像中尽管未见着排环者，但在北京故宫博物院所藏《中东宫冠服》一书中，有珠排环的明确图像（表9-2：1、2）。其以长串珍珠做坠儿，末端缀大珠一颗，贴耳部饰以珍珠翠叶花饰或梅花饰，环脚呈S形。

表9-2　明代珠排环

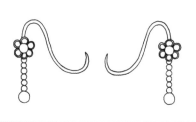

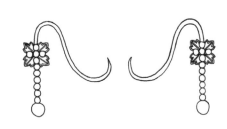

1. 据《中东宫冠服》所绘	2. 据《中东宫冠服》所绘

（二）八珠环（表9-3）

"八珠环"的名称，最早出现在元《朴通事谚解》中[1]，为一只耳环嵌四珠的造型。此种

---

[1]（元）佚名. 老乞大谚解·朴通事谚解［M］. 台北：联经出版事业公司，1979：122。

款式在元代应已比较流行，且成为富人娶妻的聘礼之一。传承至明代后亦成为明代的宫廷样式之一。《大明会典》"皇帝纳后仪"所备礼物中即有"八珠环一双"。中国台北故宫博物院所藏明孝贞纯皇后像、孝康敬皇后像、孝静毅皇后像、孝洁肃皇后像（表9-3：1、2），所戴均为形制规整的金镶八珠环。《天水冰山录》中也有"金宝八珠耳环一双""金镶八珠耳环四双"。而江西南城明益宣王墓孙妃的首饰中，出土有与皇后画像几乎相同的一对（表9-3：3）。

上行下效，尤其是妆容首饰，宫样很快就会流入民间。明代杂剧《南西厢》第七出"对诡琴红"里就有这样的描写"俺小姐一锭墨光摇两鬓，八珠环巧挂双钩。"《金瓶梅》"吴月娘扫雪烹茶，应伯爵替花邀酒"一节里也提到："六娘子醉杨妃，落了八珠环，游丝儿抓住荼蘼架。"

表9-3　明代八珠环

1. 明孝洁肃皇后像

2. 明孝静毅皇后像

3. 金镶八珠环（一对）

江西南城明益宣王夫妇合葬墓出土。其上嵌有珍珠和宝石，共重27克[①]

① 江西省文物工作队. 江西南城明益宣王朱翊钶夫妇合葬墓［J］. 文物，1982（8）：23。

（三）四珠葫芦环（表9-4）

"四珠葫芦环"，又称"四珠环"或"葫芦环"。这是在元代宫廷中就已流行的款式，到明代则成为宫廷后妃命妇正装中最为常见的一种耳饰款式，非常流行，且一直延续到清代。

《大明会典》"皇帝纳后仪"所备礼物的耳饰中，除了上文提到的"八珠环一双""排环一双"，便还有"四珠葫芦环一双"；"皇太子纳妃仪"和"亲王婚礼"所备纳征礼物中也有：

金脚四珠环一双（金脚五钱重）。《大明会典》"冠服"部载：皇妃礼服和亲王妃礼服所配耳饰皆为"梅花环、四珠环各一对"，公主、世子妃、郡王妃亦同。❶由此可见四珠耳环的隆重。从图像上来看，在明代皇后像中，明前期的几位皇后，如明太祖朱元璋之妻孝慈高皇后（表9-4：2）、明成祖朱棣之仁孝文皇后（表9-4：1）、明仁宗朱高炽之诚孝昭皇后、明宣宗朱瞻基之孝恭章皇后、明英宗朱祁镇之孝庄睿皇后，所戴均无一例外是金镶四珠葫芦环。或许此种款式在明前期更为流行一些。其形制均为顶覆金叶，中间穿两珠玉圆珠若葫芦，于腰处有一金圈，下端又用金叶托底，上连S形长至脖颈的金脚。此类金镶四珠葫芦环，《天水冰山录》中称之为"金珠宝葫芦耳环"，又根据所穿珠子的大小，分为"金镶大四珠耳环"和"金镶中四珠耳环"。其实物在上海卢湾区打浦桥明墓（表9-4：3）和四川成都市郊明墓均出土过一对。

　　史籍中所说的"四珠环"应指的是以珠玉穿成的"金珠宝葫芦耳环"。还有一类葫芦形耳环是以纯金制成，这类耳环一般不称作"四珠环"，而直接前缀材质和做工以"葫芦环"名之。其规格应比金珠宝葫芦耳环要低一些。在各地明墓中，纯金葫芦环出土不少，数量远多于金珠宝葫芦耳环。《天水冰山录》中对"耳环耳坠"一项，就此类葫芦环列出多种，如金光葫芦耳环、金摺丝葫芦耳环、金累丝葫芦耳环、金葫芦耳环等。金葫芦环的制作方法多种多样，展现了中国古代细金工艺的精湛技法。如"金光葫芦耳环"，即为纯金光素实心葫芦，如南京中华门外铁心桥出土的一对（表9-4：4）。实心葫芦戴着太重，一般多做成空心葫芦，以锤揲的方式打作六棱、八棱或十棱，此类耳环南京太平门外板仓徐俌墓（表9-4：5）和南京太平门外尧化门均有出土。又或是制成"金累丝葫芦耳环"，两两相累，通透玲珑，兰州上西园明墓（表9-4：6）和江苏省无锡市大墙门明墓均有出土。再如"金摺丝葫芦耳环"，如江西南昌永和大队明昭勇将军戴贤墓出土的一对（表9-4：7），是用片材攒聚做出的"摺丝"效果，也可以用片材锤揲出纹理，看起来亦如"摺丝"，如江西崇仁程瑞墓出土的一对（表9-4：8）。

　　明代的葫芦耳环，除以上提到的以金玉仿其形者外，还有一种是以真葫芦制作的，取其轻便与难得，元代称为"天生葫芦"。

❶《明史·舆服志》所载略有不同，为："皇妃受册、助祭、朝会礼服……梅花环、四珠环各二。"

表9-4 明代四珠葫芦环

1. 明孝仁文皇后像

2. 明孝慈高皇后像

3. 金珠宝葫芦耳环

上海卢湾区打浦桥明墓出土[①]

4. 金光葫芦耳环

长4厘米，宽3.1厘米。南京中华门外铁心桥出土。耳饰上部用金丝绕成螺旋形，下接一葫芦形[②]

5. 金八棱空心葫芦环

明正德十二年。长6厘米，葫芦长3.2厘米，宽1.3厘米。南京太平门外板仓徐俌墓出土。耳环上部用一根金丝弯成S形，似葫芦蔓，接由五个圆珠组成的五瓣花，再通过缠绕的金丝连接五片蕉叶，下连七棱形空心葫芦、以锤揲、模压、錾花、焊接等工艺制成[③]

6. 金累丝葫芦耳环

高4.7厘米，重22.5克。耳饰以挂钩为轴，用金丝编盘成六瓣形花纹，相互连缀而成绣球状，分上下两层，形似葫芦。金丝交汇处，焊以簇状金珠。兰州上西园明墓出土，现藏于甘肃省博物馆[④]

7. 金葫芦耳环	8. 金葫芦耳环
通长8厘米，重26克。江西南昌永和大队明昭勇将军戴贤墓出土，现藏于江西省博物馆③	通长6厘米，重10克。江西崇仁程瑞墓出土，现藏于江西省博物馆⑥

① 上海市文物管理委员会. 上海出土唐宋元明清玉器［M］. 上海：上海人民出版社，2001。

② 白宁. 金与玉——公元14～17世纪中国贵族首饰［M］. 上海：文汇出版社，2004。

③ 南京市博物馆. 明朝首饰冠服［M］. 北京：科学出版社，2000。

④《中国金银玻璃珐琅器全集》编辑委员会. 中国金银玻璃珐琅器全集3：金银器（三）［M］. 石家庄：河北美术出版社，2004。

⑤ 扬之水. 奢华之色——宋元明金银器研究（卷二）［M］. 北京：中华书局，2010：72。

⑥ 扬之水. 奢华之色——宋元明金银器研究（卷二）［M］. 北京：中华书局，2010：75。

（四）梅花环（表9-5）

梅花环，即以梅花为造型的耳环，也是明代宫廷样式的一种。《大明会典》"冠服"部载：皇妃礼服和亲王妃礼服所配耳饰皆为"梅花环、四珠环各一对"，公主、世子妃、郡王妃亦同。"皇太子纳妃仪"和"亲王婚礼"所备纳征礼物中除了上文提到的金脚四珠环一双（金脚五钱重）之外，便还有梅花环一双（金脚五钱重）。《天水冰山录》中也有"金摺丝梅花耳环""金珠梅花耳坠"。

梅花是四君子之一，凌寒独开，暗香浮动；零落成泥，香亦如故。因此，自古就受到名士布衣的共爱，宋代起便成为闺阁首饰中常见的纹样。明代将之纳入舆服制度，也是顺理成章之事，明代皇后像中着梅花环者亦不少见（表9-5：1）。山西汾阳圣母庙东壁壁画中随侍圣母出宫的宫廷女官，耳畔所着亦是一对金梅花环（表9-5：2）。类似的实物在明宁康王女儿墓（表9-5：4）和兰州上西园明墓（表9-5：3）均有出土。

表9-5　明代梅花环

1. 明孝安皇后像

2. 山西汾阳圣母庙东壁仕女像

3. 金嵌宝梅花环

长8厘米，宽5厘米，重34.4克。坠子分上下两层，上层似伞盖状，下层为梅花形，以金丝编成菊花纹为筐，原皆嵌有珍珠和红蓝宝石，现已脱落殆尽。兰州上西园明墓出土，现藏于甘肃省博物馆[①]

4. 金嵌宝梅花环

通长5厘米，梅花直径3厘米，一对共重19克，珠宝均已脱落。明宁康王女儿墓出土，现藏于江西省博物馆[①]

① 扬之水. 奢华之色——宋元明金银器研究（卷二）[M]. 北京: 中华书局，2010: 78。

（五）佛面环（表9-6）

佛面环，即以佛像或菩萨像为妆饰题材的耳环。其也被纳入舆服制度，但不属于礼服，而是属于常服的配饰。《明史·舆服志》载：（洪武）五年更定命妇冠服。一品，"常服用……金脚珠翠佛面环一双"。二品、三品、四品耳饰同一品。五品，"常服……银脚珠翠佛面环一双"。六品、七品同五品。其以耳环脚的质地来区分品第，可见在明代，耳环脚在耳饰中的分量是很重的。

将佛像以及佛教人物中的装束和器具纳入首饰，在明代并不少见，也是明代首饰取材的一个来源。《天水冰山录》"耳环耳坠"一项中还有"金观音耳环"。在定陵出土的首饰中，孝端皇后有一件镶珠宝玉佛金簪，还有五件镶宝玉佛字金簪；孝靖皇后有一件镶宝玉佛鎏金银簪，还有两件镶宝玉观音鎏金银簪。❶另外，明代还有各式佛手簪、禅杖簪等。佛面环的实物，则在江苏无锡明华复诚夫妇墓（表9-6：1）和上海肇嘉浜路打浦桥明代顾姓族墓（表9-6：2）均有出土。

表9-6　明代佛面环

1. 金脚珠玉佛面环

江苏无锡明华复诚夫妇墓出土①

2. 金脚宝玉佛面环

高2.1厘米。此对耳坠，圆雕观音作立状，脑后有髻，眉阴刻，下连鼻翼和嘴角。肩披帛，双手合掌，神态静穆。玉佛下是一金莲花台托座。上海肇嘉浜路打浦桥明代顾姓族墓出土，现藏于上海博物馆②

① 周汛，高春明. 中国历代妇女妆饰 [M]. 香港：三联书店（香港）有限公司，上海：学林出版社，1988。
② 天津人民美术出版社. 中国织绣服饰全集 [M]. 天津：天津人民美术出版社，2004。

（六）金镶宝琵琶耳环（表9-7）

在明代，有一种构图为三角形框架的，造型奇巧又轻便的金穿珠宝耳环，出土很是多见。在兰州上西园明墓（表9-7：1）、湖北梁庄王墓❷、南京太平门外板仓徐膺绪墓❸、南京中华门外郎家山宋晟夫人墓（表9-7：2）、南京江宁殷巷沐晟墓、江西南城明益端王朱佑槟墓（表9-7：3）等，均有出土。从目前明墓出土资料看，这种耳饰在明初南京地区曾极为流行，且形制也都非常相似。其制作并不复杂，不需要什么特殊的工艺，不过是用一根金丝上下左右盘绕成形，其间在相应处穿珠穿石，顶端作为收束的一颗绿松石一般做成伞盖模样，和下边三角形的金丝框架相映成趣，虚实交映，金丝框架上所穿珠饰以绿松石和珍珠为多见。

❶ 中国社会科学院考古研究所，等. 定陵（上册）[M]. 北京：文物出版社，1990：196-198。
❷ 湖北省文物考古研究所，钟祥市博物馆. 梁庄王墓 [M]. 北京：文物出版社，2007。
❸ 南京市博物馆. 明朝首饰冠服 [M]. 北京：科学出版社，2000.

此类耳饰，杨之水先生根据《天水冰山录》"耳环耳坠"之部所列"金镶宝琵琶耳环"为之命名❶，笔者认为是合适的。

表9-7 明代金镶宝琵琶耳环

1. 金镶宝琵琶耳环	2. 金镶宝琵琶耳环	3. 金镶宝琵琶耳环
长6厘米，重17.7克。由细金丝将一颗伞盖状的绿松石固定在圆形金托上，金丝一头缠绕在挂钩下端，另一头在绿松石下方盘绕成不规则的四边形，紧靠绿松石的一角有金丝盘成的三个实心圆呈品字形分布。其中一只耳饰在绿松石右下方穿一粒珍珠，另一只耳饰在四边形中央用三根金线固定一葵花形金托，所镶宝石已脱落。兰州上西园明墓出土，现藏于甘肃省博物馆❶	明永乐十九年（公元1421年）。高4.5厘米，长5厘米，宽1.8厘米。南京中华门外郎家山宋晟夫人墓出土❷	江西南城明益端王朱祐槟墓出土。一对。上部以径粗0.2厘米金丝扭成"S"字形，下部以细金丝扭成五边形。五边形顶端用金丝绕一螺旋形小圆饼。两边各饰一朵五瓣花形的绿宝石。下边金丝绕成"X"形，从现象观察，上面应有一绿松石伞盖状饰物，但已脱落。通高8.3厘米❸

① 《中国金银玻璃珐琅器全集》编辑委员会. 中国金银玻璃珐琅器全集3：金银器（三）[M]. 石家庄：河北美术出版社，2004。
② 白宁. 金与玉——公元14～17世纪中国贵族首饰 [M]. 上海：文汇出版社，2004。
③ 江西省博物馆. 江西南城明益王朱祐槟墓发掘报告 [J]. 文物，1973(3)：33～45。

（七）灯笼形耳饰（表9-8）

明代还有一类耳饰，做成精巧的宫灯模样，既有纯金材质，也有金镶珠玉材质。此类耳饰，做工往往比较繁复，属于耳饰中工巧繁缛者。《天水冰山录》中便有"金镶珠宝累丝灯笼耳环""金镶玉灯笼耳环""金折丝珠串灯笼耳环""金珠串灯笼耳环""金累丝灯笼耳环""金折丝灯笼耳环""金折丝灯笼耳坠""金灯笼珠耳坠""金累丝灯笼耳坠""金玉灯笼耳坠""金宝灯笼耳坠"等十几种。《金瓶梅》中的妇人也很喜爱这种惹眼的坠子，第四十回"抱孩童瓶儿希宠，妆丫鬟金莲市爱"中，潘金莲便是"戴着两个金灯笼坠子，贴着三个面花儿"；第七十八回"西门庆两战林太太，吴月娘玩灯请黄氏"中春梅也是"金灯笼坠子，貂鼠围脖儿"；第二十四回"敬济元夜戏娇姿，惠祥怒詈来旺妇"中宋惠莲也是"额角上贴着飞金并面花儿，金灯笼坠耳"。可见其流行之盛。

❶ 杨之水. 奢华之色——宋元明金银器研究（卷二）[M]. 北京：中华书局，2010：77。

表9-8　明代灯笼形耳饰

1. 戴灯笼形耳饰的明代女子，《明夫妇像轴》局部，佚名[1]

2. 戴灯笼形耳饰的明代女子，《女像轴》局部，佚名[1]

3. 金累丝灯笼耳坠

长6.2厘米，高7厘米，坠首宽1.8厘米。南京鼓楼区出土。耳坠上部用金丝编结成六角形，各个角上挂有一用花丝工艺制作的可活动的盾形小金牌饰。下接用金丝编结成的镂空形宫灯，其上嵌有极小的红、蓝宝石，大部分遗佚[2]

4. 金镶玉累丝灯笼耳坠

兰州上西园明肃藩郡王墓出土，高10.8厘米，重38克[3]

5. 金灯笼耳环（一对）

长9.4厘米，总重17.6克。湖南麻阳苗族自治县隆家堡乡窖藏出土[4]

① 杨新. 明清肖像画［M］. 上海：上海科学技术出版社，2008。

② 白宁. 金与玉——公元14~17世纪中国贵族首饰［M］. 上海：文汇出版社，2004。

③ 林建. 明代肃王研究［M］. 兰州：甘肃文化出版社，2005。

④ 喻燕姣. 湖南出土金银器［M］. 长沙：湖南美术出版社，2009。

如湖南麻阳苗族自治县隆家堡乡窖藏出土的一对，状似两盏长圆形宫灯，灯下各有一小金环，似原应缀有流苏（表9-8：5）。南京鼓楼也出土过一对金累丝灯笼耳坠（表9-8：4），耳坠上部用金丝编结成六角形起翘的伞盖状，各个角上挂有一用花丝工艺制作的可活动的盾形小金牌饰，下接用金丝编结成的镂空形宫灯，其上嵌有极小的红、蓝宝石，只可惜大部分遗失。兰州上西园明肃藩郡王墓出土的一对金镶玉累丝灯笼耳坠做工更是巧夺天工（表9-8：3），上为一五爪提系，提系下连缀一顶金累丝花朵式伞盖，五爪之端有五个云钩，钩缀五串金累丝事件儿。盖下以两颗白玉珠连缀成葫芦形，葫芦上下均有金累丝的花叶盖和花叶托。

此类繁缛的宫灯形金耳饰明清两代均有流行。北京石景山区清墓中也出土有类似金累丝宫灯形耳坠（表9-7：4）。我们无论是在雍正妃子的耳上（表10-7：1、2、3），还是孔子嫡派后裔六十八代衍圣公继配夫人的耳上都可看到此类宫灯耳饰的不同形式。宫灯耳饰尽管精巧奢华，但也正是因此缘故，而少了一丝清雅之致，故此也颇受文人诟病。清代李渔曾专门撰文加以批判："饰耳之环，愈小愈佳，……切忌为古时络索之样，时非元夕，何须耳上悬灯？若再饰以珠翠，则为福建之珠灯，丹阳之料丝灯矣。其为灯也犹可厌，况为耳上之环乎？"[1]可谓一语中的了。

中国古代对于淑女的外在妆饰，深受"在止于至善[2]"之观念影响，不求浓妆艳抹，而求适可而止。早在汉代班昭的《女诫》一书中便说："妇容，不必颜色美丽也……盥涤尘秽，服饰鲜洁，沐浴以时，身不垢辱，是谓妇容。"李渔更是对此颇有心得，他在《闲情偶寄》一书中说："女人一生，戴珠顶翠之事，止可一月，万勿多时。所谓一月者，自作新妇于归之日始，至满月卸妆之日止。只此一月，亦是无可奈何。父母置办一场，翁姑婚娶一次，非此艳妆盛饰，不足以慰其心。过此以往，则当去桎梏而谢羁囚，终身不修苦行矣。一簪一珥，便可相伴一生。"如若一定要"满头翡翠，环鬓金珠"，则只能是"但见金而不见人，犹之花藏叶底，月在云中，是尽可出头露面之人，而故作藏头盖面之事"了。清代卫泳的那句："花钿委地无人收，方是真缘饰。"[3]则更是一语道乾坤，将中国文人心中的闺阁之美道尽了。

❶（清）李渔. 闲情偶寄［M］. 延吉：延边人民出版社，2000。

❷ 礼记·大学："大学之道……在止于至善。"《朱熹集注》："止者，所当止之地，即至善之所在也。"

❸ 摘自卫泳《悦容编》，原文载于（清）虫天子. 香艳丛书［M］. 北京：人民文学出版社，1990。

（八）环形耳环（表9-9）

典型的明式耳环环脚很长，环面镶金嵌宝，往往和正装相配。但还有一类圆环形耳环，因造型简洁轻便，故也广受喜爱，当多和常服相搭配（图9-2）。

圆环形耳环是耳饰最原初的款式，原始社会的玦就是此种形制，只是随着金属工艺的出现，金属环取代了玉质而已。其也是少数民族、西域人士和佛教人物耳上最常见的一种耳饰款式。《明史·舆服志》载："乐舞生冠服"之抚安四夷之"文舞"中，东夷四人、西戎四人、南蛮四人，皆着"明金耳环"。此类耳环在历代的墓葬和人物图像中均屡见不鲜。

▲ 图9-2 唐寅《陶谷赠词图》(局部)，现藏于中国台北故宫博物院

光素的圆环形耳环固然简洁、不累赘，但毕竟过于朴素，因此有心之人也免不了对其添加，修饰。对圆环形耳饰的附加修饰主要有两种形式：一种是在环下连缀可以摇荡的饰件，便又可称为耳坠，这在先秦就已很常见；一种则是在环上别做装饰，依旧维持其圆环的基本形态，保持其简洁轻便的优点，又别有一番韵味与情趣，此种形式在辽宋时代就已出现。到了明代，则不论在设计还是制作上，又略上一层楼。而其登峰造极之时，则要到清代了，彼时称为耳钳。后一种耳环的设计中，有一类是把环面设计成扁长方形，然后再在上面錾刻各式纹样，这一类看起来比较中规中矩，大方典雅（表9-9：1、2、4），其中南京武定门外曾出土过一此种形制的白玉环，其上镂雕钱纹、卍字纹及花草纹，分外清雅别致（表9-9：3）；另一类则是把环面打造成仿生的花卉或动物纹，如菊花（表9-9：6、7）、摩羯（表9-9：9）等，但依旧又不失圆环的整体形态，显得比较活泼生动。

表9-9　明代环形耳环

1. 金素面环

直径2~2.4厘米，南京郊区出土。用金丝绕成环形[①]

2. 金兽面纹耳环

直径2.6厘米，南京郊区出土。一端作长条状绕成环形，上錾刻一简易铺首纹[①]

3. 玉镂花耳环

直径2.8厘米。白玉，镂雕有钱形、蝴蝶、"万"福及牡丹叶等。寓意福在眼前，荣华富贵。江西省南昌市唐山公社永和大队基建工地明墓出土，现藏于江西省博物馆[②]

4. 金花卉纹耳环

直径2.4厘米，南京郊区出土。环形。在捶打成扁平的金片上采用錾刻工艺刻出花卉纹[②]

5. 金耳环

长2.4厘米，南京中华门外安德门纬八路出土。耳环呈上端较细，下端较粗的S形[②]

6. 金菊花纹耳环

长2.8厘米，宽1.7厘米。南京江宁龙都出土。耳环作荷包形，并采用锤揲、錾刻工艺在其上饰扁菊纹饰[③]

7. 菊花纹耳环

长2.8厘米。南京江宁龙都出土。耳环采用锤揲錾刻工艺制作成一朵扁菊花[③]

8. 金九联珠耳环

直径3.3厘米，南京光华门出土。采用锤揲工艺制成花托，上为九个相连的花蕊[③]

9. 金摩羯耳环

南昌市通用机械厂出土，现藏于江西省博物馆④

① 南京市博物馆. 明朝首饰冠服［M］. 北京: 科学出版社，2000。
② 古方. 中国出土玉器全集: 江西卷［M］. 北京: 科学出版社，2005。
③ 白宁. 金与玉——公元14~17世纪中国贵族首饰［M］. 上海: 文汇出版社，2004。
④ 扬之水. 奢华之色——宋元明金银器研究（卷二）［M］. 北京: 中华书局，2010: 74。

（九）垂珠耳饰（表9–10）

垂珠耳饰，一般是耳坠。上为一金环或一金脚，用于贯耳，下垂一珠，珠上多饰有一金蒂，华丽者金蒂上还会镶嵌有宝石，如定陵出土的一款鎏金银环垂珠耳坠（表9–10: 3）即是如此。此种形式的耳饰在元代就已出现，当时称为"一珠"，为元代蒙古族帝王所戴。至明清，因其轻巧，又可衬托女子婀娜之姿，故成为女子日常所佩耳饰。《明史·舆服志》载: "宫人冠服，制与宋同。……垂珠耳饰。"可见也是宫样之一种。《金瓶梅词话》第七十八回: "玉楼带的是环子，金莲是青宝石坠子"，这里说的"青宝石坠子"，便指的是垂珠的质地。垂珠的质地多种多样，有白玉珠、青玉珠、珍珠、各色宝石等。垂珠耳饰在明定陵（表9–10: 4）和江西南城明益宣王墓（表9–10: 5）❶中都有出土，在明清图像中也屡见不鲜（表9–10: 1、2）。

---

❶ 江西省博物馆. 江西南城明益王朱佑槟墓发掘报告［J］. 文物，1973（3）图版肆: 7。

表9–10　明代垂珠耳饰

1. 明代杜堇《玩古图》局部，现藏于中国台北故宫博物院

2. 《人镜阳秋图》局部（明万历二十八年环翠堂刊本），现藏于上海图书馆

3. 鎏金银环垂珠耳坠（一对）

上为鎏金银环，下系圆形白玉珠，珠上部有花丝制作的四叶形饰：（左）其上各嵌绿宝石三颗，蓝宝石一颗；（右）嵌绿宝石两棵，蓝宝石一颗，猫眼石一颗。顶饰红宝石一颗，每件通长5.5厘米，环径2.5厘米，重9.4克。北京定陵地宫出土，属孝端后首饰。现藏于定陵博物馆[①]

4. 金环垂珠耳坠（一对）

通长4.3厘米，环径1.9厘米，下系红宝石坠，重5.6克。北京定陵地宫出土，属孝端后首饰。现藏于定陵博物馆[②]

5. 金环垂珠耳坠（一对）

玉坠长3.7厘米，通长6.6厘米。白玉质，呈长茄形，上端有圆鼻，用金丝缀以金叶（花萼）四瓣，再穿绕于圆鼻内，每瓣花萼上透雕缠枝花卉图案，其上镶嵌宝石一颗，在四瓣花萼的中心顶端有孔，以较粗的金丝为耳环钩。江西南城明益宣王元妃墓出土，现藏于江西省博物馆[③]

① 中国社会科学院考古研究所，等. 定陵(上)［M］. 北京：文物出版社，1990：201。
② 中国社会科学院考古研究所，等. 定陵(上)［M］. 北京：文物出版社，1990：197。
③ 古方. 中国出土玉器全集：江西卷［M］. 北京：科学出版社，2005。

（十）仿生形耳饰（表9-11）

明代的耳饰，从形制上分类，有耳环、耳坠、丁香三类。从装饰风格上分类，则可分为两大类：一类是造型具象的仿生形耳饰，另一类则是抽象造型的金银（嵌宝）耳饰。前文所列四珠葫芦环、梅花环、佛面环、宫灯形耳饰等皆属前者；珠排环、八珠环、金镶宝琵琶耳环、垂珠耳环则皆属后者。

仿生式造型，宋人又称为"象生"或"像生"，在宋代的首饰设计中就已很是常见，到了明代，随着金银加工工艺的成熟，尤其是累丝工艺的炉火纯青，便愈发发扬光大起来。自然万物，林林总总，变化万千，各有生意，仿生形设计最能展示其芳华。宋代的耳饰纹样主要以花果蜂蝶纹为多，明代则愈加丰富起来，人物、动物、建筑、花卉、宫灯，都在首饰中屡见不鲜。当然，中国的"仿生"，不是单纯地为了仿而仿，而是要在生意的传达中，言其志，动其容，表其情，慰其心。故此，各类物象的刻画中，便又流露出时人的寸寸心意。

在仿生耳饰中，最为精致的莫过于人物造型了。《天水冰山录》中便有"金镶珠宝童子攀莲耳环""金水晶仙人耳环""金镶玉人耳环"等。江苏省无锡市大墙门明墓出土过一对金童子攀莲耳环（表9-11：1），一丫角小儿手持并蒂莲一支，有花二朵，一盛开，一含苞待放，取莲生贵子之意，系锤牒焊接而成。此类题材，因其寓意吉祥，颇合封建时代女子的心意，故此在宋金时代就已很是流行。另外，南京太平门外板仓徐达家族墓出土的金镶宝毛女耳坠（表9-11：2），便是《天水冰山录》中所说"仙人耳环"的代表。毛女"本秦时宫人，后以采药入山，谢去火食，渐渐身轻，得成大道，世人称为毛女者是也。"❶其作为仙姑的形象，因采得仙草而得道成仙，益寿延年，故此也颇有福寿之意。至于前文所述"佛面环"，实也属此类人物耳饰之一类，因其独特的宗教意味，而成为宫样之一种。

明代的动物造型耳饰，当属定陵出土的孝靖皇后的一对金嵌宝玉兔捣药耳坠最为精致（表9-11：3）。圆形金耳环下，系一玉兔，玉色青白细润。兔竖耳、红睛、直立，抱杵，下有臼，作捣药状。兔顶系红宝石一颗，两眼各嵌红宝石一颗，下部有云头形金托三个，中心嵌猫眼石一颗，两侧各嵌红宝石一颗，正背两面镶嵌相同。墓中共出土两件，只可惜只有一件完整，另一件只存金环。元练子宁《东山待月歌》中的："月本无心尚圆缺，玉兔捣药能长生"一句，当说出了此中的心思。而明代动物形首饰之一大宗当属头面上的草虫啄针了，与之须毫毕现的打造工艺比起来，这只玉兔则愈显其温润玲珑之本色。

花果纹是自宋代起就世代不衰的一类女性首饰题材。花朵美丽且多姿，果实多子且夭夭，

---

❶ 选自李好古，沙门岛张生煮海（第二折），元曲选（中华书局重印本）。

妆点女性是再合适不过了。《天水冰山录》中
此类耳环不计其数，如"金珠茄子耳环""金
宝菊花耳环""金摺丝牡丹耳环""金宝柿子耳
环""金摺丝杏花耳环""金镶玉桃耳环""金甜
瓜耳坠"等。出土实物中，南京鼓楼区水佐岗
出土的金石榴形耳坠（表9-11：4）和南京中
华门外郎家山宋晟墓出土的金牡丹纹耳环（表
9-11：5）皆属此类。前文所述的葫芦环、梅花
环也皆属此类。

　　除了人物、动物、花果，还有建筑。南
京太平门外板仓徐达家族墓便出土有一金楼
阁形耳坠（表9-11：6）。仙山楼阁图是明清
工艺品中的流行纹样，其纹样的意义源自流

行于秦汉时期的"海上有仙山"的传说，《汉书·郊祀志》云，此三神山者，其传在渤海中，
去人不远，盖尝有至者，诸仙人及不死之药皆在焉。其物禽兽尽白，而黄金银为宫阙。汉
代大量出土的博山炉的造型和纹样便取意于此。佛教东传以后，佛经中须弥山的意象也随
之注入，并广修宫室于其上。至唐代，其中的宫殿楼阁作为一种图示开始流行于南北，变
成一种稳定的样式而久被传承。到了宋代，随着祝寿风气的日益兴盛，"神仙道扮"的人物
又开始穿插于楼阁图示内外，楼阁人物图便成为早年仙山楼阁图的升级版而成为时代的新
宠。明代随着金累丝工艺的日益精湛，设计与制作俱见精彩的立体楼阁形首饰便流行开来。
《天水冰山录》中便提到了"金摺丝楼阁人物珠串耳环""金珠串楼台人物耳环""金摺丝
楼阁耳坠"等品种。除了用之于耳饰之外，最精彩的莫过于成套的楼阁人物金簪，如江西
南城明益庄王墓便出土有属于万贵妃的金累丝楼阁群仙首饰一套❶。我们在北京故宫博物院
所藏《明代贵妇容像》中，也可清晰地看到耳畔悬楼的奇景（图9-3）。

---

❶ 江西省文物管理委员会. 江西南城明益庄王墓出土文物［J］. 文物. 1959（1）：48。

表9-11　明代仿生形耳饰

1. 金童子攀莲耳环	2. 金镶宝玉毛女耳坠
左长6.5厘米，重12.04克；右长6.6厘米，重11.85克。江苏省无锡市大墙门出土。锤揲焊接而成。耳环为丫角小儿，手持并蒂莲一支，有花二朵，一盛开，一含苞待放①	长10.3厘米，毛女高5厘米，宽1.8厘米。南京太平门外板仓徐达家族墓出土。耳坠的造型为一毛女形象，其上部是一朵莲花形六角宝盖顶，上有镶嵌物。耳坠下部是一莲花座，座上一荷锄背篓女子，头挽高髻，颈戴项圈，身着双层莲瓣形衣裙，飘带环绕其身，身上的背篓中露出一只刚采摘来的灵芝。整件饰品采用了累丝、镶嵌、锤揲、焊接等工艺②

3. 金嵌宝玉兔捣药耳坠	4. 金石榴形耳坠
通长5.8厘米，环径2.5厘米，兔高2.4厘米，重5.5克。出土两件，一件完整，另一件只存金环，缺耳坠。北京定陵地宫出土，属孝靖后首饰，现藏于定陵博物馆③	长3.8厘米，石榴长1.2厘米，宽0.6厘米。南京鼓楼区水佐岗出土。耳环顶部用金丝绕成五瓣花，再通过金丝连接四片石榴叶，树叶内为一圆形石榴④

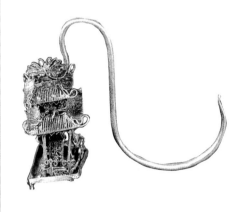

5. 金牡丹纹耳环

明永乐五年（公元1407年）。长7.3厘米，环首宽2.8厘米。南京中华门外郎家山宋晟墓出土。同出土一对。耳环用锤揲工艺制作的牡丹花状，纹饰凸起，立体感强⑤

6. 金楼阁形耳坠

长4.7厘米，亭阁高3厘米，宽1.5厘米。南京太平门外板仓徐达家族墓出土。耳坠为亭阁形。亭顶部用金丝编成十三瓣花形，亭作长方形，重檐。亭的一面为屏风，其余三面则为可启闭的双扇门。亭的下部做有望柱和花板。整个饰物造型和谐，立体感很强，主要采用了累丝、焊接、锤揲等工艺⑤

① 徐湖平. 金银器——南京博物院珍藏系列［M］. 上海：上海古籍出版社，1999。
② 南京市博物馆. 明朝首饰冠服［M］. 北京：科学出版社，2000。
③ 中国社会科学院考古研究所，等. 定陵(上)［M］. 北京：文物出版社，1990：201。
④ 白宁. 金与玉——公元14~17世纪中国贵族首饰［M］. 上海：文汇出版社，2004。
⑤ 南京市博物馆. 明朝首饰冠服［M］. 北京：科学出版社，2000。

（十一）文字纹耳饰（表9-12）

将文字融入装饰纹样之中，流行于汉代，北京故宫博物院藏的"长乐"谷纹玉璧，新疆民丰尼雅遗址出土的"五星出东方利中国"棉质护膊皆属此类。而将文字作为首饰纹样之一种，则兴起于明代。文字之于首饰主要出于三种立意：其一为结合辅佐之纹样共同组构成吉祥图案，取其喜庆吉祥之意，如定陵出土的金玉"喜相逢"耳坠（表9-12：1）、"喜报平安"金耳坠（表9-12：2）皆属此类；其二为取意道教题材之长生不老之意而每以"寿"字呈现，如《天水冰山录》中提到的"金累丝寿字耳环""金摺丝寿字耳环""金玉寿字耳坠"皆属此类；其三为取意佛教题材而以藏密中带有象征意义的梵文字呈现，此类头饰比较多，如常州钟楼区永红街道霍家村出土的金梵文挑心，武进前黄明代夫妻合葬墓出土的金梵文挑心等。以文字纹作为首饰装饰图案，在清代的耳饰中也有大量呈现（表9-12：3）。

表9-12　明代文字纹耳饰

1. 金玉"喜相逢"耳坠

一对，上为圆形金环，下系雕刻有"喜"字、蜜蜂的白玉坠，寓意"喜相逢"。在其顶部和两面共嵌红宝石五颗。每件通长3.7厘米，重9.5克。北京定陵地宫出土，属孝靖后首饰。现藏于定陵博物馆①

2. "喜报平安"金耳坠

一对，上有小环，下系锁链四节，耳坠作塔形，中心镂刻双喜字，下部为瓶形，瓶腹刻一"安"字，喜字两侧刻爆竹纹。文字与图案共同组成吉祥图案，寓意为"喜报平安"。两面纹样相同。通长8.8厘米，宽3.5厘米，重7.2克。北京定陵地宫出土，属孝靖后首饰。现藏于定陵博物馆②

3. 珐琅彩双喜银耳坠（清）

天津地区传世品。银质，全长9厘米，王金华先生藏品③

---

① 中国社会科学院考古研究所，等. 定陵(上) [M]. 北京：文物出版社，1990：201。
② 中国社会科学院考古研究所，等. 定陵(上) [M]. 北京：文物出版社，1990：200。
③ 王金华，唐绪祥. 中国传统首饰 [M]. 北京：中国轻工业出版社，2009：318。

三、结论

在中国汉族聚居区，耳饰真正在使用上达到普及的时代是明。在明代，耳饰的门类是很齐全的，也有着鲜明的时代特色。早期的玻璃（或玉）耳珰，此时演化成了一种极其简洁的耳饰——丁香，成为女子常服时的最佳搭配；先秦时就已在男子朝服上出现的瑱（充耳），终于可以在明墓中一见其真容（参见表2-4：2）；各式各样的耳环，因其不可如耳坠般随意晃动，显得比较端庄，成为明代耳饰的主流；耳坠则在朝纲混乱的明晚期才相对多见一些，但款式也大多比较节制，并无过长、繁缛的流苏。

从款式样式上看，就已公开发表的材料而言，明以前今天能够见到的宫廷作品是很少的，明代则恰恰相反，即出自宫廷者占了很大一部分。除了定陵，其他如嫔妃、外戚，各地藩王及藩王家族墓，开国功臣墓，所出金银首饰其实都以宫样及追仿宫样者为主。我们从对明代耳饰的梳理来看，宫样便占有半数之多，如珠排环、八珠环、四珠葫芦环、梅花环、佛面环、垂珠耳饰等，都被载入宫廷服饰典章，依身份品级之不同，礼服常服之有别，而择其佩戴。

从制作工艺上看，明以前的金银首饰多出自民间工匠之手。到了明代，内廷则设专为皇家打造首饰等金银器物的银作局和内官监，即所谓"内府制作"。皇家制作首饰，尽管讲究等级有别，但用工是不惜代价的，用料也是专属供应，因此往往极其奢侈靡费。明代首饰制作除了继承传统的锤揲工艺之外，更发展出了累丝工艺，把片材处理为花丝，使得首饰造型更加富有立体感、空间感，构图也更加繁复。累丝工艺又称细金工艺、花丝工艺，是将金、银、铜等抽成细丝，以堆垒编织等技法制成。由一根根花丝到成为一件完整的作品，要依靠堆、垒、编、织、掐、填、攒、焊八大工艺，而每种工艺细分起来又是千变万化。讲究者，还要再"镶宝"或"点翠"，称为累丝镶嵌，这对后世清代金银首饰的制作产生了巨大影响。

第
十
章

清代

耳饰

清朝，是以聚居在我国东北地区的女真族演进而成的满族贵族为主体、通过征战等手段建立起来的中国最后一个君主专制的封建王朝。因满族是一个尚武且以游牧生活方式为主的民族，其能迅速地占领汉人的江山，主要靠的就是军队的精武和善战。因此，清初统治者从建国之初就意识到，"骑射国语，乃满洲之根本，旗人之要务"❶。但要想江山稳固，保住八旗子弟善骑射的武功，就必须有一整套有利于骑射的衣冠制度与之相适应。加之清朝统治者认为辽、金、元等少数民族之所以最后政权丧失，被汉族同化，皆因其废弃本民族衣冠语言等习俗之故。因此清朝统治者在入关后，其服饰在很大程度上仍保留了适于狩猎骑射的民族特色，并在乾隆帝"取其文，不必取其式"的思想指导下，又继承了汉族服饰的一些典章制度和传统纹饰，发展出了极具特色的清代服饰制度。

　　由于清初要求汉人一律剃发易装，遵从满俗，极大地伤害了当时汉族人民的民族自尊心，激起顽抗，使得政局不稳，这迫使清政府在制定服饰制度时，采纳了明末遗臣金之俊的"十不从"建议。其中与服饰制度有关的有"男从女不从，生从死不从，阳从阴不从，官从隶不从，老从少不从，儒从而释道不从，倡从而优伶不从，仕宦从而婚姻不从"，这就使得汉族妇女、儿童、役隶、僧侣道士等依旧可以着汉装，汉族服饰也得以继续流传。

　　在这种历史背景之下，耳饰作为清代女性的专属饰物，允许满汉女子可以分别佩戴不同的款式，满族从满俗，汉女则基本延续明代的传统。当然，满汉长期错居，服饰时尚也必然会相互影响，在清代中期逐渐开始呈现满汉融合的趋势。加上清末西风东渐，传统与创新相辅相成，这也使得清末的首饰式样逐渐趋向繁复与多元，这一特点在耳饰这一门类中便有集中体现。

　　清代俗称穿孔式耳饰为"耳钳"或"钳子"，不论耳环或是耳坠，皆统称之。清代的耳饰习俗，一方面和皇家礼制有着密切的关系，不同的级别佩戴的款式和珠宝等级有严格的规定；另一方面也和满族的习俗相关联，不仅流行一耳三钳，而且在材质的选择上，因东珠产于满洲人的龙兴之地而显得极其尊贵，成为了满族最尊贵女性之耳饰珠宝的不二选择。在清代后期，因西方文化的传入，各种西式的材质与工艺也被纷纷采用，如钻石、琉璃、珐琅工

---

❶ 选自《清朝通典》卷七十七。

艺等在耳饰上也屡见不鲜。在耳饰纹样上，明代就已开始流行的各式吉祥纹样，因其具备福寿、平安等吉祥、节庆或丰收的意涵，而继续被广泛采用。

一、清代满族耳饰传统及习俗

清代的满族人是由女真族演进而来的，女真族的贵族男女早年都有戴耳饰的习俗。《大金国志》"男女冠服"中载："金俗好衣白。辫发垂肩，与契丹异。（耳）垂金环，留颅后发，系以色丝。"黑龙江省阿城巨源乡发掘的齐国王完颜晏夫妇合葬墓中，棺内的齐国王和王妃头部两耳旁，便各有一副金耳饰出土。❶实际上，北方的游牧民族男子基本都有戴耳饰的习俗，例如前文所介绍的契丹族、蒙古族、匈奴、鲜卑等，莫不如此。这种习俗满族早年也有所传承。1595年，朝鲜申中一见到努尔哈赤时，见其兄弟舒尔哈齐便是"面白而方，耳穿银环"❷。满洲贵族男子穿耳为饰之俗，大约入关而止，从北京故宫博物院所藏努尔哈赤、顺治等清初帝王的肖像中均已不见耳饰的痕迹。但在清代宫廷画家所绘诸多《雍正帝行乐图》中，有几张雍正的满装造型耳边便戴有大大的金环（图10-1），甚至有一张射雁的形象，雍正不仅耳垂金环，还戴有手镯和脚镯。我想这应是雍正帝对满族旧俗的一种纪念（图10-2）。

满族女子的耳饰传统也是从女真族延续而来，入关后随着宫廷服饰制度的确立，渐成定制。朝鲜文人李民寏，1619年时作为元帅姜弘立的幕僚，随其攻打努尔哈赤的都城赫图阿拉时，曾战败被俘于建州，亲眼见到后金女真服饰风俗，获释后回国写了《建州闻见录》，

▲ 图10-1 《雍正帝行乐图》之一（局部），清宫廷画家绘，绢本设色，现藏于北京故宫博物院

▲ 图10-2 《雍正帝行乐图》之二（局部），清宫廷画家绘，绢本设色，现藏于北京故宫博物院

❶ 赵评春，等. 金代服饰：金齐国王墓出土服饰研究［M］. 北京：文物出版社，1998。
❷ 《明宣祖实录》七十一卷"南部主簿申忠一书启"。

文载："（女真）女人之髻，如我国女之围髻，插以金银珠玉为饰。耳挂八九环。鼻左傍亦挂一小环。颈臂指脚，皆有重钏。"其指出了女真女子有耳戴多环的传统。明末清初叶梦珠著《阅世编》里则记载有当时的满人衣着："耳上金环，向惟礼服用之，于今亦然。其满装耳环，则多用金圈连环贯耳，其数多寡不等，与汉服之环异。"指出了明末清初满族女子也有一耳多环的传统，可见两者是有继承关系的。

满族女子的耳饰最初多为金环无饰，《孝庄文皇后常服像》中耳畔所戴便是三个金环。天聪年间，开始由金质无饰变为嵌珠为饰，出现了东珠耳坠、珍珠耳坠，后渐为定制。《八旗通志》里多处提及顺治初规定贵族女性耳坠东珠限重五分等。满族女子耳上的环数最初也没有一定之规，清早期顺治孝惠章皇后、康熙孝诚仁皇后朝服像（表10-1：1）都是很明显的一耳四钳。清朝服饰制度的确立，有一个逐步发展和完善的历史过程，从17世纪初叶开始（天命元年），至18世纪中叶（乾隆三十一年）《皇朝礼器图》校勘完成，整整花费了150年的时间，经过六位皇帝的不懈努力才算大功告成。从此，满族贵族女子的耳饰才正式规定为一耳三钳（表10-1）。

按《皇朝礼器图式》规定：皇太后、皇后的耳饰，每具金龙衔一等东珠各2颗；皇贵妃、贵妃、皇太子妃的耳饰，每具金龙衔二等东珠各2颗；妃的耳饰，每具金龙衔三等东珠各2颗；嫔的耳饰，每具金龙衔四等东珠各2颗。皇子福晋、亲王福晋、亲王世子福晋、郡王福晋、贝勒夫人、贝子夫人、镇国公夫人、辅国公夫人、固伦公主、和硕公主下至乡君、民公夫人、七品命妇的耳饰，每具皆为金云衔珠各2颗。东珠的等级按大小及光润度而定。上至皇太后、下至七品命妇佩戴的耳饰，皆为左右各三，三具纵向排列，其应用场合与朝服相一致。书中并附有金云衔珠耳饰和金龙衔珠耳饰的清晰线图，让人一目了然（表10-1：4、5）。

从满族的宫廷耳饰定制可以看出统治者的两点考虑：第一就是表明耳饰的数量是区分满汉不同身份的一个重要标志，让人一目了然满汉之不同俗。而且清代的宫样耳饰和明代之最大不同就是款式非常单一，各个品级的后妃除了珠宝本身的等级有所差别之外，衔珠的金饰也只有金龙和金云之别，因此，整齐划一感很强，其追求满女求同的妆饰形式，而并不主张个性的表达。第二就是对东珠的极度看重。从定制上看，只有皇帝的母亲和嫔以上的妻子及皇太子妃才可戴东珠耳饰，且以东珠的等级区分身份尊卑。清代皇室使用珠宝并不单纯注重表现矿石的美丽，珠宝被珍视的原因在于它所代表的德行和内涵。东珠在珍珠中并不算是质量最优者，其之所以被满族人所看重，背后有着深层的文化因缘。

清人所说的东珠，就是产于东北松花江下游，和黑龙江、混同江、牡丹江、嫩江等河川的淡水珍珠，以及沿海的海水珍珠。其早年被称为"北珠"。《大金国志》载："女真在契丹东北隅……土产人参、蜜蜡、北珠……"，即此。《满洲源流考》云："东珠出混同江及乌拉、宁古塔诸河中，匀圆莹白，大可半寸，小者亦如菽颗。王公等冠顶饰之，以多少分等秩，昭宝贵焉。"说明其对于满族贵族男女来说，都是象征身份的标志。东珠的质量，一般色多带绀黛，浑圆者较少，色呈淡金及圆硕者，"或百十内得一颗"❶，仅就北京故宫博物院所藏东珠来看，多数无光而色微泛青，并不及产于南方沿海的南珠光莹，有点像南珠掉了皮的感觉，这与蚌类的生长环境有关。但尽管如此，清廷仍将其规定为清室服饰制度中代表品秩至高者使用的珠宝，是有着深刻的文化原因的。《东夷考略》"建州女真考"载："长白山在开原城东南四百里，其颠有潭，流水下成湖陂，湖中出东珠，今其地为建酋努尔哈赤所有，故建酋日益富强。"同书"女真通考"也称当时东珠"贵者直（值）千金"❷，清朝人将产自东北地方的珍珠称为东珠，或许就是因为以往被称为北珠的主要产地分布在他们发祥地的东方有关，因其是清廷龙兴之处，又是使其富强的珍宝，故对满人有着极其特殊的意义。满族统治者在建国之初，就非常害怕满人被汉族同化，其不仅强制推行"剃发易服"的做法，强迫汉族人接受满族人的生活习俗，而且也要求满族人绝不可仿效汉族的服饰习俗。据《清实录》记载：清太宗为了禁止满人仿效汉族服制，组织诸王大臣学习《大金世宗本纪》，以金朝兴衰的教训阐明祖宗衣冠不可改的原因，同时通过训谕等为后世子孙坚持满洲的衣冠立下制度。对东珠的尊崇与保持满女一耳三钳的耳饰习俗可以说都是清代统治者推崇满俗的直接表现。

满族女子一耳着三钳的形象，从皇后朝服像到妃嫔常服像，在传世清代画作中非常常见。例如孝圣皇太后像、孝贤纯皇后像（表10-1：2）、隆裕皇后像、道光皇后像、惠贤皇贵妃油画像、婉嫔像挂屏、美国克利夫兰美术馆藏郎世宁所绘的乾隆诸后妃像、雍正行乐图轴中的满族妃嫔形象等等，无一不是一耳着三钳。而这种宫样耳钳的实物，在我国台北故宫博物院和北京故宫博物院都有珍藏（图10-3）❸。其中，我国台北故宫博物院所藏的一组金龙衔东珠耳饰尤为精致（表10-1：7、8），一组三

▲ 图10-3　金环镶东珠耳坠
三副一组。通长1.5厘米。金环。累丝坠帽各镶东珠两颗。现藏于北京故宫博物院

❶ 隆英额《吉林外纪》"东珠"条，收于《清朝藩属舆地丛书》（台北：台联国风出版社，1976，册2，卷7，第15页）。
❷ （明）茅瑞征《东夷考略》之"建州女真考"，第18页；"女真通考"，第3页，收于《玄览堂丛书初辑》（台北：中正书局，1981，册23，第23-163页）。
❸ 故宫博物院. 故宫博物院藏清代后妃首饰［M］. 北京：紫金城出版社，香港：柏高出版社，1992。

对，形制相同，皆为两颗东珠组成，上有珊瑚雕成的花瓣状宝盖，两珠间以青金石束腰托座，底端以绿松石花瓣托底，圆顶珠的金针穿过各组件中央穿孔，上端以圆环扣束住。葫芦坠饰上端环扣缠绕着金丝以联结金龙首耳针，龙戴珍珠顶金冠，累丝金工细巧，须眉毕现。环脚较短小，呈S形弯折，针端扁细，三组共六件相同的耳饰，同盛于一个木匣中，匣分六格，衬以黄陵，并以裱着黄绫的罩板覆盖其上，抽开的匣盖上还贴着黄签，墨书："系三副"，是清宫典藏者的注记，黄绫相衬，表明是皇家成组用物。

清代贵族女子礼服所配的这种耳钳造型，和明代宫中流行的"四珠葫芦环"❶极其相似，明代的"金珠宝葫芦耳环"❷也是宫廷后妃命妇正装中最为常见的一种耳饰款式，非常流行，满族入关后制定的这种宫廷耳钳形制无疑是受到明代的影响。

然而，满人入关后，受到中原汉族文化的熏陶，一耳三钳的礼制随着满汉长久错居，也渐渐发生变化，满族女子崇效汉俗者逐渐增多。乾隆四十年（1775年）曾经降旨："旗妇一耳带三钳者，原系满洲旧风，断不可改。昨朕选看包衣佐领之秀女，皆带一坠子，并相沿至于一耳一钳，则竟非满洲矣。着交八旗都统内务府大臣将带一耳钳之风，立行禁止。"❸就很清楚地展现出满女从汉俗者日益增多。尽管满人入关后，清太宗就已一再宣示："勿忘祖制，不服汉族衣冠"，乾隆帝也一度针对服饰问题组织诸王大臣重新学习清太宗文皇帝的训谕，但满汉融合之风却难以遏制，清中叶之后满洲旧俗几乎都发生变调，难以持续，这在耳饰上便可见一斑。

总体来说，自道光起，清宫服饰开始有了较大变革。虽然道光二十八年十月（1848年），六阿哥娶福晋行初定礼的礼单中，尚有"嵌东珠各二颗金耳坠三对"❹，似乎说明一耳三钳之礼俗依然存在。不过道光内廷绘有多组行乐图传世，其后妃都只有一耳一钳的妆饰，此后咸丰、同治、光绪朝的《活计文件》记录不再见此类文字，反而以一副或一对的记载为多。当然，一副东珠耳坠并不表示就是一钳，道光皇帝之孝慎成皇后画像、静妃画像（图10-4）、和妃画

△ 图10-4 《静妃画像》（局部），清宫廷画家绘，现藏于北京故宫博物院

❶《大明会典》"皇帝纳后仪"所备礼物的耳饰中，有"四珠葫芦环一双"。

❷ 此名称来自〔明〕《天水冰山录》，知不足斋丛书。

❸《大清会典事例》卷一一一四"八旗都统四·阅选秀女"。

❹ 清宫《活计档》，中国第一历史档案馆藏。

⚐ 图10-5　银镀金点翠嵌珊瑚料珠耳坠（一对），2厘米×6厘米。现藏于北京故宫博物院

⚐ 图10-6　银镀金点翠嵌珠宝耳坠

纵长4.8厘米。一对。上方为镀金点翠荷叶结子，下接三排东珠穿成的葫芦形坠饰，东珠之间间隔以绿松石环，上下以雕花珊瑚宝盖与底托衬之，结子背后焊以一只镀金环脚用以穿耳。所附黄签两面墨书："同治二年四月十八日收，上交。""湖珠坠一副，计珠十二颗，银镀金钩连，珊瑚宝盖、腰结，共重五钱。"　现藏于中国台北故宫博物院❶

像耳畔依然是三钳，但只最下一副是东珠耳坠，另两个耳孔只穿金环。这应该是一耳三钳向一耳一钳的过渡状态。

　　到了同治朝的慈禧、光绪帝的孝定景皇后，及宣统朝的婉容皇后等留下的传世照片和图像中，均已无一耳三钳的痕迹，说明风气之变已难以挽回。但任何事情都有变通之举，虽然满女受汉族穿一个耳洞的风气影响，但毕竟有服饰礼制在册，所以，一个耳洞仍然追求戴出三钳的感觉。于是在耳饰的设计上，就出现了将三组葫芦耳坠组于一身的设计。我国的北京故宫博物院和台北故宫博物院均藏有此类耳饰（图10-5❶、图10-6）。这样的设计可以说是满汉融合的典范了，清光绪帝孝定景皇后朝服像中（表10-1：3），就清晰地呈现出戴这种耳饰的形象，一直到末代皇后婉容的大婚朝服像中，依然佩戴的是此类耳饰。

　　这种仿一耳三钳的耳饰在晚清也出现了很多简化的变体，如北京故宫博物院所藏的一对金镶东珠耳环，只是在环形金托上一字排开嵌有三颗东珠，并无多余的装饰，也抛弃了葫芦形的古制，显得简约而利落（表10-1：9）。我国台北故宫博物院藏有一对金嵌珍珠耳坠，贴耳处呈"品"字形嵌三颗珍珠，下以金链连缀三颗珍珠（表10-1：6），都应是在原一耳三钳满风影响下的设计变体。

❶ 故宫博物院. 清宫后妃首饰图典［M］. 北京：故宫出版社，2012：152。

表10-1 清代一耳三钳及其变体

1. 清康熙帝《孝诚仁皇后像》，其为一耳四钳，现藏于北京故宫博物院

2. 清乾隆帝《孝贤纯皇后像》，其为一耳三钳，现藏于北京故宫博物院

3. 清光绪帝《孝定景皇后像》，其为仿一耳三钳，现藏于北京故宫博物院

4. 金龙衔东珠耳饰，三副一组[①]

5. 金云衔东珠耳饰，三副一组[②]

6. 金嵌珍珠耳坠

现藏于中国台北故宫博物院[②]

7．装在木匣内的三副金龙衔东珠耳饰，三副一组。材质为金、东珠、珊瑚、青金石、绿松石。现藏于中国台北故宫博物院[③]

8．金龙衔东珠耳饰（一副）。现藏于中国台北故宫博物院

9．金镶东珠耳环

一对，均长2.3厘米。金托嵌东珠各三颗。现藏于北京故宫博物院[④]

① （清）允禄，等．皇朝礼器图式［M］．扬州：广陵书社，2004。

② 中国台北故宫博物院．清代服饰展览图录［M］．台北：中国台北故宫博物院，1986。

③ 蔡玫芬．清宫的特殊耳饰:一耳三钳［J］．故宫文物月刊，2012（8）：56-64。

④ 故宫博物院．故宫博物院藏清代后妃首饰［M］．北京：紫金城出版社，香港：柏高出版社，1992。

第十章

清代耳饰

二、清代耳饰的造型

清代宫廷首饰中属于礼制规范的部分，在乾隆朝确立之后，基本的样式就被恭谨遵守而不轻易改变。但是妇女平日的装饰，风格则日渐趋于华丽与多样。尤其是到清代中叶，服饰上出现满汉融合后，在耳饰上就更加难以分清满汉之不同。因此，这里在对清代耳饰样式进行梳理时，就统一进行归纳和分类。清代是中国最后的一个封建王朝，其相对于其他朝代来说留下了更多的传世品，尤其是在我国的北京故宫博物院、台北故宫博物院和沈阳故宫博物院这三大故宫博物院中都留下了大量的首饰实物，并且由于19世纪照相术的发明，晚清时期还留下了大量珍贵的传世照片，这都为我们考察清代耳饰提供了非常珍贵的资料。

（一）环形耳钳（表10-2）

清代耳钳流行的样式相比于前代，还是有很大区别的。明代流行的长长的耳环脚主要用于约束人的行为，使人正襟危坐，似乎略一放纵，就有刺破皮肤的危险，在满族妇女中明显不受欢迎。满族服饰是为了便于骑射而设计的，讲求利落而实用，汉族服饰中那些出于礼制的需要而呈拖沓之势的设计在清代大都被抛弃不用。例如象征身份的宽袍大袖，皇帝用以蔽明的冕旒，用以节步的成串组玉佩，约束女人行动的三寸金莲等。那耳后让人看起来有些触目惊心的尖利弯钩显然也不能例外，被新的统治民族毫不犹豫地扬弃了。

实际上，对长长环脚的扬弃，在明代晚期就已初露端倪。如前文所述，明代帝后画像中的神宗孝端显皇后、孝靖皇后所戴均为圆环贯耳式的耳坠造型，而且定陵中出土的与孝端皇后盛装相配的也是一副耳坠。明代皇后盛装由明初佩戴长脚耳环改为晚明佩戴圆环穿耳的耳坠，这不是单纯的时代好尚的变化，而和晚明礼制的宽松有明显的关联。因此，清代对环脚的扬弃，使得耳环的造型也就随之发生了变化。由明代的前缀金玉珠宝，后连长长环脚的造型，简化为圆环形的耳钳。

耳钳主体呈圆环形，而在环面上又别做各种装饰，或雕花，或点翠，或镂空，或镶嵌珠宝，或连缀流苏，呈现出一种崭新的别样韵致。这种设计其实最早起源于辽宋，在明代也有一定继承，但其真正发扬光大的时代则无疑是在清朝。其使得耳饰既不过于约束行为，又不缺乏装饰美感，因其两全其美，故在满汉两族妇女中都广受欢迎，成为了清朝一代除葫芦形耳钳外最有特点的一种耳饰形制。

清代的宫廷用首饰，凡由内务府发交各织造司、织造局织造的皇室冠服，均需依礼部定式或皇上命题先由内务府或如意馆画师绘制工笔重彩小样，再交总管太监呈皇上御览，或经内务府大臣直接审阅后连同批准件送发织造。这些小样都附有白纸或黄纸墨迹题签，有些并署有画画者的真实姓名。现在这些小样还有一部分完整地保存于北京故宫博物院，其中就有一幅耳钳的小样图，款式为"绿玉雕花钳样"（图10–7），可以说代表了满清宫样耳钳的典型样式。故宫博物院藏清代《孝贞后璇闱日永图》中的孝贞显皇后常服所佩的耳饰就是这种耳钳（表10–2：1），从色彩上看应为点翠装饰，和其蓝色的旗袍搭配显得非常协调。在中国台北故宫博物院、北京故宫博物院、沈阳故宫博物院都珍藏有很多清代耳钳实物，且材质各异，有白玉的（表10–2：4），有翡翠的（表10–2：5），但更多的是金点翠嵌珠宝的（表10–2：6～15）。

▲ 图10–7 绿玉雕花钳小样图，现藏于北京故宫博物院

表10–2　清代环形耳钳

1. 清宫廷画家绘，《孝贞后璇闱日永图》局部，现藏于北京故宫博物院

2. 清宫廷画家绘，《孝钦显皇后像》局部，现藏于北京故宫博物院

3. 传世《清代命妇像》局部，油画

4. 白玉耳环

一对，0.5厘米×2厘米，正面镂雕四合如意纹，正中嵌小红宝石1粒。半环镂雕如意云朵相交叠。现藏于北京故宫博物院①

5. 福寿双全纹翡翠耳环（清末）

2.5厘米×1.3厘米。一对。上雕蝙蝠双桃纹，取意福寿双全。现藏于沈阳故宫博物院②

6. 银镀金嵌珠盘长纹耳环

一对，直径均为4厘米。银镀金镶米珠。嵌珠点翠、珊瑚珠盘长。现藏于北京故宫博物院③

7. 银鎏金盘长古钱耳环 一对，全长4.5厘米。天津地区传世品。王金华先生收藏品④	8. 攒珠海棠花耳环（同治） 2.8厘米×4.1厘米。一对。材质为铜镀金、尖晶石、珊瑚、米珠、翠羽。现藏于中国台北故宫博物院②	9. 银点翠嵌珠宝寿字耳环 现藏于中国台北故宫博物院⑤

10. 金点翠嵌珠福在眼前耳环 现藏于中国台北故宫博物院⑤	11. 金嵌珠翠碧玺花卉耳环 纵长2.8厘米。现藏于中国台北故宫博物院⑤	12. 铜镀金点翠嵌红白米珠荷花耳环 现藏于中国台北故宫博物院⑤

13. 银镀金点翠累丝福寿纹嵌珠耳环 一对，1.8厘米×1.8厘米，正面点翠长寿字，中央嵌假珠一颗，寿字两侧点翠小蝙蝠各一只，蝙蝠身体中央小嵌件缺失，取福寿寓意。半环累丝，两侧边沿点翠压边。现藏于北京故宫博物院⑥	14. 金嵌碧玺翠玉蒲芦耳环 现藏于中国台北故宫博物院⑤	15. 银镀金点翠嵌红黄米珠岁岁平安如意耳环 纵长3.7厘米。黄签：同治元年三月十四日收，沈魁交。现藏于中国台北故宫博物院⑤

① 故宫博物院. 清宫后妃首饰图典［M］. 北京：故宫出版社，2012：154。

② 中国台北故宫博物院. 皇家风尚——清代宫廷与西方贵族珠宝［M］. 台北：中国台北故宫博物院，2012。

③ 故宫博物院. 故宫博物院藏清代后妃首饰［M］. 北京：紫金城出版社，香港：柏高出版社，1992。

④ 王金华，唐绪祥. 中国传统首饰［M］. 北京：中国轻工业出版社，2009：323。

⑤ 中国台北故宫博物院. 清代服饰展览图录［M］. 台北：中国台北故宫博物院，1986。

⑥ 故宫博物院. 清宫后妃首饰图典［M］. 北京：故宫出版社，2012：156。

（二）缀流苏环形耳钳（表10-3）

除了附有各种装饰的圆环形耳钳之外，随着清代中后期服饰的日渐繁缛，在本已很美的环形耳钳上再加缀流苏与坠饰的款式也开始日渐增多，成为了清代耳饰的独有式样。沙馥

《机声应课图》中的仕女耳上所戴耳饰便为下坠叶形玉坠的绿玉雕花耳钳（表10-3：1），显得典雅而秀美。关蔚熙《雀屏纱选图》中的仕女所戴耳钳则下垂三挂珍珠流苏，为耳钳的华丽款式（表10-3：2）。在这类缀有流苏的耳钳中，有一种竹叶流苏显得极富特色。例如中国台北故宫博物院所藏的一对银镀金点翠嵌珠竹叶耳嵌，环体为竹节形，附着在竹节上，下坠有片片竹叶，正面镶嵌一颗珍珠，既富装饰性，又不失清雅之气（表10-3：4）。北京故宫博物院藏的一对银镀金梅蝶竹叶嵌珠耳环，相比前者在环面上增加了两朵嵌珠点翠梅花和一只镶珊瑚珠蝴蝶，蝶恋花图案搭配上竹节与竹叶流苏，虽然清雅之气顿减，但富贵之气增强（表10-3：5）。现藏于江苏泰州博物馆的鎏金点翠竹叶花篮耳坠，也都是在前者竹节形竹叶流苏耳饰基础上的一种变体（表10-3：6）。

表10-3　清代缀流苏环形耳钳

1. 沙馥《机声应课图》（局部）

2. 关蔚熙《雀屏纱选图》（局部）

3. 满族女性，北京（1869年），JOHN THOMSON摄

4. 银镀金点翠嵌珠竹叶耳环（同治）

2.5厘米×1.8厘米。材质为银镀金、翠羽、珍珠。现藏于中国台北故宫博物院[①]

5. 银镀金点翠嵌珠梅蝶竹叶纹耳环

一对，3厘米×6厘米。银镀金点翠竹节形环，悬垂五串点翠竹叶坠。耳环正面并排两朵点翠梅花，花心嵌假珠。梅花之上卧红色珊瑚珠蝴蝶一只，蝴蝶头向下。梅花之下坠点翠竹叶五串。原黄签：银镀金竹叶钳子一对，同治元年（1862）二月十四日收，现藏于北京故宫博物院[②]

6. 鎏金点翠竹叶花篮耳坠

传世品，现藏于江苏泰州博物馆[③]

① 中国台北故宫博物院. 皇家风尚——清代宫廷与西方贵族珠宝［M］. 台北：中国台北故宫博物院，2012。

② 故宫博物院. 清宫后妃首饰图典［M］. 北京：故宫出版社，2012：151。

③ 周汛，高春明. 中国历代妇女妆饰［M］. 香港：三联书店（香港）有限公司，上海：学林出版社，1988。

（三）坠环耳钳（表10-4）

在晚清的耳饰中，还有一类耳饰样式极富特色，那就是坠环耳钳。其上部依旧为圆环形耳钳，可素面无纹，也可如前者般点翠嵌宝。在此环形耳钳之下，则连坠有一玉质或翡翠的圆环，环体可大可小，一般以翠色居多，其他材质则比较少见。也偶见连环套多环者，如道光帝《璇宫春霭图》中的孝全皇后便是如此装扮（表10-4：3）。

此种坠环耳钳在晚清时非常流行，不仅在宫中贵妇耳畔可以见到，如道光帝《喜溢秋庭图》中那坐在道光帝身旁的妃嫔，传世

图10-8　翡翠环，共31件，最大径2.8厘米，最小径1.2厘米，厚0.1厘米。云南省昆明市莲花池出土，现藏于云南省博物馆

照片中奕谟侧福晋、载沣生母刘佳氏（表10-4：2）等的耳畔，而且在民间也随处可见。英国摄影专栏作家约翰·汤姆森（JOHN THOMSON）于1868～1872年，在中国四千里旅途中拍下了大量记录当时中国人文景观的珍贵照片，其中的许多民间女子都佩戴的是这种款式的耳饰（表10-4：1）。其实物在我国的首都博物馆、台北故宫博物院等博物馆中也有收藏（表10-4：4～6）。另外，在清代的很多墓葬中，如黑龙江省讷河市学田乡工农村清代墓葬，云南省昆明市莲花池清墓[1]等（图10-8），也出土有成批的环径1～3厘米的翠玉环，都应是此类耳饰的随件。

这种坠环耳饰的源起，从考古资料来分析，应该是出自金代女真人的习俗。在黑龙江地区金代墓葬当中，如黑龙江依兰县晨光水电站，阿骨打陵北侧金代墓群等地[2]，就发现有很多类似的银环穿玉环的耳饰，只是金代的玉环并不局限于圆形，而以方圆形居多，中部穿孔为上小圆、下大圆连缀而成的葫芦形。清朝崇尚旧俗，沿袭女真的时尚也是极正常的现象。

---

❶ 古方. 中国出土玉器全集：云南、贵州、西藏卷［M］. 北京：科学出版社，2005。

❷ 李陈奇，赵评春. 黑龙江古代玉器［M］. 北京：文物出版社，2008。

表10-4　清代坠环耳坠

1. 传世照片，约翰·汤姆森摄于1868～1872年①	2. 载沣生母刘佳氏	3. 《璇宫春霭图》中孝全皇后的形象，现藏于北京故宫博物院

4. 嵌翠云蝠纹金耳环 环径2.9厘米，重21.7克。北京海淀花园村出土，现藏于首都博物馆②	5. 银钩翠耳环 外径1.6厘米、内径0.55厘米。环壁内外渐收，中部起鼓。杜尔伯特文物管理所征集，现藏于杜尔伯特博物馆③	6. 点翠如意绿玉耳环（同治） 3厘米×2厘米，直径2.5厘米。材质为银镀金、翠羽、翠玉、珍珠。现藏于中国台北故宫博物院④

① JOHN THOMSON. 中国最后一个古代［M］. 台北：时报文化出版事业有限公司，民国73年。

② 《北京文物鉴赏》编委会. 明清金银首饰［M］. 北京：北京出版社出版集团，北京美术摄影出版社，2005。

③ 黑龙江省文物考古研究所，李陈奇，赵评春. 黑龙江古代玉器［M］. 北京：文物出版社，2008。

④ 中国台北故宫博物院. 皇家风尚——清代宫廷与西方贵族珠宝［M］. 台北：中国台北故宫博物院，2012。

（四）清代对明代耳饰款式之沿袭

清代由于实行"男从女不从"的民族政策，故此汉族女子仍可着汉装，因此在耳饰上也就对明代多有沿袭。明代的许多耳饰款式都可在清代汉女身上找到影子，如珠排环（表10-5）、葫芦耳环（表10-6）、灯笼形耳饰（表10-7）、垂珠耳饰（表10-8）及各种金嵌宝耳饰等。当然，随着清代中后期服饰上的满汉融合，耳饰上也出现了一些融合的款式。

《蒲松龄集》"银匠章"里有一句："耳坠响铃衬颞颥，丁香排环坠耳轮"❶，可谓把清代耳

❶《蒲松龄集》"银匠章第十七"，路大荒整理，上海古籍出版社，1986。

饰的门类囊括尽了。排环起源于宋代，在宋明两代都是宫样耳饰中规格最高的一种，为皇后朝服的佩饰。清代汉女从汉俗，此种款式在清代有所余续也是自然而然的事。排环尽管在宋明两代规格很高，但一直没有实物出土，或许和排环多为珍珠所制，而珍珠易腐有关。在北京故宫博物院中，则珍藏有金镶珠翠排环的实物（表10-5：1），非常珍贵，其上部为金嵌翡翠环脚，紧连一圆形金托，金托内嵌一颗大珠，大珠下又成排串连七颗稍小珍珠，珠排下连一嵌珍珠红珊瑚覆花形宝盖，宝盖下为一珠滴形翡翠坠。整体造型绵长，能感觉到所戴之人走动时来回摇曳的妩媚。

图10-9　末代皇后婉容着排环照片

或许宋明时期将如此绵长的耳坠定为皇后礼服的佩饰，也有用于节步的考虑，敦促皇后行止端庄，以免珠排打脸。末代皇后婉容便有戴类似排环的照片传世（图10-9）。清代除了珍珠排环之外，北京故宫博物院还藏有金镶翡翠排环（表10-5：2），这或许和慈禧太后喜爱碧如绿荫的翡翠首饰，而造成宫中广泛流行有关。

表10-5　清代珠排环

1.　金镶珠翠排环	2.　金镶翠排环
一对，通长均为8.7厘米。金嵌翠珠环脚，各系珍珠7颗，翠坠。现藏于北京故宫博物院①	一对，通长均为7.5厘米。金嵌翠钩环，各系金镶翠古钱4个。现藏于北京故宫博物院①

① 故宫博物院. 故宫博物院藏清代后妃首饰［M］. 北京：紫禁城出版社，香港：柏高出版社，1992。

　　明代流行的葫芦耳饰，在此时的汉女耳畔仍然非常常见，应该说也是此时宫样耳饰的一种。如前文所述，满族贵妇服饰礼制中一耳三钳的东珠耳饰实际上就是继承明代的"金珠宝葫芦耳环"。从清宫的传世画作上我们可以看到，不论是雍正帝，还是乾隆帝、嘉庆帝等帝王身边的汉装嫔妃，很多都依旧佩戴"金珠宝葫芦耳环"（表10-6：1、2）。

表10-6　清代葫芦环

| 1. 佚名，清代嘉庆朝《颙琰古装行乐图》局部 | 2. 清代雍正朝《刘妃像》，美国Arthur M.Sackler 美术馆收藏 |

　　明代的灯笼形耳饰，在清代也可见到。雍正的诸多汉人妃嫔就都很喜爱佩戴灯笼形耳饰（表10-7：1、2），且造型各异，繁简不一，其设计相比于明代命妇耳畔那繁缛沉重的金灯笼，显得轻巧玲珑得多，少了些卖弄，多了一丝情趣，反而更显皇家气度。北京石景山区清墓中出土有一对金累丝宫灯形耳坠（表10-7：3），其繁缛的做工颇有李渔所谓的"耳上悬灯"之感。

表10-7　清代灯笼形耳饰

| 1. 清代雍正朝《胤祯妃行乐图》 | 2. 清代雍正朝《胤祯妃行乐图》 | 3. 金累丝宫灯形耳坠 |
| | | 一对，长7.3厘米，总重24.6克。北京石景山区出土，现藏于首都博物馆[①] |

---

① 《北京文物鉴赏》编委会. 明清金银首饰［M］. 北京：北京出版社出版集团，北京美术摄影出版社，2005。

在清代的仕女图中，最常见的耳饰还是垂珠耳饰。此种耳饰，因其造型相对简约，而又不失玲珑飘逸之姿，故此深受清代仕女的喜爱。垂珠耳饰的穿耳最初是以金环为主，后期逐渐流行一种环脚前附加一装饰，用以掩住耳孔，下再连垂珠，显得更加别致。例如清代咸丰《彤妃画像》中的彤妃耳畔便是此种类型的垂珠耳饰（表10-8：1），约翰·汤姆森于1867年所摄的北京满族新娘耳畔所戴之垂珠耳饰（表10-8：2）与我国台北故宫博物院所藏的一对银镀金点翠嵌珠料如意耳坠（表10-8：4）几乎一模一样。

清代或许由于环形耳钳的流行，导致耳坠穿耳的圆环都相较于前代要略大一些。在清代中晚期，就流行有一种比较特别的垂珠耳饰。其穿耳之环圈极大，几乎成为耳饰的主体结构，环圈下的一到两颗小珍珠反倒成了点缀（表10-8：9）。此种款式在晚清最富代表性的仕女画家费丹旭、改琦等的仕女画作中（表10-8：6~8），几乎随处可见。应是清代环形耳钳和明代垂珠耳饰的结合款式。

清代的耳饰尽管对明代款式有所继承，但又显现出鲜明的时代特色。明代的耳饰主要是以耳环为主，因耳环不可如耳坠般随意晃动，显得比较端庄，明晚期耳坠才相对多见一些，但款式也大多比较简约、节制，并无过长、繁缛的流苏。耳坠在中国封建社会真正的大流行是在清代。不仅满族最典型的一耳三钳葫芦样耳饰就属于耳坠，满汉女子燕居图中，各种繁简不一的流苏耳坠更是比比皆是（表10-9：1~6）。《红楼梦》第六十五回"贾二舍偷娶尤二姨　尤三姐思嫁柳二郎"中那风流节烈的尤三姐"两个坠子却似打秋千一般"，晃得贾氏兄弟二人有如丢魂摄魄，可说是将耳坠的妙处描绘得淋漓尽致。耳坠之所以会在明代后期开始在汉族社会中广泛流行，或许与明代中叶兴起的心学及心学异端思想对程朱理学思想的冲击有关。理学提倡"存天理、灭人欲"，认为天理构成人的本质，提倡"三纲五常"，要求妇女严守贞洁。其在教育人们知书识礼、维护社会稳定等方面的确发挥了积极的作用，也促成了宋明女性追求端庄之美的整体社会风尚。但其将人们追求美好生活的要求视为人欲，坚决地加以遏制，则又必然有违反人性的一面。因此，心学及其异端则高举自然人性论旗帜，提出将"理"由道德伦理义改释为自然生理义。从伦理到心理，意味着心学走出内圣之学。道德理性法则一旦让位于自然感性欲求，群体秩序就开始让位于个体自由，圣贤世界就开始让位于平民世界，"理"的禁制就开始让位于"欲"的满足。因此，从晚明开始，在艺术界，就出现了一股浪漫主义洪流，在市井生活中，则出现了从情到欲，从雅到俗的转变。这种社会思潮的转变，必然会直接影响女性装束的选择。秋千般乱晃的耳坠取代了端庄娴静的耳环，亦或就是这种审美转化的直接反映吧。

表10-8　清代垂珠耳饰及其他

1. 清代咸丰《彤妃画像》

2. 满族新娘，北京，中国（1867年）约翰·汤姆森摄

3. 冷枚《献寿图》局部

4. 银镀金点翠如意蝶形嵌珠料耳坠（同治）

4.1厘米×1.8厘米。材质为银镀金、琉璃、珍珠、翠羽。黄籤：同治元年三月十七日收，烧红石坠一对。烧红石即红色琉璃。现藏于中国台北故宫博物院[1]

5. 清代银胎珐琅玉兰花苞耳坠

现藏于中国台北故宫博物院[2]

6. 费丹旭《美人吹笛》（局部）

7. 清代改琦《元机诗意图轴》

8. 金累丝嵌珠耳环

现藏于中国台北故宫博物院[2]

① 中国台北故宫博物院. 皇家风尚——清代宫廷与西方贵族珠宝［M］. 台北：中国台北故宫博物院，2012。

② 中国台北故宫博物院. 清代服饰展览图录［M］. 台北：中国台北故宫博物院，1986。

表10-9　清代各式耳坠

1. 《雍正行乐图轴》局部

2. 清代命妇像

3. 乾隆妃梳妆图

4. 任薰，《闺中礼佛图轴》（局部），现藏于南京博物院

5. 清命妇像，美国Arthur M.Sackler 美术馆收藏

6. 清代改琦《酴醾春去图》

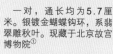

7. 银镀金蝴蝶翡翠秋叶耳坠

　　一对，通长均为5.7厘米。银镀金蝴蝶钩环，系翡翠雕秋叶。现藏于北京故宫博物院①

8. 金嵌珠翠葡萄耳坠

　　现藏于中国台北故宫博物院②

9. 金嵌珠宝寿字耳坠

　　现藏于中国台北故宫博物院②

10. 金镶宝石耳坠

　　一对，均通长3.8厘米。金嵌宝石钩环，系镶珠宝坠。现藏于北京故宫博物院①

11. 银镀金嵌玻璃花卉耳坠（同治）

　　3.9厘米×2.3厘米。材质为银镀金、珐琅、玻璃。现藏于中国台北故宫博物院③

① 故宫博物院.故宫博物院藏清代后妃首饰［M］. 北京：紫金城出版社，香港：柏高出版社，1992。

② 中国台北故宫博物院.清代服饰展览图录［M］. 台北：中国台北故宫博物院，1986。

③ 中国台北故宫博物院.皇家风尚——清代宫廷与西方贵族珠宝［M］. 台北：中国台北故宫博物院，2012：169。

百辟流光　中国历代耳饰

清代的耳坠样式不一而足，繁琐者坠饰若珠帘，以小米珠杂各色宝石穿缀而成，如《雍正行乐图轴》（表10-9：1）和《乾隆妃梳妆图》（表10-9：3）中妃子耳畔所戴，命妇盛装时也有佩戴者（表10-9：2），其或可以明代的宫样耳饰"珠梳环"❶名之。多数耳坠仅穿一线珠宝，长短不一，杂以各色宝石和花饰，造型不一而足。中国台北故宫博物院和北京故宫博物院均藏有不少清宫耳坠，色彩纷呈，珠光宝气，纹样吉祥而别致，极富时代特色（表10-9：7～11）。

三、结论

清代耳饰造型和明代相比有很大不同，环体更丰富，坠饰也更复杂。同样，其装饰纹样也趋向繁缛和多样，前代流行的花蝶纹样，此时依旧沿袭，如中国台北故宫博物院所藏"攒珠海棠花耳环"（表10-2：8）、"铜镀金点翠嵌红白米珠荷花耳环"（表10-2：12）；北京故宫博物院所藏的"银镀金点翠嵌珠梅蝶竹叶纹耳环"（表10-3：5）、"银镀金蝴蝶翡翠秋叶耳坠"（表10-9：7）等，均属此类。另外，各种富有吉祥富贵含意的花果福寿纹也非常常见，如中国台北故宫博物院所藏象征多子的"金嵌珠翠葡萄耳坠"（表10-9：8），象征多寿的"金嵌珠宝寿字耳坠"（表10-9：9）、"银点翠嵌珠宝寿字耳环"（表10-2：9）、"银镀金点翠累丝福寿纹嵌珠耳环"（表10-2：13），象征如意的"点翠如意绿玉耳环"（表10-4：6），北京故宫博物院藏象征"百吉"的"银镀金嵌珠盘长纹耳环"（表10-2：6、7），均在纹饰中寄托着人们对幸福生活的无限期待。带有吉祥寓意的纹样，自宋代起就一直是女性首饰纹样中的首选，但宋元多以花果蜂蝶纹为主，明代又增加了吉祥文字，至清代则纹饰来源更加多元，动物中的"蝙蝠"、器具中的"如意"，佛家八宝中的"盘长结"等，都是在清代才在装饰纹样中广泛流行的。

清代纹样中最有特色的就是出现了很多特别典型的组合式"吉祥纹样"，其以各种物件相组合，取其谐音，组织成吉祥话语，扩展了单一吉祥纹饰的语义内涵，也扩充了纹饰来源的领域，丰富了纹饰的构成形式。例如中国台北故宫博物院所藏"银镀金点翠嵌红黄米珠岁岁平安如意耳环"（表10-2：15），其造型为一只点翠花瓶上以红珊瑚珠缀一"安"字，瓶中插如意一支并麦穗两支，共同以其谐音构成"岁岁平安如意"之意。中国台北故宫博物院所藏的另一对"金点翠嵌珠福在眼前耳环"（表10-2：10），环体为串联在一起的圆形方孔钱纹，上附一点翠蝙蝠，谐音"福在眼前"。沈阳故宫博物院藏有一对"福寿双全纹翡翠耳环"（表10-2：5），翡翠环体上刻有蝙蝠与双桃，取意"福寿双全"。这类纹样组合式的

❶《明史·舆服志》载："（洪武）五年更定命妇冠服。……五品，（礼服）……小珠梳环一双"。

"吉祥图案"，虽然在明代后期已经出现，如定陵出土的"喜报平安金耳坠"，以喜字、爆竹、花瓶、安字构成而成，但数量并不多见，至清代才开始广泛流行于各类器物与织绣品之上。

清代首饰的材质组合也有其时代特色。除了上文中提到的东珠，由于产于清廷龙兴之处，又是使其富强的珍宝，故成为满族统治者的御用珠宝。此外，清代最有特色的一种首饰装饰方法便是"点翠"的大量使用。点翠，是指用翠鸟的羽毛贴缀在他物的表面，来增加美观的一种工艺。其至迟在公元3世纪前后就已经存在，但真正被广泛应用于首饰则是在清代。其也是辨识清代首饰的一个重要特征。清宫中内务府造办处银库设有点翠匠三名，专司承造宫中的点翠活计。而翠鸟羽毛的收集，则由皮库负责管理。点翠坊间也称铺青。翠羽的颜色包括明绿、明蓝、宝蓝及蓝靛等色，其中以明蓝和宝蓝者居多。其色彩和游牧民族喜爱的"回回石头"绿松石的颜色非常接近。值得注意的是，金与碧两色的搭配，似乎格外受到游牧民族的喜爱，不仅先秦汉魏时期出土有大量的金镶（缀）绿松石首饰，包括胡风盛行的唐代出现的金碧山水画种，金代女真和清代满族皆喜爱的金坠翠（玉）环耳坠，莫不是金碧二色的组合。点翠在清代广泛流行或许和此色彩喜好有关。

点翠在宋明两代服饰中主要用于皇后凤冠的制作，因凤冠体型庞大，又要求色彩饱满，珠翠满头，如果全部使用宝石镶嵌的话，其重量可想而知。故以点翠取代绿松石，首先广泛应用于凤冠之上，应有其现实的考虑。清代满族贵族妇女在隆重场合要戴钿子，清代中后期钿子也是后妃搭配吉服时的冠饰。华丽的钿子上钿花满铺，故此广泛采用点翠铺作底色，应有与前朝凤冠相同的考虑。尤其是道光之后，满女发型逐渐高大，开始使用假发与大拉翅，故头饰的体积也随之增大，而头饰上点翠的大量使用也恰恰始于此时❶，这之间必然是有直接联系的。首饰的组合讲求色彩的搭配，故点翠手法也随之被用于清代所有首饰中，小巧的耳饰也不例外。各地清宫旧藏的耳饰当中，有点翠工艺者不计其数，如中国台北故宫博物院所藏的"银镀金点翠嵌珠梅蝶竹叶纹耳环"（表10-3：5）、"银镀金点翠累丝福寿纹嵌珠耳环"（表10-2：13）、"金点翠嵌珠福在眼前耳环"（表10-2：10）、"点翠如意绿玉耳环"（表10-4：6）等，均是其代表。

除了东珠和点翠，清代耳饰所使用的珠宝可谓琳琅满目，珍珠、珊瑚、玉石、琥珀、绿松石、翡翠、碧玺、水晶、玛瑙等天然宝石，都可以在传世实物上找到它们的痕迹。除了天然宝石之外，随着西风东渐，欧洲人喜爱的钻石及各种人造宝石，如琉璃、珐琅，也逐渐出现在清后期的耳饰当中。例如北京故宫博物院所藏"银镀金点翠如意蝶形嵌珠料耳坠"（表

❶ 陈夏生. 谈清宫宝石应用文化［J］. 故宫文物月刊，2012（6）：61。

10-8：4），其黄籤书：同治元年三月十七日收，烧红石坠一对。烧红石即红色玻璃；中国台北故宫博物院所藏"清银胎珐琅玉兰花苞耳坠"（表10-8：5），其色彩便是珐琅料所制。

清代的金银工艺则是积累历代所长，在明代精工细作的基础之上，以宝石镶嵌、雕镂、琢玉、点翠、累丝丰富了金银工法。清代对宝石的处理，依然是以打磨自然原形为主，大多以金属座托为主，配合轻微的捉嵌。但晚清之后，西方的宝石切割与镶嵌技术明显影响了中国的首饰制作，在北京故宫博物院所藏的两副"金镶红宝石耳坠"（表10-9：10，图11-1）和中国台北故宫博物院所藏的"银镀金嵌玻璃花卉耳坠"（表10-9：11）上，我们明显可以看到西方的刻面型加工手法和抓爪珠宝镶嵌技法。

第十一章

近现代耳饰

中华民国时期（1911～1949年），随着新文化运动的兴起，追求自由、男女平等的观念开始逐渐深入人心，对于女性肉身的破坏与束缚逐渐成为人们抨击的对象，其中穿耳和缠足这两件事最被人所诟病。当然，穿耳的副作用不似缠足般恶劣，故为了废除缠足，民国政府在民国元年（1911年）三月即颁布了《令内务部通饬各省劝禁缠足文》的通告，而废止穿耳则要和缓得多，先是以舆论的方式宣传穿耳的害处，如民国1921年11月5日的《申报》有一则《不穿耳朵眼子之提议》，文曰：

"现在我国女子，除了缠足以外，还有一个急需废止的事，就是穿耳朵眼子。推他原来的意思，不过为着带环子格外美丽，取悦男子而已。就不知道人之美丑，在乎天然风姿，也不关乎这小小一耳环。而且现正在讲究解放时刻，女子不是专为男子的坑物，更不能自残肌体，做这卑鄙行为，贬损自己的人格。所以我特来提议，以后诸君生下女儿，务须把穿耳朵眼子与缠足两条事一齐废去。目下世处奢侈，什么耳环有珍珠、金银重重的花式，日新月异。如能不穿眼子，耳环自然无用，全国之中就把这宗款子省下已有若干万数，这好处实在不小。我更望有心社会的人，竭力提倡讲演鼓吹，令一般人都能知晓照行就好了。"

《申报》的文章想来是写给城里受过一定教育的民众看的，不仅提倡要"改变审美观念"、还阐述了穿耳"贬损人格""世处奢侈"之类的理由，甚是冠冕堂皇。但这还只是一篇劝诫女子不要穿耳的号召檄文而已，并没有强制的功能。而从大约1927年开始，中国各地便开始陆续发布废止穿耳的禁令。比如1928年的《北平特别市公安局政治训练部旬刊》便刊登了《甘省府禁止妇女穿耳》的禁令，1929年又刊登了《滨江公安局禁令女子穿耳带环》，1929年的《安徽民政月刊》刊登了安徽省民政厅发布的《禁止女子穿耳带环令》，1930年《汕头市政公报》也刊登了汕头市市政厅发布的《布告奉令禁止女子束胸缠足束腰穿耳》的禁令，类似这样的禁令很快便在中国的大江南北普及开来。在这种晓之以理的号召与强制性的禁令之下，城市里面穿耳的女性开始越来越少。但在地处偏僻的农村地区，由于资讯不甚发达，观念又相对守旧，传统生活的模式也比较恒定，因此城里轰轰烈烈的废止穿耳运动则传播得相对比较缓慢。但这毕竟是大势所趋，新时代的新风尚也不可避免地随风潜入，在1936年《绥远农村周刊》第93期有一篇文章论《耳坠和小脚的害处》写得甚是生动：

"吃亏上当，是无论什么人都不愿意的，但中国人有时明明知道是吃亏上当的事，却偏偏甘心去忍受，你说这又多傻……好好的耳朵，硬把它穿上个洞，好好的两只大脚板，偏偏狠着心把它缠成小金莲，孩子的耳朵肿了烂了，有的甚至因此变成聋子，更有的血染了毒或中破伤风，以致一命呜呼！……长耳朵为的要听事，长脚为的要走路，但仅仅为了叫别人看着好看，却把耳朵穿上洞，脚板缠起来，叫她叮叮当当不自由，扭扭捏捏不方便，这又是何苦呢？小猫小狗，所以被人喜欢，是因为它跳跳蹦蹦，活活泼泼，孩子们应该这样。壮实、

▲ 图11-1　金镶红宝石耳钳
一对，通长均为4.7厘米。金镶宝石钩环，系金镶珠宝坠。现藏于北京故宫博物院

干净、伶俐、活泼，才是真正的好看，带上坠子，缠着两只小脚，不但算不得好看，那种丑样子，走遍全世界都找不到。中国人把女子当一种玩物看待，故意叫她不能做事，所以中国虽说有四万万人，其实除去不能做事的女人，顶多仅能有一半，再去了老幼残疾，能做事的人就很有限了，这就是中国所以软弱的最大原因。

现在城市里似乎已经好得多，缠小脚和戴耳坠子的女孩子已经不常见了，但在乡间却还没改，现在特别提出它的厉害来，希望大家在这送旧迎新的春节下好好想想，如果真的不对，真是吃亏上当的事，就不要等着官家来问，自己做个去旧复新的人，不但自己摘下耳坠子，放开脚，并且拿定主意从此不再糟蹋自己的小闺女，叫她受活罪。"

此农村周刊因是写给受教育程度比较低的农民们看的杂志，只求通俗易懂，清楚明了，故全文毫无上纲上线，全然是一派大白话，却把穿耳的害处阐述得淋漓尽致，甚至关系到国家命运，叫人看后不由得不动心。至此，应该说，中国用传统观念强制女性破坏肉身的陋习便告一段落，是否穿耳逐渐成为了女性一种出于审美追求而自主选择的事情。

从图像资料来看，民国时期绝大多数的女性是不戴耳饰的。但在解放肉身的同时，人们的爱美之心依旧无法阻挡。于是，随之出现了一种可以夹钳于耳垂上的耳饰，也可称为耳钳，这类耳饰在北京故宫博物院和民间都有所收藏（图11-1❶、表11-1：1）。既可保持妆饰之美，又避免了穿耳的痛苦，保持身体的全形，实是一举两得。由于有了耳钳，也使得民国时期佩戴耳饰的女性形象并不少见，毕竟，禁令只是禁止穿耳，并没有禁止戴饰，耳饰甚至一度成为时髦的都市女性出门前的必备之首饰。

❶ 故宫博物院. 故宫博物院藏清代后妃首饰［M］. 北京：紫金城出版社，香港：柏高出版社，1992。

民国时期的耳饰造型比较多样，既有晚清款式的延续，也有受西方影响的欧风款式。庄梅在1928年发表的《广州妇女之观察》一文中将当时女性服饰装扮分成四大派：一为守旧派，"饰则更似全无，虽有亦无非旧式"，要么不戴，戴的话也只是旧时的款式，这应该说代表了当时传统保守女士的整体趋势。例如晚清的各式环形耳钳，在乡土民间尚有余续（表11-1：2），在上海这样的沿海都市当中已不多见；她们佩戴的耳坠款式则比较简约，长度也很有节制（表11-1：3、4）。二为修洁派，"只期适中，不事新奇""虽荆钗布衣，而一种光洁之气，足令人望而钦羡，类此者非高上之妇女，即学界之女生为多，诚今日之表率者"。作者对这一类清水出芙蓉的知识女性装扮显然是比较推崇的，她们不戴首饰，但却自有一股清新之气呼之欲出。第三类是趋时派，"此派全属青年妇女，虽家世如何，概置不问，而于时髦所尚，不厌求详……手镯戒指，竞尚新奇，颈链耳环，尤须珠串"。第四类是妖冶派，"此派服饰，专尚奇异……状况已轻盈，尤须耳坠，面经膏抹，尤要嫣红"。❶此时期最时尚的耳饰款式便主要集中在后两类女性的身上。她们对传统款式的喜好主要体现在各式长长的流苏耳坠上，如各种丰富了造型的排环款式（表11-1：5、6）、珠梳环（表11-1：7、8）、垂珠耳坠（表11-1：9、10）等。而此类长长的流苏耳坠之所以在晚明才开始流行，就是因为随着心学美学的兴起，人欲的彰显逐渐被人们所认可，流苏耳坠秋千般乱晃的效果所带来的性感被人们逐渐接纳，因此，时代过渡到民国，随着自由开放的气息日益浓郁，此类耳坠在当时也便自然成了交际场上的时尚女士所钟爱的款式。《电影周报》1948年第8期第5页有一篇关于影星"杜骊珠耳环空运来沪"的报道，文中写道："《母亲》中杜骊珠演一十年前之交际花，需要带长垂之耳环，杜骊珠为求精美起见，特函北平用飞机把一付耳环送到上海。"可见，长垂的流苏耳坠已然成为当时交际花的一种标志。杨彦岐先生在1948年第2期的《宇宙（上海）》上刊登有一篇名为"耳坠子"的新诗：

> 我对你凝视，
>
> 寻找你的秘密；
>
> 在眼里，在眉间？
>
> 你摇头，我寻思——
>
> 一眼看到了你的
>
> 一对金色的耳坠子。
>
> 它摇荡着你所有的心事！

---

❶ 庄梅. 广州妇女之观察［J］. 上海：民国日报，1928年1月7日：8。

虽然诗写得实在不怎么样，但女人颈边摇荡的耳坠在男人心目中所引起的无限遐思则昭然若揭。当然，随着西风东渐，耳坠所坠之装饰的造型也有很多新的发展，既有简约的几何造型，也有夸张的庞大吊坠，材质则更是不一而足（表11-1：11～16）。

各式流苏耳坠尽管性感华丽，但毕竟不甚实用，起居做事多有不便，故造型相对简约的耳钉也是此时代的流行款式。小者如珍珠一点（表11-1：17、18），小巧而轻盈，也有如花形者（表11-1：19）。但更为流行的则是一种体量略大的圆盘状耳饰（表11-1：20），以白色居多，造型简约，但颇为夺目，应是从欧美流入的款式，在此造型基础上，又衍生出双圆盘状（表11-1：21～24）、坠圆盘状（表11-1：25、26）等款式，尤其是各种类型的双圆盘状耳饰，风行一时，非常常见，当时也被称为"大环"❶，在宋美龄、胡蝶等一流的名媛耳畔均可见到。

随着工业、制造业的发展，首饰的材质也逐渐丰富和琳琅满目起来，除了传统的金银珠玉，像陶瓷、玻璃假钻、竹木塑料、各种合金、镀金等非传统首饰材质也日渐常见，以满足各个层次女性的需求。尤其是价廉物美的假钻，尤受时髦女子喜爱，"青楼姐妹，真伪钻石咸闪烁满头"❷。当然，真钻石是这时代上层名媛的专属，钻石并不产自中国，中国传统文化中也并不喜爱钻石过于璀璨的光芒，认为其太过张扬和外显，不符合中国含蓄温润的传统审美，但随着西风东渐，民国妇女服饰争相以西化为时尚，而西化又促使奢风日盛，对钻石的消费则首当其冲。"金刚钻博兴，其值至巨，一戒一环所需，耗金逾千，甚者且及累万"❸1949年第17期的《时事新闻》中甚至有这样一则报导《豪门太太镶耳环，找遍香港配不成：七卡钻石难找配对》：

"香港的珠宝商行，最近放出一个盆，要找一颗椭圆形七卡重全美白色的钻石……据说这是一位豪门的太太要镶一双耳环，这双耳环是用一颗圆形五卡力重，另一颗四卡力重与一颗七卡力重椭圆形的全美钻石……全双耳环的估值，约值港币二十多万元。"

因此，此时名媛耳畔夺目的钻石光芒便也闪烁缤纷（表11-1：27），成为了民国时期耳饰风情与传统审美最大相径庭之所在。

❶ 秋痕. 妇女研究：戒指耳环与手表［J］. 中华日报新年特刊，1934：32。

❷ 景庶鹏. 近数十年来中国男女装饰变迁大势［A］. 清末民初中国各大都会男女装饰论集. 台北：中国政经研究所，1972。

❸ 李家瑞. 北平风俗类征［M］. 上海：上海文艺出版社，1985：247。

表11-1　民国时期耳饰

1. 花卉纹银鎏金耳钳，传世品。郝蕴琴、颜广仁藏①

2. 民国时期传世老照片

3. 民国时期传世老照片（杭海收藏）

4. 民国时期的缠足戴耳环女孩

5. 民国时期月份牌画

6. 《良友》杂志1928年6月刊封面

第十一章　近现代耳饰

7. 1931年广生行双妹化妆品广告画（局部）

8. 银胎珐琅耳坠，全长6厘米。山东地区传世品，王金华先生藏[2]

9. 20世纪30年代末香烟广告

10. 电影皇后胡蝶

11. 20世纪30年代第43期《良友》封面

12. 20世纪30年代初香烟广告

13. 民国影星阮玲玉

14. 20世纪30年代末香烟广告②

15. 民国时期传世老照片

16. 民国时期传世老照片

17. 民国时期传世老照片

18. 民国时期的宋美龄

19. 民国时期传世老照片

20. 《妇人画报》第29期，1935年6月

21. 《良友》1935年二月号封面

22. 图片摘自《妇女研究:戒指耳环与手表》一文,《中华日报新年特刊》1934年新年特刊,第32页

23. 民国时期的宋美龄与蒋介石

24. 电影皇后胡蝶

25. 20世纪30年代哈德门香烟广告

26. 电影皇后胡蝶

27. 电影皇后胡蝶

① 杭海. 妆匣遗珍：明清至民国时期女性传统银饰［M］. 北京：生活・读书・新知三联书店，2005。
② 王金华，唐绪祥. 中国传统首饰［M］. 北京：中国轻工业出版社，2009：316。

直至当代，是否穿耳实在是一种纯粹个人化的选择，其和女性社会地位的高低与否已没有直接的关联。它更多的是代表一种审美态度与个人喜好。你可以不穿耳洞，也可以穿N个耳洞，全凭个人喜好。今天戴珠宝的人想传达的信息无非是：我时髦，我幸运，我漂亮，我被人所爱和敬仰，我既富有又有权势。

而且，当今时代，耳饰也不再是女性的专利，大量的男性也加入了佩戴耳饰的行列。根据澳大利亚学者朱利安・鲁滨逊（Julian Robinson）先生的研究："欧洲过去许多男人佩戴耳环是为了增强视力、壮阳或祛病"。而今男女佩戴耳饰除了传达以上的信息之外，更是一种"性信息的代码"。

耳环和项链使佩戴者更加感受到自己肉体的存在。在性兴奋时，人体会发生一系列的生理变化，其中之一便是耳垂大量充血。这一生理变化可以由佩戴耳环来得以加强或曰模仿——耳环的重量或耳环的震动，或者仅仅是耳环使佩戴者感觉到耳朵的存在，常常使其耳朵发生局部的红晕。垂肩的耳环和项链也能产生性刺激，因为颈部也是重要的性欲产生区，其结果常能从佩戴者的面部和眼睛里反映出来。❶

▲ 图11-2　GIVENCHY耳饰（全金摄）

鲁滨逊先生在这里主要是通过戴耳饰产生的生理反应进行的一种阐释，我们可作参考。另一方面，男性戴耳饰在当代中国的文化情境中，尽管男女平等的观念已经充分被接受，但女人出于追求舒适和干练穿男性化的服饰是可以被接受的，而反过来，穿戴女性化的男人则依旧会被主流文化认为是不可靠的，其显然有种标新立异、彰显自我、追求与众不同的心理蕴含其中，而这与追求低调含蓄的中国传统文化显然有所冲突。当然，在如今这个日益多元的社会当中，各种文化现象的存在应该被宽容接受，这是一种趋势。但我们必须承认，当前，戴耳饰的男性群体仍然主要集中在演艺人士和追求流行的亚文化青年群体当中，因戴有耳饰而在求职过程中被屡屡遭拒的例子也并不少见，而且，在某些文化情境下，男性单耳戴耳饰（以右耳为多）往往被认为是同性恋的标志。

至于当代耳饰的款式和工艺，总体来讲传统款式由于审美观念的变化、传统加工技艺的流失和流水线式的工业化生产手段，除了在古董店里，商场里已不多见。随着生活节奏的日益快捷，人们更钟情于比较简洁的耳钉和一些相对比较简约的耳环与耳坠款式。当然，当代文化是多元的，各种繁缛和民族风的款式也被文艺范儿的女士们所钟爱。同时，随着设计业的发展，各种另类的耳饰款式也层出不穷，材质更是不一而足（图11-2）❷。

由于穿耳毕竟是要承受身体的痛楚，并不是每一位爱美的人都愿意为之忍受的，尽管出现了可以夹钳的耳饰，甚至当代还发明出一种利用吸铁石磁力的耳吸，但戴时间长了之后，耳朵都会有一定程度的疼痛感。故此，在当代，耳饰和头饰、手饰、颈饰、臂饰等首饰门类比起来，又实属最不普及的一类。

❶ （澳）朱利安·鲁滨逊. 人体包装艺术［M］. 北京：中国纺织出版社，2001：121。

❷ Marthe Le Van. 500 earrings：new directions in contemporary jewelry［M］. New York：Lark Book，a division of sterling publishing Co.，inc. 2007。

游牧民族与中原汉族
耳饰习俗之 比较

中国古代的耳饰发展，正如同人的命运一般，从最初初出茅庐的青涩，到历经不得已的没落，又步入欣欣向荣的繁华，最后走向"从心所欲不逾矩"的自由境界。可谓起承转合，丰富多彩。但这样的历程描述，其实是站在汉文化中心论基础上的一种判断。如果抛开狭隘的汉文化中心论立场，在中国这样一个多民族融合的泱泱大国中，耳饰其实又从未真正没落过。正所谓东边不亮西边亮，中间不亮两头亮，这一点，我们从历朝历代出土的耳饰实物中便可见一斑。

中国诸多的少数民族地区，包括少数民族政权统治时期，尤其是以北方游牧民族为主的地区，出土了大量精美绝伦的耳饰实物，它们大多金光灿灿，镶金嵌宝，不仅和中原早期温润典雅的崇玉文化形成鲜明的对比，也直接影响了唐代以后汉族首饰的材质选择。

一、耳饰佩戴习俗之比较

中原汉族的男性步入先秦之后就不再穿耳戴饰了，而汉族女性普遍佩戴耳饰则要从宋代才开始，其主要源于前文所提及的儒家与道家所共同倡导的身体全形观。但少数民族并不受中原身体全形观念的约束，因此一直保持着穿耳戴环的习俗，这在史籍中有很多记载。

从汉魏时期北方民族耳饰佩戴情况来看，男性和女性均有佩戴，甚至在某些墓葬中，男性佩戴的比例还要高于女性。例如辽宁朝阳王子坟山发掘的两晋鲜卑族墓葬、辽宁省西丰县西岔沟西汉墓地、辽宁朝阳北票喇嘛洞墓地等出土的耳饰均位于男性墓内。这一点也与中原汉族有很大差异。

游牧民族不分男女均喜爱佩戴耳饰，当然也包括除耳饰之外的其他金银饰品和金嵌宝饰品。但总体来讲，从汉魏及先秦的考古发现来看，耳饰始终是占北方游牧民族出土首饰的大宗。这可能与北方民族穿着比较厚重，唯有耳饰比较容易显露于外有关。游牧民族佩戴耳饰不分男女，这和他们的生活方式所导致的首饰观念有关。因为游牧民族逐水草而居，生活动荡不定，因此，对于游牧民族来说，储存财富的方式就与定居民族非常不同。定居民族储存财富的方式主要依靠采买田地，修建房屋，购买古玩字画，储存金银货币为主。但游牧民族由于需要经常迁徙，因此其财富必须要以方便移动的方式来进行携带，其中最主要的部分就是牛羊和戴在身上的金银珠宝首饰。日积月累，首饰和牛羊便成为一个家庭财富的象征。由于首饰在这里的装饰作用是其次的，储存财富的作用是主要的，因此，对于家庭财富的主要创造者——男性来说，自然也就成为了承载财富的主体。因此，汉魏时期游牧民族地区出土的耳饰，不仅不限男女，而且男性佩戴的比重甚至要更大就很自然了。

二、耳饰材质之比较

从北方游牧民族地区出土的耳饰材质来看，除了西南地区的滇族和南越出土有玉质的玦外，北方游牧民族地区出土的耳饰以金银质及黄金嵌宝者为多，玉耳饰比较罕见。虽然在这些地区玉质的饰品也偶有所见，但基本属于从中原传入的物品或因素。这一点和中原农耕地区宋代之前在耳饰材质选择上首选玉质有着鲜明的区别。

以玉为美是中原农耕民族自原始社会以来一直沿袭下来的传统，从中国已知出现最早的耳饰——玉玦，到先秦出现的"瑱"，及至汉代在中原地区广泛出现的玉耳珰，玉器在唐以前一直是中原汉族地区人体妆饰品的主流。而对黄金饰品的推崇，在中原是经过十六国、南北朝阶段北方游牧民族的冲击，在长期的民族错居之后，再加上隋唐统治者本身拥有部分的鲜卑血统，使得当时的中原大地胡风盛行，在文化上广收博取，海纳百川，因此，到了隋唐阶段，金银首饰才开始在中原的上层社会逐渐普及。

但在古代中国北方以畜牧业为主业的游牧民族地区，在选择人体妆饰品的材料上却是对贵金属材质情有独钟。从大体相当于夏朝的朱开沟早期遗存发现迄今所知最早的青铜耳饰开始，到河西走廊四坝文化发现的中国已知最早的金首饰——金鼻饮和金耳环，从考古出土的公元前后的斯基泰人、匈奴人、鲜卑人到后来的粟特人、契丹人、党项人、波斯人、蒙古人、女真人等的遗存中，无不传达出对于金银及珠宝的喜爱，他们几乎都无一例外地以黄金作为制作首饰的首选材料。从而从西北地区——东北地区的北方长城沿线地带，划出一条"黄金与美玉的文化交界线"。❶

在首饰材质的选择上之所以会出现这种区别，主要是与农耕民族、畜牧民族不同的生产生活方式导致的文化差异有直接的关系。农耕地区由于具有较优厚的自然环境，因此人民定居生活，聚族而居，自给自足，平和富足，人口繁密，这就使得如何和谐地处理人与人之间的关系变得非常重要。而中国古人认为处理人际关系、维持社会稳定的最好方法不是通过血腥的战争或者严酷的刑法，而是追求对人的道德教化，使人心良善，知道耻辱而无奸邪之心，通过追求个人内在的和谐从而达成整个社会的和谐。因此，中国在先秦时期就发展出了

---

❶ 乔梁. 美玉与黄金：中国古代农耕与畜牧业集团在首饰材料选取中的差异 [J]. 考古与文物, 2007(5)；党郁. 北方地区耳饰初论及相关问题的探讨 [D]. 呼和浩特：内蒙古大学, 2010(9)：22。

游牧民族与中原汉族耳饰习俗之比较

成熟的礼文化，周公制礼作乐，完备了前代的典章制度，发展到了"郁郁乎文哉"的程度，连孔子都赞叹不已，宣称"吾从周"，礼与仁义遂也成为了孔子所创立的儒家学说的核心，并最终成为中国古人修身齐家治国平天下的根本。而浸淫其中的中国人的妆饰观念自然也脱离不开礼文化的影响。玉，这种可遇而不可求的美石，就逐渐被打上了礼的烙印，成为中原农耕文化下君子品格的象征，使得"古之君子必佩玉"。在中国古代的传统文献中，有关人体的佩玉被分为"德佩"和"事佩"两类，妆饰的功能却没有被提及，这与中原古人赋予玉的强烈的社会属性有直接的关系。

游牧文化则有很大差别，它们起源于"内不足"，牧人逐水草而居，居无定所，人口稀少，很难形成聚落，因此，和谐的处理人际关系就变得并不是那么重要。相反，其最大的问题就是生产不稳定，一旦遇上自然灾害造成牲畜的大量死亡，就意味着生存的危机。每到此境，游牧民族只能为了生存而劫掠，因此，游牧民族以追求财富为目标的侵略性格成为其独树一帜的文化特征。游牧民族领袖的地位往往不是靠礼制纲常确立的，而是凭借其所拥有财富的多少确立的。黄金由于其稀缺性和其如阳光般耀眼的光芒，成为了财富最好的象征。

比较黄金和美玉这两种不同的材质，我们也可以从中看出两个不同文化集团的性格差异。玉石温润，象征君子的仁厚；黄金璀璨，象征牧人的豪放。玉石来自天成，可遇而不可求，象征农人的顺天承命及追求天趣、天巧的美学趣味；黄金需要人工冶炼，是一种有价的财富，象征着牧人比较务实的作风和直接外向的性格。玉石坚固，千秋如对，体现了中原古人对超越短暂生命的渴望；黄金易折，可以反复熔铸，款式常新，则体现了牧人对当下生活的进取及其历史积淀的相对脆弱。

耳饰金银工艺简述

受中原崇玉文化影响，中国早期汉族地区的耳饰主要以玉石及琉璃质地的玦、瑱、耳珰为主。但由于金银本身化学属性的稳定及其稀有珍贵和璀璨的光芒，再加上西、北游牧民族及外来文化的影响，抛开地域差异，金银器实际始终在首饰中占有主流地位，耳饰也不例外。其不仅是少数民族耳饰制作的首选材质，也是宋元明清时期汉族地区耳饰的主流材质。

中国古代的金银器加工工艺大体包括锤揲（将金块捶打成薄片状）、拔丝（将金块拔成粗细不等的丝）、炸珠（将金块制成鱼子大小的金珠）、掐丝（将薄金片切成窄而扁的细丝，掐成图案）、焊活（用焊药涂在胎或丝片上，经火熔焊牢固）、打造（将金片捶打成形或锤出隐起图案花纹）、錾鋄（錾是指錾刻图案细部，鋄是指阴刻细线）、熔铸（即以金银溶液注入范中，冷却后起范取出金件）、累丝（将金银抽成细丝，以堆垒编织等技法焊接而成）、编织（以金丝编织图案或器物）、镶嵌（是指在金银器铸造时或掐丝之间预留下的凹槽中嵌入宝玉石或用包镶、爪镶等工艺方法镶嵌宝玉石的一种技术）等。其中焊珠、掐丝、累丝和镶嵌等工艺，多用于制作首饰，极其精巧细致，故又称"细金工"。

夏商时代的金银耳饰，做工还很初级，主要是金片和金丝工艺制品，经切割、捶打、盘曲而成形（表2-1：1～4，表2-2：1～5）。以掐丝、焊珠、镶嵌为基本技术的细金工大约出现于战国晚期，成熟于东汉。例如内蒙古鄂尔阿鲁柴登出土的"金镶松石耳坠"（表2-3：1），其所用金丝、金片及连缀松石本属较为普通的一般金工艺，然而在其连缀松石的金件上焊有金炸珠，以三珠铺底上焊一珠的二层焊接，似为迄今所见我国出土的制造年代最早的金炸珠焊接工艺实证。[❶]而此一时代出土的做工最为精细的金耳饰则还要数先秦齐国故地战国墓出土的一件融汇中原和北方草原风格的"金嵌宝耳坠"（表2-3：5），此器以金丝、金炸珠、镶嵌绿松石等金细工艺制成，七八层连接，小巧玲珑，精细至极，其镶嵌绿松石和缀有三角形摇叶饰片的形式和匈奴地区的金耳坠颇有相似之处，但其形制纤细精巧，又与匈奴的粗犷之气有别，且有珍珠镶嵌，珍珠为沿海地区所产，匈奴地处北部草原，先秦时期饰物中嵌珍珠者并不多见。可见，此副耳坠受到北方文化一定影响，但又注入了汉族特有的审美观念。另像内蒙古鄂尔多斯市准格尔旗西沟畔4号匈奴贵妇墓葬出土的一对"金嵌玉牌耳坠"（表3-10：3），杨伯达先生

---

❶《中国金银玻璃珐琅器全集》编辑委员会. 中国金银玻璃珐琅器全集1：金银器（一）[M]. 石家庄：河北美术出版社，2004：3-4。

指出其玉牌为西汉玉工所琢碾，而其鹿纹掐丝金饰件则是典型的匈奴工艺。^❶也是中原玉文化和匈奴金文化相融汇的产物。

金银耳饰在宋代得到了大发展。宋元时期的耳饰在制作工艺上最突出的一点，即是以精细的锤揲工艺将平面图案做成很有浮雕效果的立体图案，再辅以"镂花"亦即錾刻，使浮雕式的图案既有栩栩生意，又细致入微（表5-1、表6-3）。如湖南常德三湘酒厂出土的"一把莲纹金耳环"（表5-1：7），便是用两枚金片分别打造成形，然后扣合为一而成，耳环脚的一端分作两枝从金片之间穿入，复于当中打结以固定。其造型若弯月，却顺势而成流行纹样中的"一把莲"，做工之精致，构思之巧妙，立意之吉祥，令人爱不释手。

由于宋元耳饰多为金银片材锤揲而成，故相对比较扁平，而明代盛行的累丝工艺则是把片材处理为花丝，使得首饰造型更加富有立体感、空间感，构图也更加繁复，金的柔韧之品质也在累丝工艺中被发挥到了极致。累丝工艺是细金工艺中的极则，由一根根花丝到成为一件完整的作品，要依靠堆、垒、编、织、掐、填、攒、焊，八大工艺，而每种工艺细分起来又是千变万化。讲究者，还要再"镶宝"或"点翠"，称为累丝镶嵌。因其用料珍奇、工艺繁复，累丝镶嵌历史上一向只是皇家御用之物。如南京太平门外板仓徐达家族墓出土的金楼阁形耳坠（表9-11：6），金镶宝毛女耳坠（表9-11：2）皆属此类。累丝可以说是金银器手工制作所能达到的精细之最。

在耳饰上镶嵌珠宝的习俗，最初也是出自游牧民族。早在先秦时期，匈奴地区就喜以绿松石穿饰金耳坠（表2-3：1、3、4），金碧辉映，尤为耀眼。后来的鲜卑、女真、契丹等族也多有传承。其观念除了美化装饰之外，和游牧民族喜爱黄金饰品一样，也有彰显和保存财富的作用。

金嵌宝耳饰真正的大发展时期，始于元代。成吉思汗所建立的蒙古帝国，横跨亚欧大陆，蒙古铁骑的西征促进了东西方文化贸易的交流，通商、进贡甚至是抢掠来的各地奇珍汇集于蒙古贵族的手里，这种影响必然在他们的服饰之中有所展现。像姑姑冠上的塔形葫芦环和葫芦、天茄、一珠等耳饰款式，均适宜装宝，因此在元代格外风行。这不仅使元代耳饰变得华贵异常，也使得色彩较之前代更显斑斓，并对后世明清首饰的发展产生了深远的影响。

明代的累丝工艺可谓鬼斧神工，但单纯的金工还是无法满足明代统治者对生活穷奢极侈的追求，因此，镶嵌珠宝便成了明代耳饰的又一特色。明代对镶珠嵌宝的喜爱，便传承于元代风尚，郑和下西洋带回的西方珠宝制作观念又开阔了国人的眼界，起到了一定推波助澜的

❶《中国金银玻璃珐琅器全集》编辑委员会. 中国金银玻璃珐琅器全集1：金银器（一）［M］. 石家庄：河北美术出版社，2004：4。

作用。但笔者认为最重要的原因，还是在于明朝统治集团对财富贪婪无度的追求及奢靡无度的生活方式。尤其到明代中后期，皇室生活日益奢靡，对各色宝石的搜罗，可谓无所不用其极，耗费了大量银财，以致内府库藏匮竭。仅明仁宗第九子梁庄王墓就出土了3400多件（整理前）珠宝器具，其中镶嵌的珠宝就有18种之多，分别为红宝石、蓝宝石、祖母绿、绿柱石、金绿宝石、东陵石、石英岩、石榴石、尖晶石、珍珠、辰砂、水晶、长石、锆石、琥珀、玛瑙、绿松石、玻璃。世界上五大名宝，除钻石外，其他四大名宝在梁庄王墓中均有发现，且不乏精品。❶嘉靖中期以后，"太仓之银，颇取入承运库，办金宝珍珠，于是猫儿睛，祖母绿，石绿，撒孛尼石，红刺石，北河洗石，金刚钻，朱蓝石，紫英石，甘黄玉，无所不购。穆宗承之，购珠宝益急"❷甚至由于连年采珠，珠贝不得休养生息，以致"虽易以人命，珠亦不可得"❸。到了万历年间，万历皇帝更是以"溺志货财"❹而闻名。万历十年，他亲政后，为求得宝石，他异想天开地规定了所谓"钦降宝石式样"❺，命令富商大贾如式为他采买。于是"帝日黩货，开采之议大兴，费以巨万计，珠宝价增旧二十倍"❻。成书于万历年间的《五杂组》卷一二列举当日为世人所重的各种宝石，而曰"皆镶嵌首饰之用"。万历十四年，仅七九两个月，采买珠宝共享银二十六万八千多两；万历二十七年十一月户部前后买珠玉用银七十五万两；万历二十八年只采购珍珠一项，用银增至一百七十五万两。❼万历帝的奢靡，我们从定陵出土的那些珠宝首饰器具中便可见一斑。定陵出土的宝石中，如猫儿眼、金宝石、蓝宝石、祖母绿等，均为世界上罕见的高档宝石，其价堪比钻石，甚至质优者还要超过钻石。❽因中国本土宝石矿很少，因此定陵所出宝石绝大部分来自国外，多为各国送给明王朝的供品或中国商船与之贸易交换而来❾。

由于明代贵族对珠宝的狂热搜刮，因此，此时不论是明代皇后的耳畔，还是明代命妇的写真容像，她们所戴的耳饰绝大多数都是金嵌宝耳饰，尽管款式不一而足，但珠光宝气却是

❶ 杨明星，等. 湖北钟祥明代梁庄王墓出土宝石的主要特征［J］. 宝石和宝石学杂志，2004(9)．

❷ 《明史》卷八二"食货六"．

❸ 《明实录》"明世宗肃皇帝实录"（梁鸿志复印件）卷之一百四．

❹ 《明史》列传"李三才"中，三才上奏万历帝："陛下爱珠玉，民亦慕温饱；陛下爱子孙，民亦恋妻孥。奈何陛下欲崇聚财贿，而不使小民享升斗之需；欲绵祚万年，而不使小民适朝夕之乐。自古未有朝廷之政令、天下之情形一至于斯，而可幸无乱者。今阙政猥多，而陛下病源则在溺志货财。"

❺ 《明实录》"明神宗显皇帝实录"（红格钞本）三百四十卷．

❻ 《明史》卷八二"食货六"．

❼ 韩大成. 明代帝后搜刮珠宝述略［J］. 紫禁城，1982（5）。

❽ 赵松龄，等. 明定陵出土部分宝玉石的鉴定［J］. 定陵（上）. 北京：文物出版社，1990：370-371．

❾ 费信《星槎胜览》和马欢《瀛涯胜览》两书均有详细记载．

附图2-1 《唐白云夫人像轴》，槐塘唐氏家祠旧藏

附图2-2 金镶珠宝蝶恋花耳环

共出土4件。形制相同。S形环脚，下部为花丝做成的梅蝶托，其上每面嵌红宝石、蓝宝石、珍珠各1颗，两面相同。两侧缀有珍珠串饰，每侧12颗，图中两件已缺失。通长5.5厘米，重13.5克。北京定陵地宫出土，属孝靖后首饰。现藏于定陵博物馆

共同的特色（表9-3~表9-5，附图2-1）。《明史·舆服志》载："（洪武）五年更定命妇冠服。一品，礼服用……珠梭环一双""五品，（礼服）……小珠梳环一双"。故宫本《碎金》里尚有"圈珠""三装、五装环"等耳饰名称，尽管我们目前无法确知各个名称相对应的明确款式，但其均为嵌宝耳饰当是可以确定无疑的。《天水冰山录》中更是明确记载有"金圆水晶耳环""金方水晶耳环""金镶雄黄耳坠""金镶玛瑙耳坠""金镶琥珀耳坠""金珊瑚珠耳坠""金镶大青宝石大珠耳坠""金镶大红小红大宝石耳坠""金镶猫睛石耳坠""金掐丝点翠四珠两面宝石耳环"等，严府女眷的珠光宝气仅从此一项记载中便可窥见一斑。而各地明墓出土的金嵌宝耳饰，数量也颇为丰富。

中国古代对所镶嵌之宝石的加工，多为随形或圆形弧面形，有一些仅仅依原石形态或宝石的解理面进行简单抛磨，刻面型加工样式几乎没有（附图2-2）。由于宝石形状的不规整，托座与宝石的扣合故多半不很紧密，极易脱落。直到晚清之后，西方的宝石切割与镶嵌技术才开始影响中国的首饰制作。多数学者认为这种现象产生的主要原因是因为中国古代的宝石加工工艺落后，而笔者认为工艺落后只是表象，造成此工艺落后的缘故才是主因。中国古代在细金工艺和玉石加工工艺上的成就可谓登峰造极，为何独独宝石加工工艺落后呢，或许这还是与中国人独特的审美观念有关。

中西首饰在设计理念上自古就有很大的差异。比如在色彩上，西方自19世纪以来喜爱白金与钻石的搭配，在单纯中彰显其典雅高贵；而中国则喜爱黄金、点翠与有色宝石的组

合，在斑斓中显示其华贵与富丽。在造型与纹样设计上，西方珠宝以几何形框架为主，配以简单的花串、璎珞、缎带或蝴蝶结等花样，显得高标脱俗；而中国的珠宝设计则往往具备福禄寿喜、平安吉祥等文化意涵，在富贵中又不失文采与生活世相，显得入世且亲和。在对珠宝的选择上，西方重稀罕贵重以显示其权势与财富，如英国王冠上那些举世罕见的硕大钻石便是标志；而中国的珠宝从来不只是为了表现矿石的美丽，其德行与内涵才是被珍视的真正原因，如美玉可比君子之德，青金石、蜜蜡、珊瑚、绿松石因其色泽的比附，用以祭祀天、地、日、月诸神。

宝石之所以受人喜爱，自然是因其罕有和美丽，但对于中国人来说，却又不仅仅是因为这表面的浮华。西方人自古喜爱钻石，因其璀璨；中国人自古喜爱美玉，因其温润。在唐以前，中原地区甚至连黄金首饰都不多见。中国赏玉文化源远流长，赏石文化更是深入人心，观美玉如沐君子之德，观顽石以期千秋如对，对二者之崇拜与欣赏在国人的心目中根深蒂固。因此，尽管西方宝石文化的流入逐渐改变了玉石一支独大的局面，但对于石头的欣赏态度却不可能完全西化。

中国人喜爱含蓄朦胧，最忌锋芒毕露；喜爱曲径通幽，最忌直白明了。在中国人的观念中，美应如雾里看花，从迷离中找寻，美应如味外之味，诗情尽在言外，美的体验应该是一种悠长的回味，美的表现应该是一种表面上并不声张的创造。而西方皇族所喜爱的那璀璨的钻石，光芒四射，炫人眼目，显然不符合中国人崇尚之温润如玉、含蓄谦恭的君子美德。东汉许慎总结了玉之"五德"，第一条便是"润泽以温，仁之方也"，笔者想这便是中国人尽管喜爱宝石的色彩与贵重，但却并不注重刻面型加工的文化因缘。宝石之色彩可以比附天地诸神，宝石之贵重可以展示皇家威仪，但却不一定要将之琢磨得光芒四射、咄咄逼人。写到这，不禁想起曹雪芹描写王熙凤的那句点睛之笔："粉面含春威不露"，放在这儿形容中国人对宝石之美的态度真是再恰当没有了。

中国人加工宝石除了不注重刻面之外，也注意保持宝石的原石形态，喜爱将宝石随其本来之形，镶嵌于首饰之上，而并不像西方人那样一定要把宝石切割得中规中矩，呈标准的几何形态。中国人恐怕是世界上最注重"天趣"的民族，这从先人造字上就可看出，"伪"即"人""为"。老子也说："大巧若拙"，这一简短而又深刻的哲学道理给中国艺术的方方面面都打上了深刻的烙印，其将人为与天工两种截然不同的创造状态呈现于人们面前。前者是机心的，后者是自然的；前者是知识的，后者是非知识的；前者是造作的，后者是素朴的；前者以人为徒，后者以天为徒；前者是低俗的欲望呈露，后者是高逸的超越情怀。大巧若拙，就是选择天工，而超越人为。法国凡尔赛宫的园林称之为几何式园林，中轴对称布局，一切树木、池塘、花坛都修剪、砌造得整整齐齐、规规矩矩，一如欧洲人对宝石的切割与抛磨，精推细算，面面玲珑；中国的园林虽也是人造，但却讲究"虽由人造，宛自天成"，一任藓苔蔽路，土石相错，恰如中国人对于宝石的随形之态，生于自然，便随其自然。按照中国艺术南宗的观点，人工过重，就会有匠气。中国书法有四品论：一为逸品，二为神品，三为妙品，四为能品。人工的巧妙是能，属于最低级，而逸品就是自由自在，不受法度限制，天真质朴。或许中国人对宝石随形加工的态度尽在于此了。

到了清代，金银耳饰的制作工艺可以说融汇了中国几千年金银制作工艺之大成，除了全盘继承以往所有的锤揲、拔丝、炸珠、累丝、镶嵌、打造、掐丝、錾刻、焊活、编织等技艺外，还有所发展、有所创新。例如点翠（表10-2：13、15），是指用翠鸟的羽毛贴缀在他物的表面，来增加美观的一种工艺。其虽然至迟在公元3世纪前后就已经存在，但真正被广泛应用于首饰则是在清代。其也是辨识清代首饰的一个重要特征。再如珐琅彩（表10-8：5），是指在金银器上点烧透明珐琅或以金掐丝填烧珐琅以及金胎画珐琅的一种新工艺，此技法可使首饰增添一种华丽富贵之气。此外，由于满族本身的游牧民族传统，又深受藏传佛教的影响，致使清代金银首饰，尤其是皇家金银首饰还融合了中原、蒙古、西藏、新疆、西南等地各民族的传统工艺和风格，可谓兼收并蓄，取长补短。同时，随着西风东渐，西方文明的成果也在清代中后期的首饰设计中体现出来，如欧洲人喜爱的钻石及各种人造宝石、琉璃，也出现在清后期的耳饰当中（表10-8：4）。西方的宝石切割与镶嵌技术也逐渐影响了中国的首饰制作，从北京故宫博物院藏品"金镶红宝石耳坠"（表10-9：10，图11-1）和中国台北故宫博物院藏品"银镀金嵌玻璃花卉耳坠"（表10-9：11）上，我们可以明显看到西方的刻面型加工手法和抓爪珠宝镶嵌技法。

耳饰虽然很小，但其传达出来的文化信息却是如此丰富。中国几千年的世情世相与兴衰跌宕，人们的喜怒哀乐和对于幸福生活的向往与期盼，似乎都在耳畔不经意间折射出的那一点流光之中悠然显现。或许，这正是我们研究古代物质文化的意义与魅力。

参考文献

原始社会部分参考书目

［1］浙江省文物考古研究所. 河姆渡：新石器时代遗址考古发掘报告［M］. 北京：文物出版社，2003.

［2］安徽省文物考古研究所. 凌家滩玉器［M］. 北京：文物出版社，2000.

［3］中国社会科学院考古研究所内蒙古工作队. 内蒙古敖汉旗兴隆洼遗址发掘简报［J］. 考古，1985（10）：865-873.

［4］杨虎，刘国祥. 兴隆洼文化玉器初论［M］// 东亚玉器（第一册）. 香港：香港中文大学中国考古艺术研究中心，1998.

［5］辛岩. 查海遗址发掘又获新成果［N］. 中国文物报，1994（05-01）.

［6］湖北省文物考古研究所，南京大学历史系考古专业. 湖北巴东县银盘墓群发掘报告［J］. 南方文物，2009（4）.

［7］安徽省文物考古研究所. 安徽含山凌家滩新石器时代墓地发掘简报［J］. 文物，1989（4）.

［8］安徽省文物考古研究所. 安徽含山县凌家滩遗址第三次发掘简报［J］. 考古，1999（11）.

［9］余继明. 良渚文化玉器［M］. 杭州：浙江大学出版社，2001.

［10］郭大顺，方殿春，朱达，辽宁省文物考古研究所. 牛河梁红山文化遗址与玉器精粹［M］. 北京：文物出版社，1997.

［11］邓聪. 东亚玦饰四题［J］. 文物，2000（2）.

［12］邓聪. 东亚玦饰的起源与扩散［M］// 山东大学东方考古研究中心. 东方考古（第1集）. 北京：科学出版社，2004.

［13］邓聪. 从《新干古玉》谈商时期的玦饰［J］. 南方文物，2004（2）.

［14］邓聪. 环状玦饰研究举隅［M］// 东亚玉器（第一册）. 香港：香港中文大学中国考古艺术研究中心，1998.

［15］邓聪. 东亚玉器［M］. 香港：香港中文大学中国考古艺术研究中心，1998.

［16］李艳红．中国史前装饰品的造型和分区分期研究［D］．苏州：苏州大学，2008．

［17］邓聪．从河姆渡的陶制耳栓说起［J］．杭州师范学院学报，2000（3）．

［18］费玲伢．长江下游新石器时代玉耳珰初探［J］．东南文化，2010（2）．

［19］赵福生．平谷县上宅新石器时代遗址［M］//中国考古学会．中国考古年鉴1987．
北京：文物出版社，1988．

［20］北京市文物研究所，北京市平谷县文物管理所上宅考古队．北京平谷上宅新石
器时代遗址发掘简报［J］．文物，1989（8）．

［21］四川长江流域文物保护委员会文物考古队．四川巫山大溪新石器时代遗址发掘
计略［J］．文物，1961（11）．

［22］甘肃省博物馆文物工作队．广河地巴坪"半山类型"墓地［J］．考古学报，
1978（2）．

［23］上海市文物保管委员会．崧泽［M］．北京：文物出版社，1987．

［24］上海市文物管理委员会．1994—1995年上海青浦崧泽遗址的发掘［C］//上海
博物馆集刊（第八期）．上海：上海书画出版社，2000．

［25］浙江省文物考古研究所．反山：良渚遗址群考古报告之二［M］．北京：文物出
版社，2005．

［26］浙江省文物考古研究所．余杭瑶山遗址1996~1998年发掘的主要收获［J］．文
物，2001（12）．

［27］湖北省荆州博物馆，湖北省文物考古研究所，北京大学考古系石家河考古队．
肖家屋脊［M］．北京：文物出版社，1999．

［28］广东省博物馆，等．广东曲江石峡墓葬发掘简报［J］．文物，1978（7）．

［29］广西壮族自治区文物工作队，等．广西武鸣马头元龙坡墓葬发掘简报［J］．文
物，1988（12）．

［30］干小莉．从凸纽型玦看环南海区域土著文化的交流［J］．南方文物，2008
（2）．

［31］郭大顺．龙山辽河源［M］．天津：百花文艺出版社，2001．

［32］南京博物院，江苏省考古研究所，无锡市锡山区文物管理委员会．邱承墩［M］．
北京：科学出版社，2010．

［33］葛金根. 马家浜文化玉玦小考［J］. 东方博物，2006（3）.

［34］常光明. 玉玦考——"玉玦"非"珥"亦非"瑅"［J］. 英才高职论坛，
2009，5（2）.

［35］刘国祥. 论西辽河流域玉文化的起源与发展［J］. 中国台湾国父纪念馆馆刊，
2002（9）.

［36］刘国祥. 兴隆沟聚落遗址：8000年前精美玉器，5000年前裸女陶塑［J］. 文
物天地，2002（1）.

［37］周庆基. 说玦［J］. 河北大学学报（哲学社会科学版），2000（2）.

［38］杨美莉. 中国古代玦的演变与发展［J］. 故宫学术季刊，1993，11（1）.

［39］中国科学院考古研究所. 辉县发掘报告［M］. 北京：科学出版社，1956.

［40］黄士强. 玦的研究［J］. 台湾大学考古人类学刊，37/38期合刊，1975（6）.

先秦部分参考书目

［41］江西省文物考古研究所，江西省博物馆，新干县博物馆. 新干商代大墓［M］.
北京：文物出版社，1997.

［42］郭敏. 先秦首饰习俗探析［D］. 郑州：郑州大学，2005.

［43］成都文物考古研究所. 金沙玉器［M］. 北京：科学出版社，2006.

［44］中国社会科学院考古研究所. 安阳殷墟出土玉器［M］. 北京：科学出版社，
2005.

［45］高雪. 陕西清涧县又发现商代青铜器［J］. 考古，1984（8）.

［46］杨绍舜. 山西永和发现殷代铜器［J］. 考古，1977（5）.

［47］北京市文物管理处. 北京市平谷县发现商代墓葬［J］. 文物，1977（11）.

［48］伊克昭盟文物工作站，内蒙古文物工作队. 西沟畔匈奴墓［J］. 文物，1980
（7）.

［49］四川省文化厅文物，等. 三星堆祭祀坑出土文物选［M］. 成都：巴蜀书社，
1992.

［50］河南信阳地区文管会，等. 春秋早期黄君孟夫妇墓发掘报告［J］. 考古，1984
（4）.

［51］林继来. 论春秋黄君孟夫妇墓出土玉器［J］. 考古与文物，2001（6）.

［52］湖北省博物馆. 随县曾侯乙墓［M］. 北京：文物出版社，1980.

［53］湖北省博物馆. 曾侯乙墓［M］. 北京：文物出版社，1989.

［54］吉琨璋. 山西曲沃羊舌发掘的又一处晋侯墓地［M］// 2006中国重要考古发现. 北京：文物出版社，2006.

［55］喻燕姣. 略论湖南出土的商代玉器［J］. 中原文物，2002（5）.

［56］喻燕姣. 湖南宁乡出土商代玉玦用途试析［M］. 长沙：湖南省博物馆岳麓书社，2006.

［57］吴沫，丘志力. 广东博罗横岭山先秦墓地出土玉器探析［J］. 东南文化，2005（3）.

［58］广西壮族自治区文物工作队. 广西田东县发现战国墓葬［J］. 考古，1979（6）.

［59］金华地区文管会. 浙江衢州西山西周土墩墓［J］. 考古，1984（7）.

［60］陕西省文管会秦墓发掘组. 陕西户县宋村春秋墓发掘简报［J］. 文物，1975（10）.

［61］安徽省文物考古研究所，舒城县文物管理所. 安徽舒城县河口春秋墓［J］. 文物，1990（6）.

［62］高至喜. 湖南宁乡黄材发现商代铜器和遗址［J］. 文物，1963（12）.

［63］湖南省博物馆. 湖南省工农兵群众热爱祖国文化遗产［J］. 文物，1972（1）.

［64］林巳奈夫. 春秋战国时代の金人と玉人［A］. 收氏编：春秋战国出土文物の研究. 京都：京都大学人文科学研究所，1985.

［65］郭政凯. 山陕出土的商代金耳坠及其相关问题［J］. 文博，1988（6）.

［66］王滨. 略谈临淄商王村战国墓出土的金耳坠［J］. 管子学刊，1998（3）.

［67］张越，王滨. 金耳坠［J］. 管子学刊，2010（3）.

［68］伊克昭盟文物工作站. 内蒙古东胜市碾房渠发现金银器窖藏［J］. 考古，1991（5）.

［69］田广金，郭素新. 内蒙古阿鲁柴登发现的匈奴遗物［J］. 考古，1980（4）.

［70］田广金. 桃红巴拉的匈奴墓［J］. 考古学报，1976（1）.

［71］中国科学院考古研究所内蒙古工作队. 宁城南山根遗址发掘报告［J］. 考古学报，1975（1）.

［72］河北省文化局文物工作队. 河北怀来北辛堡战国墓［J］. 考古，1966（5）.

［73］赵爱军. 试论匈奴民族的金银器［J］. 北方文物，2002（4）.

［74］天津市文物管理处考古队. 天津蓟县围坊遗址发掘报告［J］. 考古，1983（10）.

［75］天津市历史博物馆考古部. 天津蓟县张家园遗址第三次发掘［J］. 考古，1993（4）.

［76］河北省文物研究所. 河北卢龙县东闾各庄遗址［J］. 考古，1985（11）.

［77］辽宁省文物考古研究所，喀左县博物馆. 喀左和尚沟墓［J］. 辽海文物学刊，1989（2）.

［78］辽宁省昭乌达盟文物工作站，中国科学院考古研究所东北工作队. 宁城县南山根的石椁墓［J］. 考古学报，1973（2）.

［79］北京大学历史系考古教研室商周组. 商周考古［M］. 北京：文物出版社，1979.

［80］中国社会科学院考古研究所. 大甸子——夏家店下层文化遗址与墓地发掘报告［M］. 北京：科学出版社，1996.

［81］崔岩勤. 夏家店下层文化青铜器简析［J］. 赤峰学院学报（汉文哲学社会科学版），2010（5）.

［82］拒马河考古队. 河北易县涞水古遗址试掘简报［J］. 考古学报，1988（4）.

［83］北京市文物管理处，等. 北京琉璃河夏家店下层文化墓葬［J］. 考古，1976（1）.

［84］天津市文物管理处. 天津蓟县张家园遗址试掘简报［C］//文物资料丛刊（1）. 北京：文物出版社，1977.

［85］安志敏. 唐山石棺墓及其相关的遗物［J］. 考古学报（第七册），1954.

［86］辽宁省文物考古研究所. 辽宁近十年来文物考古新发现—文物考古工作十年（1979—1989）［M］. 北京：文物出版社，1991.

［87］辽宁省文物考古研究所，吉林大学考古学系. 辽宁阜新平顶山石城址发掘报告［J］. 考古，1992（5）.

［88］郭勇. 石楼后兰家沟发现商代青铜器简报［J］. 文物，1962（4）、（5）.

［89］谢青山，杨绍舜. 山西吕梁县石楼镇又发现铜器［J］. 文物，1960（7）.

［90］张长寿. 记沣西新发现的兽面玉饰［J］. 考古，1987（5）.

［91］孙秉君，蔡庆良. 芮国金玉选粹——陕西韩城春秋宝藏［M］. 西安：三秦出版社，2007.

秦汉部分参考书目

［92］《睡虎地秦墓竹简》整理小组. 睡虎地秦墓竹简［M］. 北京：文物出版社，1978.

［93］班固. 汉书［M］. 北京：中华书局，1962.

［94］范晔. 后汉书［M］. 北京：中华书局，2005.

［95］云南省文物考古研究所，玉溪市文物管理所，江川县文化局. 江川李家山：第二次发掘报告［M］. 北京：文物出版社，2007.

［96］扬州博物馆，天长市博物馆. 汉广陵国玉器［M］. 北京：文物出版社，2003.

［97］刘云辉. 陕西出土汉代玉器［M］. 北京：文物出版社，台北：众志美术出版社，2009.

［98］王文浩，李红. 汉代玉器［M］. 北京：蓝天出版社，2007.

［99］大葆台汉墓发掘组，中国社会科学院考古研究所. 北京大葆台汉墓［M］. 北京：文物出版社，1989.

［100］湖北省宜昌博物馆. 当阳岱家山楚汉墓［M］. 北京：科学出版社，2006.

［101］吉林省文物考古研究所. 榆树老河深［M］. 北京：文物出版社，1987.

［102］刘谦. 辽宁义县保安寺发现的古代墓葬［J］. 考古，1963（1）.

［103］中国社会科学院考古研究所，河北省文物管理处. 满城汉墓发掘报告［M］. 北京：文物出版社，1980.

［104］湖南省博物馆，中国科学院考古研究所. 长沙马王堆一号汉墓上／下［M］. 北京：文物出版社，1973.

［105］孙机. 汉代物质文化资料图说（增订本）［M］. 上海：上海古籍出版社，2008.

［106］广西壮族自治区文物工作队. 平乐银山岭汉墓［J］. 考古学报，1978（2）.

［107］中国社会科学院考古研究所，河北省文物管理处. 满城汉墓发掘报告［M］. 北京：文物出版社，1980.

［108］郑君雷，赵永军. 从汉墓材料透视汉代乐浪郡的居民构成［J］. 北方文物，2005（2）.

［109］刘伟杰. 由汉代妇女离异与再婚的状况看汉代人的贞节观［J］. 民俗研究，2007（1）.

［110］原田淑人. 汉六朝の服饰［M］. 东洋文库刊行，1937（昭和12）.

［111］潘玲. 西沟畔汉代墓地四号墓的年代及文化特征再探讨［J］. 华夏考古，2004（2）.

［112］广州市文物管理委员会，广州市博物馆. 广州汉墓［M］. 北京：文物出版社，1981.

［113］田耘. 西岔沟古墓群族属问题浅析［J］. 北方文物，1984（1）.

［114］孙守道. "匈奴西岔沟文化"古墓群的发现［J］. 文物，1960（8-9合刊）.

［115］甘肃省博物馆. 武威雷台汉墓［J］. 考古学报物，1974（2）.

［116］晋宁县文化体育局. 古滇王都巡礼：云南晋宁石寨山出土文物精粹［M］. 昆明：云南民族出版社，2006.

［117］云南省博物馆. 云南江川李家山古墓群发掘报告［J］. 考古学报，1975（2）.

［118］潘玲. 两汉时期东北地区和长城地带的三种耳坠［C］// 新果集—庆祝林沄先生七十华诞论文集. 北京：科学出版社，2009.

［119］林沄. 西岔沟型铜柄铁剑与老河深、彩岚墓地的族属［C］// 林沄学术文集. 北京：中国大百科全书出版社，1988.

［120］内蒙古文物考古研究所. 额尔古纳右旗拉布达林鲜卑墓群发掘简报［C］// 内蒙古文物考古文集（第一辑）. 北京：中国大百科全书出版社，1994.

［121］乌兰察布博物馆. 察右后旗三道湾墓地［C］// 内蒙古文物考古文集（第一辑）. 北京：中国大百科全书出版社，1994.

［122］内蒙古文物考古研究所. 扎赉诺尔古墓群1986年清理发掘简报［C］// 内蒙古文物考古文集（第一辑）. 北京：中国大百科全书出版社，1994.

［123］雷云贵，高士英. 朔县发现的匈奴鲜卑遗物［C］// 陕西省考古学会论文集.
西安：陕西人民出版社，1992.

［124］郭珉. 吉林大安后宝石墓地调查［J］. 考古，1997（2）.

［125］内蒙古博物馆. 卓资县石家沟墓群出土数据［J］. 内蒙古文物考古，1998
（2）.

魏晋南北朝部分参考书目

［126］房玄龄，等. 晋书［M］. 北京：中华书局，1974.

［127］河北省文化局文物工作队. 河北定县出土北魏石函［J］. 考古，1966（5）.

［128］宁夏固原博物馆. 固原北魏墓漆棺画［M］. 银川：宁夏人民出版社，1988.

［129］固原县文物工作站. 宁夏固原北魏墓清理简报［J］. 文物，1984（6）.

［130］辽宁省文物考古研究所，等. 朝阳王子坟山墓群1987、1990年度考古发掘的
主要收获［J］. 文物，1997（11）.

［131］新疆文物考古研究所. 1996年新疆吐鲁番交河故城沟西墓地汉晋墓葬发掘简报
［J］. 考古，1997（9）.

［132］贵州省博物馆考古组. 贵州平坝马场东晋南朝墓发掘简报［J］. 考古，1973
（6）.

［133］内蒙古自治区文物考古研究所. 内蒙古地区鲜卑墓葬的发现与研究［M］. 北
京：科学出版社，2004.

［134］罗宗真，王志高. 六朝文物［M］. 南京：南京出版社，2004.

［135］辽宁省文物考古研究所，朝阳市博物馆，北票市文物管理所. 辽宁北票喇嘛洞
墓地1998年发掘报告［J］. 考古学报，2004（2）.

［136］宁夏回族自治区固原博物馆，中日原州联合考古队. 原州古墓集成［M］. 北
京：文物出版社，1999.

［137］马莉. 宁夏固原北朝丝路遗存显现的外来文化因素［J］. 丝绸之路，2010
（6）.

［138］新疆文物考古研究所. 新疆尉犁县营盘墓地1999年发掘简报［J］. 考古，
2002（6）.

[139] 周金玲. 营盘墓地出土文物反映的中外交流 [J]. 文博, 1999 (5).

[140] 韩巍. 山西大同北魏时期居民的种系类型分析 [J]. 边疆考古研究, 2005.

[141] 山西省考古研究所, 大同市博物馆. 大同南郊北魏墓群发掘简报 [J]. 文物, 1992 (8).

[142] 田立坤. 关于北票喇嘛洞三燕文化墓地的几个问题 [C] // 辽宁考古文集. 沈阳: 辽宁民族出版社, 2003.

唐代部分参考书目

[143] 刘昀. 旧唐书 [M]. 北京: 中华书局, 1975.

[144] 欧阳修, 宋祁. 新唐书 [M]. 北京: 中华书局, 1975.

[145] 王溥. 唐会要 [M]. 上海: 上海古籍出版社, 1991.

[146] 徐良玉, 李久海, 张容生. 扬州发现一批唐代金首饰 [J]. 文物, 1986 (5).

[147] 黄正建. 唐代的耳环 [M] // 陕西历史博物馆. 陕西历史博物馆馆刊 (第13辑). 西安: 三秦出版社, 2006.

[148] 湖北省文物局三峡办, 武汉市文物考古研究所. 湖北巴东义种地墓葬发掘报告 [J]. 汉江考古, 2009 (4).

[149] 田华. 敦煌莫高窟唐时期耳饰研究 [D]. 上海: 东华大学, 2006.

[150] 欧阳询. 艺文类聚 (点校本) [M]. 上海: 上海古籍出版社, 1982.

[151] 徐坚等. 初学记 (点校本) [M]. 北京: 中华书局, 1962.

[152] 白居易. 白氏六帖事类集 [M]. 董治安. 唐代四大类书. 北京: 清华大学出版社, 2003.

[153] 雷闻. 割耳劗面与刺心剖腹——从敦煌158窟北壁涅槃变王子举哀图说起 [J]. 中国典籍与文化, 2003 (4).

[154] 陈寅恪. 唐代政治史述论稿 [M]. 上海: 上海古籍出版社, 1997.

[155] 冯恩学. 黑水靺鞨的装饰品及渊源 [J]. 华夏考古, 2011 (1).

宋代部分参考书目

［156］脱脱. 宋史［M］. 北京：中华书局，1977.

［157］周辉. 清波杂志（卷二）［M］. 上海：上海书店出版社，1985.

［158］孟元老. 东京梦华录［M］. 上海：上海古典文学出版社，1956.

［159］吴自牧. 梦粱录［M］. 杭州：浙江人民出版社，1980.

［160］徐士銮. 宋艳［M］. 杭州：浙江古籍出版社，1987.

［161］扬之水. 南方宋墓出土金银首饰的类型与样式［J］. 考古与文物，2008（4）.

［162］扬之水. 奢华之色——宋元明金银器研究（卷一）［M］. 北京：中华书局，2010.

［163］无锡市博物馆. 无锡市郊北宋墓［J］. 考古. 1982（4）.

［164］苏梅. 宋代文人意趣与工艺美术关系研究［D］. 苏州：苏州大学，2010.

［165］陈来. 宋明理学［M］. 北京：生活·读书·新知三联书店，2011.

［166］高克勤. 宋代文学研究的突破［J］. 复旦学报，1998（4）.

［167］江西省文物管理委员会. 江西永新北宋刘沆墓发掘报告［J］. 考古，1964（11）.

［168］北京大学中国考古学研究中心，杭州市文物考古所. 浙江省建德市大洋镇下王村宋墓发掘简报［J］. 考古与文物，2008（4）.

［169］西安市文物保护考古所. 西安长安区郭杜镇清理的三座宋代李唐王朝后裔家族墓［J］. 文物，2008（6）.

［170］蔡玫芬. 文艺绍兴：南宋艺术与文化·器物卷［M］. 台北：中国台北故宫博物院，2011.

［171］湖州市博物馆. 浙江湖州三天门宋墓［J］. 东南文化，2000（9）.

元代部分参考书目

［172］宋濂，王祎. 元史［M］. 北京：中华书局，1976.

［173］熊梦祥. 析津志辑佚［M］. 北京：北京古籍出版社，1983.

［174］陶宗仪. 南村辍耕录［M］. 元明史料笔记丛刊，北京：中华书局，1959.

［175］佚名. 老乞大谚解·朴通事谚解［M］. 台北：联经出版事业公司. 1979.

［176］志费尼. 世界征服者史［M］. 北京：商务印书馆，2004.

［177］鄂多立克东游录［M］. 何高济，译. 北京：中华书局，1981.

［178］余大钧译著. 蒙古秘史［M］. 石家庄：河北人民出版，2007.

［179］马可·波罗口述，鲁思梯谦笔录. 马可·波罗游记［M］. 曼纽尔·科姆罗夫英译，陈开俊等合译. 福州：福建科学技术出版社，1981.

［180］克拉维约东使记［M］. 杨兆钧，译. 北京：商务印书馆，1957.

［181］任爱农. 高邮"天茄"考［J］. 江苏中医，1988（2）.

［182］苏州市文物保管委员会，苏州博物馆. 苏州吴张士诚母曹氏墓清理简报［J］. 考古，1965（6）.

［183］陈有旺. 西安玉祥门外元代砖墓清理简报［J］. 文物，1956（1）.

［184］内蒙古自治区文物工作队. 乌兰察布盟察右前旗古墓清理记［J］. 文物，1961（9）.

［185］石守谦，葛婉章. 大汗的世纪——蒙元时代的多元文化与艺术［M］. 台北：中国台北故宫博物院，2002.

［186］贾玺增. 罟罟珠冠高尺五，暖风轻袅鹧鸪翎——蒙元时期的罟罟冠［J］. 紫禁城，2011（7）.

［187］鄂多立克，鄂多立克东游录［M］. 何高济，译. 北京：中华书局，1981.

［188］道润梯步. 蒙古秘史［M］. 呼和浩特：内蒙古人民出版社，1979.

［189］西安市文物保护考古所. 西安韩森寨元代壁画墓［M］. 北京：文物出版社，2004.

［190］孙悟湖，等. 元代宗教文化略论［J］. 内蒙古社会科学（汉文版），2003（5）.

［191］河北省文物研究所. 石家庄后太保村史氏家族墓发掘报告［C］// 河北省考古文集. 北京：东方出版社，1998.

［192］浙江省文物考古研究所，等. 海宁智标塔［M］. 北京：科学出版社，2006.

［193］刘冰. 赤峰博物馆文物典藏［M］. 呼和浩特：远方出版社，2007.

［194］宋岘. "回回石头"与阿拉伯宝石学的东传［J］. 回族研究，1998（3）.

［195］赵旭东. 侈靡、奢华与支配——围绕十三世纪蒙古游牧帝国服饰偏好与政治风俗的札记［J］. 民俗研究，2010（2）.

［196］《内蒙古文物考古文集》编辑委员会. 内蒙古文物考古文集（第二辑）［M］.
　　　　 北京：大百科全书出版社，1987.

［197］东乌珠穆沁旗文物保护管理所. 锡林郭勒盟东乌珠穆沁旗哈力雅尔蒙元时期墓
　　　　 葬清理简报［J］. 草原文物，2012（1）.

辽代部分参考书目

［198］脱脱. 辽史［M］. 北京：中华书局，1975.

［199］叶隆礼. 契丹国志［M］. 上海：上海古籍出版社，1985.

［200］叶隆礼. 辽志［M］. 上海：商务印书馆，1936.

［201］许晓东. 辽代玉器研究［M］. 北京：紫金城出版社，2003.

［202］许晓东. 契丹人的金玉首饰［J］. 故宫博物院院刊，2007（6）.

［203］许晓东. 辽代的东西方交通和琥珀的来源［M］//苏芳淑. 松漠风华——契丹
　　　　 艺术与文化. 香港：香港中文大学文物馆，2004.

［204］内蒙古自治区文物考古研究所，哲里木盟博物馆. 辽陈国公主墓［M］. 北
　　　　 京：文物出版社，1993.

［205］朱天舒. 辽代金银器［M］. 北京：文物出版社，1998.

［206］康平县文化馆文物组. 辽宁康平县后刘东屯辽墓［J］. 考古，1986（10）.

［207］冯永谦. 辽宁省建平、新民的三座辽墓［J］. 考古，1960（2）.

［208］敖汉旗文物管理所. 内蒙古敖汉旗沙子沟、大横沟辽墓［J］. 考古，1987
　　　　（10）.

［209］李霖. 河北承德县道北沟村辽墓［J］. 考古，1990（12）.

［210］刘谦. 辽宁锦州市张扛村辽墓发掘报告［J］. 考古，1984（11）.

［211］赵文刚. 天津市蓟县营房村辽墓［J］. 北方文物，1992（3）.

［212］王健群，陈相伟. 库伦辽代壁画墓［M］. 北京：文物出版社，1989.

［213］项春松. 克什克腾旗二八地一、二号辽墓［J］. 内蒙古文物考古，1984.

［214］徐英. 摩羯造像的原型与流变［J］. 内蒙古大学艺术学院学报，2006（6）.

［215］岑蕊. 摩羯纹考略［J］. 文物，1983（10）.

［216］王秋华. 惊世叶茂台［M］. 天津：百花文艺出版社，2002.

［217］埃玛·邦克. 辽代首饰［C］// 金翠流芳——梦蝶轩藏中国古代饰物. 北京：文物出版社，1999.

［218］莫家良. 辽代陶瓷中的鱼龙形注［J］. 辽海文物学刊，1987（2）.

［219］曾育. 鱼龙变［J］. 故宫文物月刊，1984，2（3）.

［220］徐英. 摩羯造像的原型与流变［J］. 内蒙古大学艺术学院学报，2006（6）.

［221］李宁峰，等. 彰武朝阳沟辽代墓地［C］// 辽宁考古文集. 沈阳：辽宁民族出版社，2003.

金代部分参考书目

［222］脱脱. 金史［M］. 北京：中华书局，1975.

［223］宇文懋昭. 大金国志［M］. 北京：中华书局，1986.

［224］徐梦莘. 三朝北盟会编（清刻本）［DB］. 翰堂典藏古籍数据库.

［225］洪焕椿. 宋辽夏金史话［M］. 台北：木铎出版社，1988.

［226］黑龙江省文物考古工作队. 松花江下游奥里米古城及其周围的金代墓群［J］. 文物，1977（4）.

［227］胡秀杰. 黑龙江省绥滨奥里米古城及其周围墓群出土文物［J］. 北方文物，1995（2）.

［228］方明达，王志国. 绥滨县奥里米辽金墓葬抢救性发掘［J］. 北方文物，1999（2）.

［229］黑龙江省文物考古工作队. 绥滨永生的金代平民墓［J］. 文物，1977（4）.

［230］杨海鹏. 别样风情的女真金耳饰［J］. 收藏家，2009（4）.

［231］赵评春，等. 金代服饰：金齐国王墓出土服饰研究［M］. 北京：文物出版社，1998.

［232］冯恩学. 黑水靺鞨的装饰品及渊源［J］. 华夏考古，2011（1）.

［233］黑龙江省文物考古工作队. 黑龙江畔绥滨中兴古城和金代墓葬［J］. 文物，1977（4）.

［234］胡秀杰，田华. 黑龙江省绥滨中兴墓群出土的文物［J］. 北方文物，1991（4）.

［235］黑龙江省博物馆．哈尔滨新香坊墓地出土的金代文物［J］．北方文物，2007
（3）．

［236］沈阳市文物考古研究所．沈阳市小北街金代墓葬发掘简报［J］．考古，2006
（11）．

［237］黑龙江省文物考古工作队．从出土文物看黑龙江地区的金代社会［J］．文
物，1977（4）．

［238］阎景全．黑龙江省阿城市双城村金墓群出土文物整理报告［J］．北方文物，
1990（2）．

［239］杨玉斌．春水玉赏析［J］．收藏家，2009（9）．

明代部分参考书目

［240］张廷玉，等．明史［M］．北京：中华书局，1974．

［241］李东阳等敕撰，申时行等奉敕重修．大明会典［M］．扬州：广陵古籍刻印
社，1989．

［242］王圻，等．三才图会［M］．上海：上海古籍出版社，1988．

［243］长泽规矩也．明清俗语辞书集成［M］．上海：上海古籍出版社，1989．

［244］龙文彬．明会要［M］．北京：中华书局，1956．

［245］兰陵笑笑生．金瓶梅词话［M］．北京：人民文学出版社，1985．

［246］冯梦龙．醒世恒言［M］．北京：中华书局，1983．

［247］安徽大学汉语言文字研究所　徐成志，等．事物异名别称词典［M］．济南：
齐鲁书社，1990．

［248］南京市博物馆．明朝首饰冠服［M］．北京：科学出版社，2000．

［249］湖北省文物考古研究所，钟祥市博物馆．梁庄王墓［M］．北京：文物出版
社，2007．

［250］扬之水．奢华之色——宋元明金银器研究（卷二）［M］．北京：中华书局，
2010．

［251］《北京文物鉴赏》编委会．明清金银首饰［M］．北京：北京出版社出版集
团，北京美术摄影出版社，2005．

［252］金维诺. 山西汾阳圣母庙壁画［M］. 石家庄：河北美术出版社，2001.

［253］金维诺. 山西稷山青龙寺壁画［M］. 石家庄：河北美术出版社，2001.

［254］上海市文物保管委员会. 上海市卢湾区明潘氏墓发掘简报［J］. 考古，1961（8）.

［255］上海博物馆. 上海浦东明陆氏墓记述［J］. 考古，1985（6）.

［256］思德，等. 海南陵水发现明代墓葬［J］. 南方文物，2003（2）.

［257］江西省博物馆. 江西南城明益王朱佑槟墓发掘报告［J］. 文物，1973（3）.

［258］四川省博物馆，剑阁县文化馆. 明兵部尚书赵炳然夫妇合葬墓［J］. 文物，1982（2）.

［259］中国社会科学院考古研究所，等. 定陵（上、下册）［M］. 北京：文物出版社，1990.

［260］于秋伟. 九龙山麓鲁王墓 明初亲王第一陵 鲁荒王朱檀墓出土物简介［J］. 收藏家，2010（12）.

［261］江西省文物工作队. 江西南城明益宣王朱翊钧夫妇合葬墓［J］. 文物，1982（8）.

［262］路秀闵. 明鲁荒王墓：地下宫殿［M］. 济南：山东友谊书社，1988.

［263］定陵珍宝［M］. 北京：北京美术摄影出版社，2006.

［264］董进. Q版大明衣冠图志［M］. 北京：邮电大学出版社，2011.

［265］韩大成. 明代帝后搜刮珠宝述略［J］. 紫禁城，1982（5）.

［266］杨明星，等. 湖北钟祥明代梁庄王墓出土宝石的主要特征［J］. 宝石和宝石学杂志，2004（9）.

［267］林建. 明代肃王研究［M］. 兰州：甘肃文化出版社，2005.

清代部分参考书目

［268］赵尔巽. 清史稿［M］. 北京：中华书局，1976.

［269］清实录［M］. 北京：中华书局，1987.

［270］允禄，等. 皇朝礼器图式［M］. 扬州：广陵书社，2004.

［271］刘廷玑. 在园杂志［M］. 北京：中华书局，2005.

［272］叶梦珠. 阅世编［M］. 北京：中华书局，2007.

［273］李洵等校点. 钦定八旗通志［M］. 长春：吉林文史出版社，2002.

［274］故宫博物院. 故宫博物院藏清代后妃首饰［M］. 北京：紫禁城出版社，香港：柏高出版社，1992.

［275］紫禁城出版社. 故宫藏清代后妃首饰［M］. 北京：紫禁城出版社，1998.

［276］故宫博物院. 清宫后妃首饰图典［M］. 北京：故宫出版社，2012.

［277］中国台北故宫博物院. 清代服饰展览图录［M］. 台北：中国台北故宫博物院，1986.

［278］陈娟娟. 清代服饰艺术（续）［J］. 故宫博物院院刊，1994（3）.

［279］佚名. 清代帝后像［M］. 北京：中国书店，1998.

［280］聂崇正. 清代宫廷绘画［M］. 北京：商务印书馆，1999.

［281］陈夏生. 溯古话今谈故宫珠宝［M］. 台北：中国台北故宫博物院，2012.

［282］陈夏生. 谈清宫宝石应用文化［J］. 故宫文物月刊，2012（6）.

［283］中国台北故宫博物院. 皇家风尚——清代宫廷与西方贵族珠宝［M］. 台北：中国台北故宫博物院，2012.

［284］中国台北博物院. 紫禁城帝后生活［M］. 北京：中国旅游出版社，1983.

［285］宗凤英. 清代宫廷服饰［M］. 北京：紫禁城出版社，2004.

［286］蔡玫芬. 清宫的特殊耳饰：一耳三钳［J］. 故宫文物月刊，2012（8）.

［287］孙燕京. 晚清社会风尚研究［M］. 台北：知书房出版社，2004.

［288］JOHN THOMSON. 中国最后一个古代［M］. 台北：时报文化出版事业有限公司，1985.

［289］詹姆斯·利卡尔顿. 1900，美国摄影师的中国照片日记［M］. 福州：福建教育出版社，2008.

［290］金易，等. 宫女谈往录［M］. 北京：故宫出版社，2010.

［291］故宫博物院. 清史图典［M］. 北京：紫禁城出版社，2002.

［292］辽宁大学历史系. 建州闻见录校释［M］. 沈阳：辽宁大学历史系，1978.

近现代参考书目

［293］杭海. 妆匣遗珍：明清至民国时期女性传统银饰［M］. 北京：生活·读书·新知三联书店，2005.

［294］王金华，唐绪祥. 中国传统首饰［M］. 北京：中国轻工业出版社，2009.

［295］吴昊. 中国妇女服饰与身体革命（1911—1935）［M］. 上海：东方出版中心，2008.

［296］梁京武，赵向标. 二十世纪怀旧系列［M］. 北京：龙门书局，1999.

［297］李家瑞. 北平风俗类征［M］. 上海：上海文艺出版社，1985.

［298］景庶鹏. 近数十年来中国男女装饰变迁大势［A］. 清末民初中国各大都会男女装饰论集. 台北：中国政经研究所，1972.

［299］李黄. 杜骊珠耳环空运来沪［J］. 电影周报，1948（8）.

［300］杨彦岐. 耳坠子［J］. 宇宙（上海），1948（2）.

［301］豪门太太镶耳环，找遍香港配不成：七卡钻石难找配对［J］. 时事新闻，1949（17）.

［302］朱利安·鲁滨逊. 人体包装艺术［M］. 北京：中国纺织出版社，2001.

［303］Marthe Le Van. 500 earrings：new directions in contemporary jewelry［M］. New York：Lark Book，a division of sterling publishing Co. ，inc. 2007.

综合参考书目

［304］刘熙. 释名［M］. 上海：商务印书馆，1939.

［305］许慎. 说文解字［M］. 北京：中华书局，1963.

［306］崔豹撰，（后唐）马缟集，（唐）苏鹗纂. 古今注、中华古今注、苏氏演义［M］. 北京：商务印书馆，1956.

［307］徐陵. 玉台新咏（影印本）［M］. 成都：成都古籍书店，1986.

［308］高承. 事物纪原［M］. 上海：商务印书馆，1937.

［309］莫休符，周去非. 岭外代答［M］. 上海：商务印书馆，1936.

［310］宋应星. 天工开物［M］. 北京：中国社会出版社，2004.

［311］王三聘. 古今事物考［M］. 上海：商务印书馆，1937.

［312］虫天子. 香艳丛书［M］. 北京：人民文学出版社，1990.

［313］李渔. 闲情偶寄［M］. 延吉：延边人民出版社，2000.

［314］吴大澂. 古玉图考［M］. 上海：中华书局，1948.

［315］陈鼓应. 庄子今注今译［M］. 北京：中华书局，2009.

［316］杨伯峻. 论语译注［M］. 北京：中华书局，2009.

［317］先秦汉魏晋南北朝诗［M］. 北京：中华书局，1983.

［318］乐府诗选［M］. 北京：人民文学出版社，1953.

［319］黑龙江省文物考古研究所. 李陈奇，赵评春. 黑龙江古代玉器［M］. 北京：
文物出版社，2008.

［320］张静，齐东方. 古代金银器［M］. 北京：文物出版社，2008.

［321］《中国金银玻璃珐琅器全集》编辑委员会. 中国金银玻璃珐琅器全集：金银器
［M］. 石家庄：河北美术出版社，2004.

［322］《中国金银玻璃珐琅器全集》编辑委员会. 中国金银玻璃珐琅器全集：玻璃器
［M］. 石家庄：河北美术出版社，2004.

［323］杨伯达. 中国玉器全集［M］. 石家庄：河北美术出版社，2005.

［324］浙江省文物考古研究所. 浙江考古精华［M］. 北京：文物出版社，1999.

［325］高春明. 中国服饰名物考［M］. 上海：上海文化出版社，2001.

［326］高春明. 中国历代服饰艺术［M］. 北京：中国青年出版社，2009.

［327］周汛，高春明. 中国历代妇女妆饰［M］. 香港：三联书店（香港）有限公
司，上海：学林出版社，1988.

［328］沈从文. 中国古代服饰研究［M］. 上海：上海书店出版社，1997.

［329］黄能馥，陈娟娟. 中华历代服饰艺术［M］. 北京：中国旅游出版社，1999.

［330］关善明，孙机. 中国古代金饰［M］. 香港：沐文堂美术出版有限公司，2003.

［331］黄能馥，苏婷婷. 珠翠光华——中国首饰图史［M］. 北京：中华书局，2010.

［332］孟燕. 耳环·项链·戒指——五彩缤纷的服饰习俗［M］. 成都：四川人民出版
社，1992.

［333］《中国美术全集》编辑委员会. 中国美术全集·工艺美术编［M］. 北京：文
物出版社，1997.

［334］徐湖平．金银器——南京博物院珍藏系列［M］．上海：上海古籍出版社，1999.

［335］李炳武．中华国宝：陕西珍贵文物集成·金银器卷［M］．西安：陕西人民教育出版社，1998.

［336］天津人民美术出版社．中国织绣服饰全集［M］．天津：天津人民美术出版社，2004.

［337］喻燕姣．湖南出土金银器［M］．长沙：湖南美术出版社，2009.

［338］上海博物馆．草原瑰宝——内蒙古文物考古精品［M］．上海：上海博物馆，2000.

［339］张景明．中国北方草原古代金银器［M］．北京：文物出版社，2005.

［340］国家文物局．1998年中国重要考古发现［M］．北京：文物出版社，2000.

［341］白宁．金与玉——公元14~17世纪中国贵族首饰［M］．上海：文汇出版社，2004.

［342］李飞．中国传统金银器艺术鉴赏［M］．杭州：浙江大学出版社，2008.

［343］段清波．掌上珍：中国古金银器［M］．长沙：湖北美术出版社，2001.

［344］蒋文光，夏晨．中国古代金银器珍品图鉴［M］．北京：知识出版社，2001.

［345］贺云翱．中国金银器鉴赏图典［M］．上海：上海辞书出版社，2006.

［346］邓尔麟．钱穆与七房桥世界［M］．北京：社会科学文献出版社，1995.

［347］杨天宇．礼记译注［M］．上海：上海古籍出版社，2004.

［348］杨天宇．仪礼译注［M］．上海：上海古籍出版社，2004.

［349］威廉·亚历山大．1793：英国使团画家笔下的乾隆盛世［M］．沈弘，译．杭州：浙江古籍出版社，2006.

［350］曹颂今．试论周代的礼文化的精神本质［J］．洛阳工业高等专科学校学报，2005（3）.

［351］石谷风．徽州容像艺术［M］．合肥：安徽美术出版社，2001.

［352］邵国田．敖汉文物精华［M］．呼伦贝尔：内蒙古文化出版社，2004.

［353］徐中舒．汉语大字典缩印本［M］．武汉：湖北辞书出版社，成都：四川辞书出版社，1992.

［354］李翎. 耳饰与佛教艺术［J］. 世界宗教文化，2002（2）.

［355］金维诺. 山西芮城永乐宫壁画［M］. 石家庄：河北美术出版社，2001.

［356］扬之水. 诗经名物新证［M］. 北京：北京古籍出版社，2000.

［357］扬之水. 古诗文名物新证［M］. 北京：紫禁城出版社，2010.

［358］孙机. 步摇、步摇冠与摇叶饰片［J］. 文物，1991（11）.

［359］李世源，邓聪. 珠海文物集萃［M］. 香港：香港中文大学中国考古艺术研究中心，2000.

［360］王然. 中国文物大典［M］. 北京：中国大百科全书出版社，2009.

［361］陈彦堂. 中原文化大典文物典：漆木器、金银器、杂项［M］. 郑州：中州古籍出版社，2008.

［362］唐际齐. 释甲骨文"�"［J］. 中山大学研究生学刊（社会科学版），2008（2）.

［363］新疆维吾尔自治区社会科学院考古研究所. 新疆古代民族文物［M］. 北京：文物出版社，1985.

［364］党郁. 北方地区耳饰初论及相关问题的探讨［D］. 呼和浩特：内蒙古大学，2010.

［365］乔梁. 美玉与黄金：中国古代农耕与畜牧业集团在首饰材料选取中的差异［J］. 考古与文物，2007（5）.

［366］中国台北故宫博物院. 故宫图像选粹［M］. 台北：中国台北故宫博物院，1973.

［367］田自秉. 中国工艺美术史［M］. 上海：上海知识出版社，1985.

［368］张晓霞. 中国古代植物纹样发展源流［D］. 苏州：苏州大学，2005.

［369］李泽厚. 美的历程［M］. 北京：文物出版社，1981.

［370］常州博物馆. 常州博物馆50年［M］. 北京：文物出版社，2008.

［371］詹祥生. 婺源博物馆藏品集粹［M］. 北京：文物出版社，2007.

［372］陈燮君. 上海考古精粹［M］. 上海：上海人民美术出版社，2006.

［373］杜芳琴. 女性观念的演变［M］. 郑州：河南人民出版社，1988.

［374］刘巨才. 选美史［M］. 上海：上海文艺出版社，1997.

［375］南京博物院. 南京博物院［M］. 北京：文物出版社，1984.

［376］中国台北故宫博物院编辑委员会. 故宫藏画大系［M］. 台北：中国台北故宫博物院，1993.

［377］袁杰. 故宫博物院藏品大系（绘画编）［M］. 北京：紫禁城出版社，2008.

［378］故宫博物院藏画集编辑委员会. 中国历代绘画故宫博物院藏画集［M］. 北京：人民美术出版社，1978.

［379］杨新. 明清肖像画［M］. 上海：上海科学技术出版社，2008.

［380］古方. 中国出土玉器全集［M］. 北京：科学出版社，2005.

［381］《海外藏中国历代名画》编辑委员会. 海外藏中国历代名画［M］. 长沙：湖南美术出版社，1998.

［382］光复书局企业股份有限公司，文物出版社. 中国考古文物之美［M］. 北京：文物出版社，1994.

［383］闻一多. 伏羲考［M］. 上海：上海古籍出版社，2009.

后　记

　　或许是因为女性的身份，或许是因为喜爱刨根问底的天性，也或许是因为与生俱来的那种对美好事物的喜爱，我就这样迷上了中国古代妆饰研究。从中国古代化妆和发式文化研究，到中国古代妆容配方研究，再到中国古代女性审美研究，直到现在的中国古代首饰文化研究，一路走来，跌跌撞撞，但从未止步。这一路上，虽然时时伴随着汗水和孤灯下的寂寞，但内心对历史的好奇和谜题破解之后那充实的快感又始终驱使着我不断前行。我总是能够看到不远处的光亮，看到一个个与我有着同样好奇心的前辈和同志们与我结伴同行，我们一同在探险的征途中迈进，寻找到途中的一座座灯塔，然后又毫不踯躅地将它们抛向脑后，迈向更远处的光明！

　　本书是在我博士论文基础上修订而成的，在这里，我要衷心地感谢我的导师——刘永华教授，做他的学生是我一生的幸运。三年来，刘教授以他无比包容的胸怀和勤奋严谨的治学态度，一路默默地扶持着我，在学习和生活上都给予我极大的关心和帮助，他赋予我的信任和希冀使我面对学问不敢有一丝一毫的懈怠。感谢王云老师及艺术学理论学科的经费支持，也感谢研究生部宫宝荣、王春云等老师的鼓励与支持。

　　我还要真诚地感谢本领域内的诸多前辈学者，例如沈从文先生、孙机先生、扬之水先生、周汛先生、高春明先生等等，你们的著作就像灯塔一样，不仅给我带来光明，也让我的内心感到平静和祥和。我还要感谢董进（撷芳主人）、李捷、徐文跃（乐浪公）等年青一代的同行学者，你们对待服饰史研究那无私的情怀和专业严谨的治学风度让我自愧不如，我研究的激情很大程度受到你们的感染，你们对我无私的帮助让我如沐春风，我非常感恩前行的途中有你们同行！我还要感谢湖南省博物馆研究员喻燕姣先生，她无私地把她珍贵的耳饰图片允诺予我使用，她对于年轻学者的扶持让我感恩不已。本书中有一部分首饰图片是我本人根据照片手工绘制而成，还有很大一部分图片因手绘无法显示应有的材质效果，故摘录自各大博物馆及各个研究者的画册，在这里一并致谢！感谢中国纺织出版社和郭慧娟编辑，他们为这本书的编辑和出版付出了巨大的努力。

　　最后，我要郑重地感谢我的家人，因为你们才是我最坚强的后盾！

李　芽

2014年9月于沪上香景园